Seismic Resilience of Building Structural Systems:
Theory, Design, Simulation and Experiment

建筑结构体系的抗震韧性
——理论、设计、模拟与试验

郭 彤 徐 刚 李爱群 著

机械工业出版社

地震灾害是人类生存、社会与经济发展所面临的重大自然灾害之一。党的二十大报告明确提出实施城市更新行动、建设韧性城市的发展目标。建筑结构作为城市基础设施的核心组成部分，其长期安全性、稳定性和可持续性直接影响着城市的正常运行与发展。因此，发展建筑结构抗震韧性相关理论和技术，不仅增强城市基础设施在复杂环境下的适应性和可持续发展能力，而且助力城市更新与安全韧性提升行动的深入实施，为我国韧性城市战略目标的实现奠定坚实的科学基础。

本书针对剪力墙结构和框架结构，从理论、设计、模拟和试验四个方面介绍了新型抗震韧性提升技术。上篇（第1～7章）主要探讨了剪力墙结构的抗震韧性，创新性地提出混凝土夹心剪力墙，进行了弹性力学分析、试验研究和数值模拟；在此基础上，进一步提出了适用于装配式混凝土夹心剪力墙的韧性连接方式，并开展了墙体和结构试验研究、数值模拟和力学性能分析，最终提出了基于位移的抗震设计方法，并通过设计算例进行了验证。下篇（第8～12章）聚焦于框架结构的抗震韧性，提出并分析了新型旋转自复位节点，探讨了其受力特点和抗震性能；设计了新型自复位支撑，并通过理论和试验研究验证其力学性能；提出了预测自复位结构非线性响应的一种新方法，并通过动力时程分析验证了其预测精度优于传统方法；通过大比例振动台试验和数值模拟分析，验证了新型自复位框架结构体系的有效性和应用潜力。第13章为小结，总结了本领域现存的主要问题，并对未来发展进行了展望。

本书适用于建筑结构设计人员和工程抗震研究人员阅读，也可供高等院校从事相关科研和教学工作的人员参考。

图书在版编目（CIP）数据

建筑结构体系的抗震韧性：理论、设计、模拟与试验 / 郭彤，徐刚，李爱群著. -- 北京：机械工业出版社，2025. 2. -- ISBN 978-7-111-77278-1

Ⅰ. TU352. 104

中国国家版本馆 CIP 数据核字第 2025EY8468 号

机械工业出版社（北京市百万庄大街 22 号　邮政编码 100037）

策划编辑：马军平　　　　　　　　责任编辑：马军平　关正美
责任校对：梁　园　李小宝　　　　封面设计：张　静
责任印制：刘　媛

北京富资园科技发展有限公司印刷

2025 年 6 月第 1 版第 1 次印刷

169mm×239mm · 17.5 印张 · 359 千字

标准书号：ISBN 978-7-111-77278-1

定价：168.00 元

电话服务　　　　　　　　　　网络服务

客服电话：010-88361066　　机　工　官　网：www.cmpbook.com
　　　　　010-88379833　　机　工　官　博：weibo.com/cmp1952
　　　　　010-68326294　　金　书　网：www.golden-book.com
封底无防伪标均为盗版　　机工教育服务网：www.cmpedu.com

序

拓扑边疆——致文明拓荒者

（献给以结构理性构筑秩序的土木传承者）

我们用全站仪解析地壳皱褶
在季风动力学中求解悬索函数
当百年洪峰冲刷泊松分布
混凝土配合比破译着锈蚀的时间密码

永冻层深处，热棒管廊重构极地经纬
相变材料在冰穹下舒展分形拓扑
盐渍土之上，防腐涂料编译海洋语法
甲烷晶格正重组深蓝骨骼
振动台推演着星体共振轨迹
光纤传感器在柱体内编织光子突触

不必辨析此刻对峙的是
台风眼抑或发震断层
是膨胀土还是星际尘暴
每根配筋都在重构生存的拓扑
每道施工缝都镌刻青铜年轮

BIM 模型折叠的晨昏里
逆作法撰写倒悬的史诗
当盾构机在岩层谱写光子赋格
月壤打印机吐露硅酸盐乡愁
我们浇筑的不仅是建筑

更是站立的数学具象的熵减
将灾害谱系编译为
文明驻守星海的拓扑证明

看监测云图在数字穹顶盛开
每微应变都是写给未来的楔形诗篇
碳纤维锚索在同步轨道书写新本构
我们从未与自然对抗
只是在极限应力场中
求解文明存续的贝叶斯通解

著者和 **DeepSeek** 共同创作

前　言

城市作为现代化发展的重要载体和人民群众高品质生活的核心空间，其安全性与可持续性已成为国家战略关注的重点。党的二十大报告明确提出实施城市更新行动，加强城市基础设施建设，着力打造宜居、韧性、智慧城市的发展目标。这一战略导向在中共中央办公厅和国务院办公厅联合发布的《关于推进新型城市基础设施建设打造韧性城市的意见》（2024年11月26日）中得到进一步深化，文件明确提出了"2027年新型城市基础设施建设取得明显进展，2030年建成一批高水平韧性城市"的阶段性目标，为城市韧性建设指明了方向。

提升基础设施韧性不仅关乎城市功能优化和民生福祉，更是增强城市抗灾能力、保障生命财产安全、促进经济社会可持续发展的关键举措。建筑结构作为城市基础设施的核心组成部分，其长期安全性、稳定性和可持续性直接影响着城市的正常运行与发展。

地震灾害是人类生存、社会与经济发展所面临的重大自然灾害之一。2003年，Bruneau等人首次提出结构抗震韧性（Seismic resilience）的理念，在此之后，国内外学者和组织多次将抗震韧性作为会议主题，促进了抗震韧性在地震工程各个领域的发展。例如，2009年1月在NEES/E-Defense美日地震工程第二阶段合作研究计划会议上，美日学者首次提出将"建造抗震韧性城市"作为地震工程合作的重要方向。2011年的新西兰基督城地震是现代地震史上的一个标志性事件。由于新西兰的抗震设防措施较为有力，在基督城地震中倒塌的建筑物很少。然而，由于大量建筑严重破坏，没有修复价值，导致整个基督城中央商务区有70%的建筑必须拆除重建，这充分体现了提升建筑结构抗震韧性的重要价值。

当前我国建筑结构在抗震韧性方面也面临严峻挑战：一方面，受历史技术局限，大量既有建筑和基础设施抗震设防水平较低，难以满足现代城市韧性建设要求；另一方面，现行"以损伤换安全"的延性抗震设计范式，虽可通过结构构件塑性耗能避免倒塌，却导致混凝土压溃、钢筋屈曲等不可逆损伤，无法满足"震后可恢复性"的韧性要求。在此背景下，推进建筑抗震韧性系统性提升，既是实施城市更新行动、化解"存量建筑安全风险"的关键路径，更是具体践行"人民城市"理念、推动新质生产力背景下城市治理现代化的重要技术革命，对实现高质量发展目标具有战略意义。

鉴于此，研究团队针对剪力墙结构和框架结构，从理论、设计、模拟和试验方面介绍了抗震韧性提升相关理论和前沿技术，为未来的抗震结构设计提供了理论支持和实践指导，具有重要的学术价值和应用前景。本书内容如下：

上篇（第 1~7 章）为抗震韧性剪力墙结构。该部分从改善混凝土剪力墙结构抗震韧性出发，创新性地提出了混凝土夹心剪力墙，并对其进行了弹性力学分析、试验研究和数值模拟；在此基础上，提出了适用于装配式混凝土夹心剪力墙的刚性和耗能连接方式，开展了相关墙体和结构的试验研究、数值模拟和力学性能分析；最后，对摩擦耗能连接装配式混凝土夹心剪力墙结构提出了抗震设计方法，并针对各方法设计算例进行了验证。下篇（第 8~12 章）为抗震韧性框架结构。为增强框架结构抗震韧性，提升自复位技术的经济性和实用性，首先提出并分析了一种新型旋转自复位节点，深入探讨其受力特点和抗震性能，并提出变刚度自复位节点的设计思路；然后设计了一种新型自复位支撑，并通过理论和试验研究验证其在不同荷载条件下的力学性能，尤其是在大震下控制位移响应的能力；通过对比分析现有的等效线性化方法，提出用于预测自复位结构非线性响应的一种新方法，并通过动力时程分析验证其预测精度优于传统方法；最后通过试验和数值模拟分析，验证了新型自复位框架结构体系的有效性和应用潜力，为抗震韧性框架结构的设计与应用奠定了基础。第 13 章为小结，总结了本领域现存的主要问题，并对未来发展进行了展望。

本书的研究工作得到国家自然科学基金杰青项目（批准号：52125802）和国家自然科学基金青年项目（批准号：52108440）、江苏省自然科学基金青年项目（批准号：BK20210253）等科研项目的资助，在此表示衷心感谢！另外，张恒源博士和汪诗园老师深度参与了本书多项关键研究工作，并承担了多个章节的内容整理和总结，为书稿的完成发挥了重要作用；研究生晁磊、智国梁和王开睿等在成稿过程中提供了支持。

囿于著者水平和知识范围，书中难免有疏漏之处，且部分内容具有探索性质，衷心希望读者不吝指正，以期在今后加以改进和完善。

著　者

目 录

上篇　抗震韧性剪力墙结构

第1章 绪 论

1.1 研究背景

建筑行业近年来的蓬勃发展，一方面极大地带动了我国经济高速增长，另一方面也大量地消耗了资源和能源，因此建筑业的转型升级和高质量发展显得尤为重要。在"绿色建筑""低碳经济"等新兴理念指导下，我国近年来大力推进建筑工业化。装配式建筑具有工厂化预制、施工质量易于保证、施工效率高、环保节能等诸多优点，在许多国家都得到了广泛应用[1]。装配式建筑完全符合当前建筑产业现代化的发展要求，得到了国家和地方政府的大力支持[2-4]。如火神山医院和雷神山医院的主体结构均为钢结构箱式房，采用工厂预制、现场模块化拼装、流水作业模式，工业化程度和装配化程度极高。

现阶段装配式建筑主要包括装配式混凝土结构、钢结构和木结构三大结构体系。其中，装配式混凝土结构具有成本相对低、居住舒适度高、适用范围广等优势。为了解装配式混凝土结构近年来的研究进展和应用情况，首先从 Web of Science 数据库中调研了以主题词 "precast concrete" 为检索词，从 SCI-EXPANDED 的出现特别是 1960—2019 年的关于装配式混凝土构件和结构的相关研究情况。图 1-1a 所示为每年发表的文献数量，可以看到近十年（2010—2019 年）的研究成果急剧增加，体现出该领域为当下较为热点的研究问题。图 1-1b 所示为该主题发表文献数量前十的各国在各时期的研究情况，可以看到，在 20 世纪，该主题的研究成果主要集中在美国、加拿大和英国等发达国家，但是在近五年（2015—2019年）我国在该领域的研究成果迅速增加，文献数量超过了其他任何国家，居世界第一，体现了该领域的研究符合我国当前的发展需要，以及我国在该领域的研究在全球正扮演着重要角色。另外，韩国和意大利等国家近年来也在该领域取得了较为显著的研究成果。

装配式技术可以应用于各类建筑结构中，装配式混凝土剪力墙结构结合了预制装配技术和混凝土剪力墙结构的特点，在我国中高层住宅建筑中得到了广泛的研究和应用，已成为我国目前发展最快、应用最广泛的装配式结构体系之一。目前，装

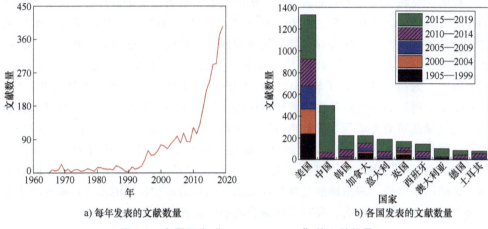

a) 每年发表的文献数量　　　　　　　b) 各国发表的文献数量

图1-1　主题词为"precast concrete"的文献数量

配式混凝土剪力墙结构往往采用"等同现浇"的设计理念。在合理的剪力墙结构设计中，在地震作用下剪力墙底部和连梁处会形成塑性铰，但是塑性铰处混凝土的破坏和钢筋的屈服是永久性损伤，难以修复。对于我国地震频发的国情，改善结构抗震性能是促进装配式混凝土剪力墙结构发展和应用的一个重要方面。

由于传统混凝土剪力墙结构自重较大，且墙体的面内刚度和承载力较大，而延性和耗能能力较弱，本篇从两方面研究改善混凝土剪力墙结构的抗震性能：一方面优化剪力墙墙体，提出了混凝土夹心剪力墙，即通过在传统剪力墙内部设置夹心板，墙体化为强弱不同的暗柱和夹心段，改善墙体的延性和耗能能力，降低墙体刚度，使墙体的刚度、承载力、延性和耗能达到更好的匹配度；另一方面改善装配连接形式，设计新型刚性连接装配式夹心剪力墙结构，以及在装配式夹心剪力墙结构中加入耗能元件，形成新型耗能连接装配式夹心剪力墙结构，改善现浇或"等同现浇"混凝土剪力墙结构的抗震性能，其中的耗能元件可用于提高结构整体耗能能力。本篇的研究为装配式混凝土夹心剪力墙结构的推广应用提供理论和技术支撑，具有重要的现实意义。

1.2　研究现状

1.2.1　传统混凝土剪力墙

作为一种重要的承载力构件，剪力墙不仅需要具备足够的强度和刚度，还需要足够的延性以保证其在罕遇地震作用下遭受损伤时仍具有足够的承载能力，因而延性设计具有重要意义[5-6]，而关于剪力墙抗震性能的研究主要源于试验或简化力学模型归纳[7-17]。

剪跨比反映了墙体受到的剪力和弯矩的关系，对剪力墙的破坏形态具有重要影响。随着剪跨比的变化，剪力墙在侧向荷载作用下主要呈现出斜压破坏、剪压破坏、弯曲破坏。弯曲破坏时剪力墙的延性较好，低矮剪力墙的破坏一般为沿对角线斜向剪坏，呈现明显的脆性破坏[18]，不同跨高比的剪力墙破坏形态如图 1-2 所示。吕文等[19] 通过试验研究了轴压比、约束区箍筋和剪跨比对剪力墙延性的影响，试验结果表明，剪力墙的延性随着轴压比的增大而减小，随配箍特征值的增大而增大，但是箍筋对剪力墙延性的影响有限。龚治国等[20] 对含不同边缘构件（暗柱、明柱、翼缘）的剪力墙进行了低周反复试验，研究了不同边缘构件对剪力墙抗震性能的影响。周广强等[21] 试验研究了轴压比和配筋形式对剪力墙抗震性能的影响，试验结果表明，剪力墙的延性和耗能能力随剪力墙轴压比的增大而减小，承载力随轴压比的增大而增大，配有斜向腹筋的墙体耗能能力较大。

图 1-2　不同跨高比的剪力墙破坏形态[18]

联肢剪力墙是剪力墙结构中最常用的抗侧力单元。在联肢剪力墙中，采用"强墙肢弱连梁"的设计原则，在地震作用下，连梁端部和剪力墙底部形成塑性铰以耗散能量。但是陈云涛等[22] 按规范设计了联肢剪力墙，低周反复荷载试验结果表明，三个试件均不具备其应有的连梁破坏模式和耗能机制。2008 年汶川地震中，按《建筑抗震设计规范》（GB 50011—2001）设计的联肢剪力墙表现出了较好的抗震性能，但是也有墙肢边缘构件混凝土压碎、钢筋屈服及连梁剪切破坏的震害[23]，这些损伤是难以修复的，如图 1-3 所示。

1.2.2　改进混凝土剪力墙

传统剪力墙横截面面积大，承载能力容易满足，但自重和刚度大，导致地震作用大，延性差，因此改善传统剪力墙的抗震性能一直是许多学者关注的问题，如图 1-4 所示。

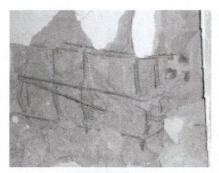

| a) 墙肢地震损伤 | b) 连梁地震损伤 |

图 1-3 联肢剪力墙地震损伤[23]

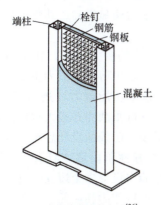

a) 钢板混凝土剪力墙[26]

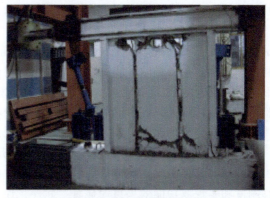

b) 带竖缝及金属阻尼器混凝土剪力墙[38]

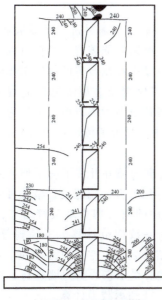

c) 带缝空心剪力墙结构[41]

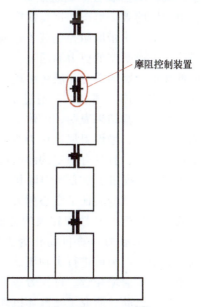

d) 带摩阻控制装置双肢剪力墙[47]

图 1-4 若干改进剪力墙形式

钢混组合剪力墙在高层结构中应用较多，组合剪力墙包括钢骨混凝土剪力墙[24]、钢板混凝土剪力墙[25-26]和配置暗钢支撑的组合剪力墙[27]等。组合剪力墙结合了钢和混凝土材料的特点，具有承载力高、变形能力强等优点，抗震性能较好。李惠等[28]提出了一种钢管混凝土耗能低矮剪力墙，把普通低矮剪力墙沿横向切开，中间采用钢管混凝土柱连接，利用钢管混凝土柱消耗地震能量，试验结果表明，其变形和耗能能力大大提高。黄选明等[29]对带暗支撑短肢剪力墙模型进行了抗震性能试验，试验结果表明，带暗支撑L形截面短肢剪力墙比普通L形截面短肢剪力墙的抗震性能明显提高。在北京京城大厦等钢结构中，采用了内藏钢板支撑剪力墙[30-31]，由内部型钢支撑和外包钢筋混凝土剪力墙组合而成，外包混凝土以避免钢板失稳。刘航等[32]提出在低矮剪力墙内部设置型钢骨架来改善剪力墙的抗震性能，试验结果表明，墙体的承载力和变形能力明显提高，其刚度衰减缓慢，脆性破坏转为延性破坏。

武藤清等[33]提出了带竖缝剪力墙以期改善剪力墙的受力性能，在整体墙中设置若干竖缝，从而将整体墙分成若干墙肢，使得剪力墙由剪切变形为主变为弯曲变形为主，延性得到大幅提高。杨德健等[34]对带缝多功能剪力墙进行了试验，试验结果表明，竖缝及连接键的合理设置可以较小地降低承载力并较大程度地提高墙体的变形能力和抗震性能，该墙体的设计体现出了多道防线的设计思想。叶列平等[35]对双功能带缝剪力墙进行了弹性力学分析，在弹性阶段墙体具有一定的整体工作性能，侧移刚度比带缝普通墙明显提高，在竖缝中设置多个短连接键对提高侧移刚度和实现双功能效果更为显著。此外，连接键可以作为耗能元件，吸收一部分地震能量，减轻结构震害。王新杰等[36]对带缝剪力墙进行了研究，证明了竖缝可以改善剪力墙的破坏形态和抗震性能。

李爱群[37]提出了带摩阻控制装置钢筋混凝土低矮剪力墙并进行了试验研究，试验结果表明，这类新型低剪力墙通过在竖缝中设置摩阻耗能装置，不仅可以改善普通整截面低矮剪力墙的受力和破坏机理，且可通过摩阻控制装置的有效工作使结构具有较好的抗震性能。郑杰[38]通过试验研究了带竖缝及金属阻尼器混凝土剪力墙的抗震性能，试验结果表明，墙体上开竖缝可将传统剪力墙以剪切变形为主转变为以弯曲变形为主，增设阻尼器作为主要耗能元件，改善了传统剪力墙延性差、耗能能力不强的缺点，且具有稳定的滞回特性。

许淑芳等[39-43]提出了空心剪力墙和带竖缝空心剪力墙并开展了一系列剪力墙和结构拟动力试验，试验验证了空心剪力墙的延性得到改善，端部设置暗柱可以保证较强的承载力、较好的延性和较大的耗能，带暗柱的空心剪力墙裂缝分布范围广，空心剪力墙的承载力计算可简化为工字形截面并按规范计算。王琼梅等[44]对不同长细比的空心剪力墙进行了轴压试验，试验结果表明，空心剪力墙的承载力计算和破坏模式与普通墙相近。许淑芳等[45-46]对偏心受压空心剪力墙进行了拟静力试验和静力加载试验，研究了其破坏机理、变形特征和承载力计算。

联肢墙中"强墙肢弱连梁"的设计原则会导致连梁在地震作用下最先发生塑

性破坏，连梁的塑性破坏会导致难以修复的损伤。李爱群等[47] 提出了一种在连梁跨中设置摩擦阻尼器的剪力墙，并进行了振动台试验研究，试验结果表明，该新型剪力墙能够有效推迟剪力墙非弹性状态的出现，大大减轻结构的破损程度，表现出较好的抗震性能。Harries 等[48] 在联肢墙中采用钢连梁替代混凝土连梁形成混合联肢剪力墙，变形能力和延性显著提高，且承载力和耗能能力强，但是试验结果表明，钢连梁和混凝墙肢连接部位会出现不可修复的损伤。为实现连梁震后快速修复，近年来可更换连梁也得到了较多的研究[49-53]，由于消能梁段和非消能梁段采用可拆卸式连接，强震后可通过更换消能梁段实现连梁快速修复。

1.2.3　刚性连接装配式混凝土剪力墙

多次的震害表明，如果设计合理并能很好地处理接缝部位，则装配式剪力墙结构在地震中有着良好的表现[54-55]，例如：1985 年的墨西哥地震和 1994 年的北岭地震，装配式剪力墙结构的预制构件都没有出现严重的损伤；1995 年的阪神地震，预制混凝墙几乎没有出现大的损伤，只在接缝处出现了一些的裂缝和混凝土剥落现象。

《装配式混凝土结构技术规程》（JGJ 1—2014）采用"等同现浇"的设计理念进行装配式剪力墙结构的设计。"等同现浇"的设计需要大量的湿式连接来达到其效果，使得装配式剪力墙结构失去了其经济性优势，且有研究[56] 表明，湿式连接可能因节点盲目强化而导致塑性铰转移，与设计初衷不符。

作为一种半装配式剪力墙结构体系，预制叠合剪力墙近年来也在我国得到大量研究和应用[57-59]。连星等[60] 对叠合剪力墙进行了拟静力试验研究，结果表明该类墙体与现浇剪力墙抗震性能较为相近，破坏形态无明显差异。肖波等[61] 对三层叠合剪力墙结构进行了振动台试验，对结构破坏形态、拼缝和墙体抗震性能进行了分析，试验结果表明，叠合剪力墙结构与全现浇剪力墙结构变形相近，拼缝可以有效传递地震作用。沈小璞等[62] 对中间设竖向拼缝的叠合剪力墙进行了低周反复试验，验证了该类墙体的受力和破坏形式等与现浇剪力墙基本一致。

姜洪斌等[63-64] 提出了插入式预留孔灌浆钢筋搭接连接，试验结果表明，灌浆锚固连接可靠，未发生锚固破坏。钱稼茹等[65-68] 进行了大量装配式剪力墙试验，竖向钢筋分别采用了搭接连接、套箍连接、套筒浆锚连接和留洞浆锚搭接等形式，试验结果表明，装配式墙体与现浇墙体破坏形态基本相同，连接可实现竖向钢筋的有效传力。钱稼茹等[69] 也对中间竖向接缝采用后浇带连接的装配式剪力墙进行了抗震性能试验，试验结果表明，这种竖缝连接形式效果较好。若干装配式混凝土剪力墙的水平缝连接形式如图 1-5 所示。

钱稼茹等[70-71] 对预制圆孔板剪力墙进行了拟静力试验研究，试验结果表明，圆孔板剪力墙受弯仍符合平截面假定，抗震性能较好，并提出了加强预制墙与现浇接缝的建议。杨航[72] 在预制空心剪力墙中采用了钢筋回弯搭接并进行了试验研究，试验结果表明，整体墙和拼缝墙的承载力接近，纵筋采用单排连接对墙体延性

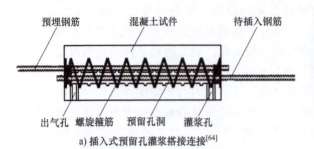

预埋钢筋　混凝土试件　待插入钢筋

出气孔　螺旋箍筋　预留孔洞　灌浆孔

a) 插入式预留孔灌浆搭接连接[64]

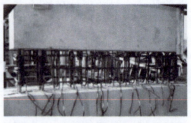

b) 套箍连接[66]

c) 套筒浆锚连接[66]

d) 螺栓连接[76]

图 1-5　若干装配式混凝土剪力墙的水平缝连接形式

和耗能有利。韩淼等[73] 对采用插筋灌浆连接的装配式空心剪力墙进行了拟静力试验，试验结果表明，装配式空心剪力墙抗震性能良好。张国伟等[74] 对不同剪跨比和水平拼缝的空心剪力墙进行了试验研究，试验结果表明，抗震性能与普通墙相似，空心孔洞和水平拼缝不会削弱墙体的受力性能。

　　Soudki 等[75-76] 对五种钢筋连接形式的装配式剪力墙开展了拟静力试验：第一种为 RW 连接形式，将下部墙体的竖向钢筋焊接到上部墙体预留的角钢上，最后在接缝和孔洞处浇筑混凝土；第二种为 RS 连接形式，将上下钢筋均插入套筒，然后灌注灌浆料；第三种为 RSU 连接形式，与 RS 连接形式相同，但是在锚固区上方设置了一段无粘结段；第四种为 RSK 连接形式，钢筋连接与 RS 连接形式相同，但是在水平缝处设置了混凝土抗剪键槽；第五种为 RT 连接形式，上下钢筋均采用螺栓连接到同一个钢板上。拟静力试验研究了各连接形式的墙体滞回性能、破坏形态、耗能等，试验结果表明，五种连接形式的效果均较好，其中 RSU 的延性最好，RSK 的承载力最高，RT 的承载力和延性均较差，RSK 的耗能能力较低。

　　姜洪斌等[77-78] 完成了一个三层足尺预制装配式剪力墙结构试验，竖向钢筋采用插入式预留孔灌浆钢筋搭接连接，墙体竖向拼缝采用箍筋插销法。对该结构进行了拟静力试验、拟动力试验，试验结果表明，该连接形式具有良好的恢复力特性，在地震作用下侧向刚度无突变，属于延性结构，与现浇结构具有相同的抗震性能。钱稼茹等[79] 对一个三层足尺钢筋套筒灌浆连接装配式剪力墙结构进行了拟动力试验（图 1-6a），试验结果表明，试验模型的破坏主要集中在窗下墙和连梁，底层墙肢出现轻微破坏，模型实现了"强墙肢弱连梁"和连梁"强剪弱弯"的设计目标，双向叠合楼板具有良好的整体性和平面内刚度，预制夹心保温墙的内外叶墙体连接可靠，外叶墙不参与结构受力。该科研团队也对装配式剪力墙结构的抗震性能进行了研究，王维等[80] 设计了缩尺比为 1/4 的四层装配式和现浇混凝土剪力墙结构模型并进行了振动台试验（图 1-6b），在装配式剪力墙结构中采用了螺栓和钢板干式连接，试验结果对比分析表明，干式连接方案效果可靠，装配式剪力墙与现浇剪力墙具有相同的破坏形态，随着地震动强度增大，结构损伤不断累积。

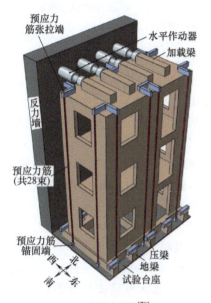

a) 拟动力试验[79]　　　　　　　　　　　b) 振动台试验[80]

图 1-6　装配式剪力墙结构抗震性能试验

1.2.4　耗能连接装配式混凝土剪力墙

传统剪力墙在侧向荷载作用下，刚度和强度产生退化，如图 1-7a 所示，材料的塑性变形提供了延性和耗能，但同时损伤难以逆转和修复。为了充分利用装配式剪力墙结构的特点，区别于"等同现浇"设计理念的、具有耗能能力的装配连接方案正越来越到受到国内外学者的关注。

Housner[81] 提出了一种简化摇摆模型用于解释在 1960 年智利地震中损伤轻微的细高结构的地震响应特点。此后，许多学者开始大量研究摇摆结构。Restrepo 等[82] 将摇摆结构分为两类：第一类是仅具有自复位能力而无耗能能力的结构，如图 1-7b 所示，其缺点在于不具有耗能能力，会导致结构更大的位移和加速度响应；第二类是既有自复位能力又有耗能能力的结构，如图 1-7c 所示，即在第一类结构中增设耗能元件。

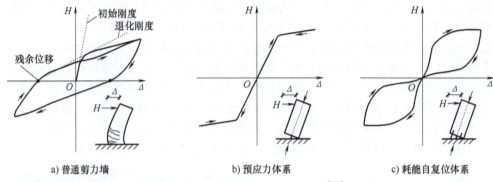

a) 普通剪力墙　　　　　　　b) 预应力体系　　　　　　　c) 耗能自复位体系

图 1-7　剪力墙典型滞回曲线对比[82]

20 世纪 90 年代，为了解决地震区装配式结构应用问题，美日联合开展了 PRESSS 研究项目[83-85]。在该项目的自复位装配式剪力墙体系中，多个墙体拼接在一起，竖缝采用弯曲连接件连接，在侧向荷载作用下，各墙体底部水平缝同步产生转角，在相邻墙体的竖缝处产生相对竖向位移，从而使弯曲连接件产生塑性变形并产生耗能，在每个墙体中，均采用后张预应力筋提供自复位能力。

Perez 等[86-87]对含有水平缝的无粘结预应力装配式剪力墙进行了拟静力试验，提出了理想三线型的承载力骨架线和该类墙体的抗震设计方法。试验结果表明，无粘结预应力装配式剪力墙可以经受很大的侧移变形而不会造成明显的墙体损坏，并且可以保持良好的自复位能力；墙体弯曲变形主要产生于底部水平缝；滞回规则并非理想双线性弹性，由于存在不可恢复的塑性应变和混凝土保护层剥落，以及预应力损失等因素，滞回曲线存在明显的刚度退化和耗能。Holden 等[88]研究了无粘结预应力装配式剪力墙和"等同现浇"剪力墙，采用后张无粘结碳纤维筋提供复位能力，试验结果表明，即使位移角超过 0.03rad，增设耗能装置的无粘结预应力装配式剪力墙仍未出现肉眼可见的损伤，尽管"等同现浇"的剪力墙耗能较大，但是塑性铰区破坏严重，残余变形较大。

Sritharan 等[89-90]提出了耗能自复位装配式剪力墙体系（图 1-8a）的简化分析方法，可用于计算该体系的单调加载响应。Sritharan 等[91]还研究了带端柱的自复位剪力墙（PreWEC）（如图 1-8b），在端柱和剪力墙之间采用 O 形软钢作为耗能装置连接，并采用预应力筋提供自复位能力，试验结果验证了该体系具有较好的抗震性能。Kurama[92-93]还提出了将摩擦耗能装置和黏滞阻尼装置用于自复位装配式剪力墙体系，都取得了较为理想的耗能效果。Marriott 等[94]对增设黏滞阻尼器、软钢阻尼器和无附加耗能装置的无粘结预应力装配式剪力墙进行了振动台试验研究，近场和远场地震动分析表明，经设计的无粘结预应力装配式剪力墙可以满足设计目标，耗能装置可以有效耗散能量并保护混凝土墙体免受损伤，由于后张预应力提供自复位能力，残余变形很小，滞回曲线呈现典型的旗帜形特征。

Kurama 等[95]分析了耗能自复位剪力墙体系并采用纤维模型进行参数研究，

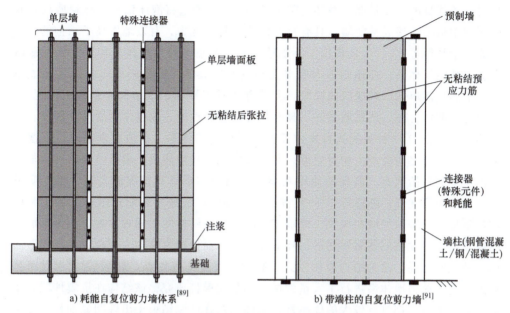

a) 耗能自复位剪力墙体系[89] b) 带端柱的自复位剪力墙[91]

图 1-8 含耗能连接的自复位剪力墙体系

研究了场地类别、初始预应力、预应力筋的布置、阻尼比和塑性耗能等因素的影响。一系列地震动弹塑性时程分析结果表明，初始预应力和预应力筋的布置对剪力墙的抗震性能具有重要的影响，阻尼比的增大可明显降低结构的侧移响应。爱荷华州立大学对 PRESSS 研究项目的五层结构进行了大量的非线性动力时程分析，Rahman 等[96] 分析了沿剪力墙方向的结构性能。框架采用塑性铰模型，装配式剪力墙采用具有同等刚度的梁单元模拟，墙底采用具有双线性弹性性能的弹簧模拟墙体的抬起和转动，墙体之间的耗能连接件采用弹簧模拟，重力框架采用弹性梁柱单元，建模方法得到了试验结果的验证；采用基于力和基于位移的设计方法分别对该结构进行设计，动力弹塑性分析表明，基于位移的设计方法得到的结构基底剪力更小，更适用于自复位剪力墙体系。Erkmen 等[97] 也对自复位剪力墙体系开展了动力弹塑性分析，尽管普遍认为自复位剪力墙体系中的预应力筋在设计水准地震动作用下应保持弹性，但 Erkmen 认为预应力筋可以屈服，由于存在自重和其他恒载，即使预应力完全丧失，剪力墙体系仍然具有自复位能力。Schoettler[98] 对一栋含有自复位剪力墙的装配式结构进行了振动台试验，试验结果验证了自复位剪力墙能够达到预期的抗震性能。

著者团队也对耗能减震技术在装配式结构中的应用进行了大量创新和应用研究。李爱群等[99] 发明了一种装配式铅剪切阻尼墙，在侧向荷载作用下，上、下层楼面间出现水平剪切变形时，分别带动阻尼墙的内侧面板与外侧面板发生面内相对位移，导致内外侧面板间的套筒剪切铅柱消耗结构的振动能量，减小结构振动。李爱群等[100] 还发明了一种装配式泡沫铝复合材料减震耗能墙，由于泡沫铝复合材料具备优良的滞回耗能特性和高阻尼特性[101]，通过将泡沫铝复合材料墙板和其两侧的钢板墙连接成耗能墙，具有良好的滞回耗能能力，有效地提高了结构的抗震性能。李爱群等[102-103]还提出了标准单元装配式隔减震结构体系和装配式耗能减震剪力墙结构体系，在预制剪力墙单元和预制框架单元接缝间加入黏弹性耗能单元、金属耗能单元、黏滞流体耗能单元或摩擦耗能单元，该结构体系施工速度快、受力传力明确合理、产品质量好、具有较好的耗能性能、地震作用后易于修复。陈鑫等[104]提出了一种装配式自复位摇摆钢板墙结构体系，在地震来临时，摇摆钢板墙和主结构之间会产生相对变形，利用耗能元件耗散能量，震后结构通过自复位拉索恢复到初始状态，能保持使用功能，该结构体系具有抗震能力强、施工质量高、工期短等优点。陈鑫等[105]还提出了一种阻尼接地型装配式钢筋混凝土调谐质量阻尼墙，该阻尼墙在风灾、地震来临时，与主结构发生调频共振，调谐阻尼墙的往复运动引发阻尼器滞回变形，耗散能量，从而保护主结构，该装置具有构造简单、减震能力强、改善结构损伤模式、装配化程度高等优点。郭彤等[106]对摩擦耗能自定心剪力墙体系进行了大量的试验和数值模拟研究，该结构在抗震性能和生命周期成本方面都具有较大的优越性，主体结构在试验结束未出现明显损伤，残余变形极小，摩擦耗能装置具有耗能可调、可控且易更换、易修复的特点，墙底的钢套解决了混凝土局部受压破坏的问题；预应力筋的预应力与墙底转角基本保持线性关系，在试验结束时预应力稍有损失（图1-9）。

a) 摩擦耗能自定心剪力墙

图 1-9　摩擦耗能自定心剪力墙试验[106]

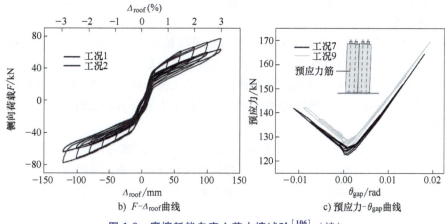

b) F-Δ_{roof}曲线

c) 预应力-θ_{gap}曲线

图 1-9　摩擦耗能自定心剪力墙试验[106] **（续）**

1.3　本篇研究内容

从改善混凝土剪力墙结构抗震性能出发，创新性地提出了混凝土夹心剪力墙，并在此基础上，提出了适用于装配式混凝土夹心剪力墙的刚性和耗能连接方式，开展了墙体和结构的试验、数值模拟、抗震设计方法等方面的研究。具体研究内容如下：

（1）对研究背景进行了简要介绍，并对传统混凝土剪力墙、改进抗震性能的混凝土剪力墙、刚性连接装配式混凝土剪力墙和耗能连接装配式混凝土剪力墙的国内外相关研究做了简要回顾。

（2）混凝土夹心剪力墙的弹性力学分析。混凝土夹心剪力墙体本质上属于组合剪力墙，以弹性力学为基础，分析推导了具有典型材料属性和几何尺寸的组合抗侧力构件的力学特点，研究其与普通抗侧力构件的差异，并提出合理建议。

（3）新型混凝土夹心剪力墙的抗震性能试验研究。设计五个现浇混凝土剪力墙试件，包括一个普通混凝土剪力墙对比试件、一个双暗竖缝混凝土剪力墙试件和三个不同特征的混凝土夹心剪力墙试件，对各个试件进行拟静力加载试验，从破坏模式、滞回性能、刚度退化、延性和耗能等方面研究混凝土夹心剪力墙试件的抗震性能。

（4）新型混凝土夹心剪力墙的数值模拟和影响因素分析。对五个现浇混凝土剪力墙试件建立有限元模型进行数值模拟，并与试验结果进行对比分析；在此基础上，对试验模型中的关键影响因素进行参数分析，研究影响混凝土夹心剪力墙抗震性能的因素并提出合理建议。

（5）新型装配式混凝土夹心剪力墙结构的抗震性能试验研究。利用混凝土夹心剪力墙的特点，设计了采用不同干式连接方案的装配式混凝土夹心剪力墙墙体，并分别进行拟静力试验研究，研究各墙体和结构的抗震性能，并检验刚性连接和摩擦耗能连接形式的有效性。

（6）装配式混凝土夹心剪力墙结构的数值模拟和力学性能分析。分别对装配式混凝土夹心剪力墙墙体和结构建立有限元模型进行数值模拟分析，并与试验结果进行对比分析；对影响摩擦耗能连接装配式混凝土夹心剪力墙结构抗震性能的主要参数进行分析对比，对摩擦耗能连接装配式混凝土夹心剪力墙结构连接体系进行力学分析。

（7）提出新型混凝土夹心剪力墙结构的抗震设计方法。对摩擦耗能连接装配式混凝土夹心剪力墙结构提出基于位移的抗震设计方法；根据非线性位移比谱和残余位移比谱，对摩擦耗能连接装配式混凝土夹心剪力墙结构提出基于震后可修复性的抗震设计方法。

本章参考文献

［1］ SINGHAL S, CHOURASIA A, CHELLAPPA S, et al. Precast reinforced concrete shear walls: State of the art review ［J］. Structural Concrete, 2019. DOI: 10.1002/suco.201800129.

［2］ 中华人民共和国中央人民政府. 国务院办公厅关于大力发展装配式建筑的指导意见 ［EB/OL］. http://www.gov.cn/zhengce/content/2016-09-30/content_5114118.htm, 2016-09-27.

［3］ 中华人民共和国中央人民政府. 国务院办公厅关于促进建筑业持续健康发展的意见 ［EB/OL］. http://www.gov.cn/zhengce/content/2017-02-24/content_5170625.htm, 2017-02-24.

［4］ 中华人民共和国住房和城乡建设部. 住房城乡建设部关于印发《"十三五"装配式建筑行动方案》《装配式建筑示范城市管理办法》《装配式建筑产业基地管理办法》的通知 ［EB/OL］. http://www.mohurd.gov.cn/wjfb/201703/t20170327_231283.html, 2017-03-23.

［5］ PAULAY T. Earthquake-resisting shear walls-New Zealand design trends ［J］. Journal Proceedings, 1980, 77 (3): 144-152.

［6］ PAULAY T, PRIESTLEY M J N, SYNGE A J. Ductility in earthquake resisting squat shear walls ［J］. Journal Proceedings, 1982, 79 (4): 257-269.

［7］ KOKUSHO S, OGURA K. Shear strength and load-deflection characteristics of reinforced concrete members ［C］//US-Japan Seminar on Earthquake Engineering, Sendai, Japan, Proceedings. 1970, 364-381.

［8］ CARDENAS A E, MAGURA D D. Strength of high-rise shear walls-rectangular cross section ［J］. Special Publication, 1972, 36: 119-150.

［9］ BARDA F, HANSON J M, CORLEY W G. Shear strength of low-rise walls with boundary elements ［J］. Special Publication, 1977, 53: 149-202.

［10］ VALLENAS J M, BERTERO V V, POPOV E P. Hysteric behavior of reinforced concrete structural walls ［R］. NASA STI/Recon Technical Report N, 1979, 80.

［11］ AKTAN A E, BERTERO V V. RC structural walls: seismic design for shear ［J］. Journal of

Structural Engineering, 1985, 111 (8): 1775-1791.

[12] WOOD S L. Minimum tensile reinforcement requirements in walls [J]. Structural Journal, 1989, 86 (5): 582-591.

[13] WOOD S L. Shear strength of low-rise reinforced concrete walls [J]. Structural Journal, 1990, 87 (1): 99-107.

[14] TAN K H, KONG F K, TENG S, et al. High-strength concrete deep beams with effective span and shear span variations [J]. Structural Journal, 1995, 92 (4): 395-405.

[15] COLLINS M P, MITCHELL D. Rational approach to shear design: The 1984 Canadian Code Provisions [J]. Journal Proceedings, 1986, 83 (6): 925-933.

[16] AOYAMA H. Design philosophy for shear in earthquake resistance in Japan [J]. Earthquake Resistance of Reinforced Concrete Structures, 1993, 407-418.

[17] PÉREZ B M, PANTAZOPOULOU S J. A study of the mechanical response of reinforced concrete to cyclic shear reversals [C]//11th World Conference on Earthquake Engineering, 1996.

[18] 李兵, 李宏男. 不同剪跨比钢筋混凝土剪力墙拟静力试验研究 [J]. 工业建筑, 2010, 40 (9): 32-36.

[19] 吕文, 钱稼茹, 方鄂华. 钢筋混凝土剪力墙延性的试验和计算 [J]. 清华大学学报, 1999, 39 (4): 88-91.

[20] 龚治国, 吕西林, 姬守中. 不同边缘构件约束剪力墙抗震性能试验研究 [J]. 结构工程师, 2006, 22 (1): 56-61.

[21] 周广强, 孙恒军, 周德源. 钢筋混凝土剪力墙抗震性能试验研究 [J]. 山东建筑大学学报, 2010, 25 (1): 41-45.

[22] 陈云涛, 吕西林. 联肢剪力墙抗震性能研究: 试验和理论分析 [J]. 建筑结构学报, 2003, 24 (4): 25-33.

[23] 清华大学, 西南交通大学, 重庆大学, 等. 汶川地震建筑震害分析及设计对策 [M]. 北京: 中国建筑工业出版社, 2009.

[24] JI X, SUN Y, JIAN J, et al. Seismic behavior and modeling of steel reinforced concrete (SRC) walls [J]. Earthquake Engineering & Structural Dynamics, 2015, 44 (6): 955-972.

[25] 孙建超, 徐培福, 肖从真, 等. 钢板-混凝土组合剪力墙受剪性能试验研究 [J]. 建筑结构, 2008, 38 (6): 1-5.

[26] 聂建国, 陶慕轩, 樊建生, 等. 双钢板-混凝土组合剪力墙研究新进展 [J]. 建筑结构, 2011, 41 (12): 52-60.

[27] 张建伟, 曹万林, 王志惠, 等. 高轴压比下内藏桁架的混凝土组合中高剪力墙抗震性能研究 [J]. 工程力学, 2008, 25 (S2): 158-163.

[28] 李惠, 徐强, 吴波. 钢管混凝土耗能低剪力墙 [J]. 哈尔滨建筑大学学报, 2000, 33 (2): 18-23.

[29] 黄选明, 曹万林, 张建伟, 等. 钢筋混凝土带暗支撑L形截面短肢剪力墙抗震性能试验研究 [J]. 建筑结构学报, 2007 (S1): 21-26.

[30] 龚炳年. 国内高层钢结构建筑应用情况 [J]. 建筑科学, 1987, 4: 71-74.

［31］ 张新中. 内藏钢板支撑剪力墙受力特点及构造措施的试验研究［D］. 哈尔滨：哈尔滨建筑工程学院，1989.

［32］ 刘航，兰宗建，庞同和，等. 劲性钢筋混凝土低剪力墙抗震性能试验研究［J］. 工业建筑，1997，27（5）：33-36.

［33］ 武藤清. 结构物动力设计［M］. 滕家禄，等译. 北京：中国建筑工业出版社，1984.

［34］ 杨德健，王铁成. 新型多功能剪力墙抗震性能试验研究［J］. 建筑结构学报，2009（S2）：52-56.

［35］ 叶列平，康胜，曾勇. 双功能带缝剪力墙的弹性受力性能分析［J］. 清华大学学报（自然科学版），1999，39（12）：52-56.

［36］ 王新杰，曹万林，张建伟，等. 改善钢筋混凝土低矮剪力墙抗震性能的研究［J］. 世界地震工程. 2007，23（1）：61-66.

［37］ 李爱群. 钢筋混凝土剪力墙结构抗震控制及其控制装置研究［D］. 南京：东南大学，1992.

［38］ 郑杰. 曲面钢板阻尼器及其结构的理论与试验研究［D］. 南京：东南大学，2015.

［39］ 许淑芳，冯瑞玉，张兴虎，等. 空心钢筋混凝土剪力墙抗震性能试验研究［J］. 西安建筑科技大学学报（自然科学版），2002，34（2）：133-136.

［40］ 许淑芳，冯瑞玉，张兴虎，等. 带缝空心钢筋混凝土剪力墙的抗震性能试验研究［J］. 西安建筑科技大学学报（自然科学版），2002，34（2）：112-115.

［41］ 武敏刚. 钢筋混凝土空心剪力墙板的试验研究与理论分析［D］. 西安：西安建筑科技大学，2001.

［42］ 李劭晖. 带缝空心剪力墙结构抗震性能及其设计方法研究［D］. 西安：西安建筑科技大学，2004.

［43］ 石琳，李守恒. 不同形式空心剪力墙的抗震性能试验研究［J］. 西北建筑工程学院学报（自然科学版），2002，19（2）：18-22.

［44］ 王琼梅，王刚，许淑芳. 轴压空心剪力墙试件承载力试验研究［J］. 建筑科学，2006，22（3）：48-51.

［45］ 许淑芳，范仲暄，张兴虎，等. 平面内偏心受压空心钢筋混凝土剪力墙的试验研究［J］. 西安建筑科技大学学报（自然科学版），2002，34（4）：346-348.

［46］ 许淑芳，李守恒，张兴虎，等. 平面外偏心受压空心钢筋混凝土剪力墙受力性能试验研究［J］. 西安建筑科技大学学报（自然科学版），2002，34（3）：249-251.

［47］ 李爱群，丁大钧，曹征良. 带摩阻控制装置双肢剪力墙模型的振动台试验研究［J］. 工程力学，1995，12（3）：70-76.

［48］ HARRIES K A, MITCHELL D, COOK W D, et al. Seismic response of steel beams coupling concrete walls［J］. Journal of Structural Engineering, 1993, 119（12）：3611-3629.

［49］ FORTNEY P J, SHAHROOZ B M, RASSATI G A. Large-scale testing of a replaceable steel coupling beam［J］. Journal of Structural Engineering, 2007, 133（12）：1801-1807.

［50］ CHUNG H S, MOON B W, LEE S K, et al. Seismic performance of friction dampers using flexure of RC shear wall system［J］. Structural Design of Tall and Special Buildings, 2009, 18（7）：807-822.

［51］　CHRISTOPOULOS C，MONTGOMERY M S. Viscoelastic coupling dampers（VCDs）for en-hanced wind and seismic performance of high-rise buildings ［J］. Earthquake Engineering & Structural Dynamics, 2013, 42（15）: 2217-2233.

［52］　吕西林，陈云，蒋欢军. 新型可更换连梁研究进展 ［J］. 地震工程与工程振动，2013，33（1）：8-15.

［53］　纪晓东，钱稼茹. 震后功能可快速恢复联肢剪力墙研究 ［J］. 工程力学，2015，32（10）：1-8.

［54］　FINTEL M. Performance of buildings with shear walls in earthquakes of the last thirty years ［J］. PCI Journal, 1995, 40（3）: 62-80.

［55］　王墩，吕西林. 预制混凝土剪力墙结构抗震性能研究进展 ［J］. 结构工程师，2010，26（6）：128-133.

［56］　SHULTZ A E, MAGANA R A. Seismic behavior of connections in precast concrete walls ［J］. Special Publication, 1996, 162: 273-312.

［57］　安徽省质量技术监督局. 叠合板混凝土剪力墙结构技术规程：DB34/T 810—2008 ［S］. 合肥：安徽省质量技术监督局，2008.

［58］　任军. 不同轴压比下叠合板式剪力墙的抗震性能研究 ［J］. 结构工程师，2010，26（5）：66-72.

［59］　王滋军，刘伟庆，魏威，等. 钢筋混凝土水平拼接叠合剪力墙抗震性能试验研究 ［J］. 建筑结构学报，2012，33（7）：147-155.

［60］　连星，叶献国，王德才，等. 叠合板式剪力墙的抗震性能试验分析 ［J］. 合肥工业大学学报（自然科学版），2009，32（8）：1219-1223.

［61］　肖波，李检保，吕西林. 预制叠合剪力墙结构模拟地震振动台试验研究 ［J］. 结构工程师，2016，32（3）：119-126.

［62］　沈小璞，王建国. 叠合混凝土墙板竖向拼缝连接抗震性能试验研究 ［J］. 合肥工业大学学报. 2010，33（9）：1366-1371.

［63］　姜洪斌，张海顺，刘文清，等. 预制混凝土插入式预留孔灌浆钢筋搭接试验 ［J］. 哈尔滨工业大学学报，2011，43（10）：18-23.

［64］　姜洪斌，张海顺，刘文清，等. 预制混凝土结构插入式预留孔灌浆钢筋锚固性能 ［J］. 哈尔滨工业大学学报，2011，43（4）：28-31.

［65］　钱稼茹，彭媛媛，秦珩，等. 竖向钢筋留洞浆锚间接搭接的预制剪力墙抗震性能试验 ［J］. 建筑结构，2011，41（2）：7-11.

［66］　钱稼茹，杨新科，秦珩，等. 竖向钢筋采用不同连接方法的预制钢筋混凝土剪力墙抗震性能试验 ［J］. 建筑结构学报，2011，32（6）：51-59.

［67］　张微敬，钱稼茹，于检生，等. 竖向分布钢筋单排间接搭接的带现浇暗柱预制剪力墙抗震性能试验 ［J］. 土木工程学报，2012，45（10）：89-97.

［68］　彭媛媛. 预制钢筋混凝土剪力墙抗震性能试验研究 ［D］. 北京：清华大学，2010.

［69］　钱稼茹，彭媛媛，等. 竖向钢筋套筒浆锚连接的预制剪力墙抗震性能试验 ［J］. 建筑结构，2011，41（2）：1-6.

［70］　钱稼茹，张微敬，赵丰东，等. 双片预制圆孔板剪力墙抗震性能试验 ［J］. 建筑结构，

2010（6）：71-75.

［71］ 张微敬，钱稼茹，孟涛，等．带现浇暗柱的预制圆孔板剪力墙抗震性能试验研究［J］．建筑结构学报，2009（S2）：47-51.

［72］ 杨航．预制空心混凝土剪力墙受力性能研究［D］．哈尔滨：哈尔滨工业大学，2015.

［73］ 韩淼，蒋金卫，杜红凯，等．装配式空心剪力墙拟静力试验研究［J］．建筑结构，2017，47（10）：82-88.

［74］ 张国伟，肖伟，陈博珊．装配式空心剪力墙抗震性能研究［J］．建筑结构，2016，46（10）：32-36.

［75］ SOUDKI K A, RIZKALLA S H, LEBLANC B. Horizontal connections for precast concrete shear walls subjected to cyclic deformations part 1: mild steel connections［J］. PCI Journal, 1995, 40（4）：78-96.

［76］ SOUDKI K A, RIZKALLA S H, DAIKIW R W. Horizontal connections for precast concrete shear walls subjected to cyclic deformations part 2: prestressed connections［J］. PCI Journal, 1995, 40（5）：82-96.

［77］ 姜洪斌，陈再现，张家齐．预制钢筋混凝土剪力墙结构拟静力试验研究［J］．建筑结构学报，2011，32（6）：34-40.

［78］ 陈再现，姜洪斌．预制钢筋混凝土剪力墙结构拟动力子结构试验研究［J］．建筑结构学报，2011，32（6）：41-50.

［79］ 钱稼茹，韩文龙，赵作周，等．钢筋套筒灌浆连接装配式剪力墙结构三层足尺模型子结构拟动力试验［J］．建筑结构学报，2017，38（3）：26-38.

［80］ 王维，李爱群，贾洪，等．预制混凝土剪力墙结构振动台试验研究［J］．华中科技大学学报（自然科学版），2015，43（8）：12-17.

［81］ HOUSNER G W. The behavior of inverted pendulum structures during earthquakes［J］. Bulletin of the Seismological Society of America, 1963, 53（2）：403-417.

［82］ RESTREPO J I, RAHMAN A. Seismic performance of self-centering structural walls incorporating energy dissipators［J］. Journal of Structural Engineering, 2007, 133（11）：1560-1570.

［83］ PRIESTLEY M J N. Overview of PRESSS research program［J］. PCI Journal, 1991, 36（4）：50-57.

［84］ PRIESTLEY M J N, SRITHARAN S, CONLEY J R, et al. Preliminary results and conclusions from the PRESSS five-story precast concrete test building［J］. PCI Journal, 1999, 44（6）：42-67.

［85］ STANTON J F, NAKAKI S D. Design guile lines for precast concrete seismic structural systems［Z］. Seattle: University of Washington, 2002.

［86］ PEREZ F J, PESSIKI S, SAUSE R. Experimental and analytical lateral load response of unbonded post-tensioned precast concrete walls［R］. ATLSS report No. 04-11. Civil and Environmental Engineering, Lehigh University, 2004.

［87］ PEREZ F J, SAUSE R, LU L W. Lateral load tests of unbonded post-tensioned precast concrete walls［J］. ACI Special Publication, 2003, 211：161-182.

［88］ HOLDEN T, RESTREPO J, MANDER J B. Seismic performance of precast reinforced and prestressed concrete walls [J]. Journal of Structural Engineering, 2003, 129 (3): 286-296.

[89] SRITHARAN S, AALETI S, THOMAS D J. Seismic analysis and design of precast concrete jointed wall systems [R]. ISU-ERI-Ames Report ERI-07404, Department of Civil, Construction and Environmental Engineering, Iowa State University, 2007.

[90] THOMAS D J, SRITHARAN S. An evaluation of seismic design guidelines proposed for precast jointed wall systems [R]. ISU-ERI-Ames Report ERI-04643. Department of Civil, Construction and Environmental Engineering, Iowa State University, 2004.

[91] SRITHARAN S, AALETI S, HENRY R S, et al. Precast concrete wall with end columns (PreWEC) for earthquake resistant design [J]. Earthquake Engineering & Structural Dynamics, 2015, 44 (12): 2075-2092.

[92] KURAMA Y C. Simplified seismic design approach for friction-damped unbonded post-tensioned precast concrete walls [J]. ACI Structural Journal, 2001, 98 (5): 705-716.

[93] KURAMA Y C. Seismic design of unbonded post-tensioned precast concrete walls with supplemental viscous damping [J]. ACI Structural Journal, 2000, 97 (4): 648-658.

[94] MARRIOTT D, PAMPANIN S, BULL D, et al. Dynamic testing of precast, post-tensioned rocking wall systems with alternative dissipating solutions [J]. Bulletin of the New Zealand Society for Earthquake Engineering, 2008, 41 (2): 90-103.

[95] KURAMA Y C, SAUSE R, PESSIKI S, et al. Seismic response evaluation of unbonded post-tensioned precast walls [J]. ACI Structural Journal, 2002, 99 (5): 641-651.

[96] RAHMAN M A, SRITHARAN S. An evaluation of force-based design vs. direct displacement-based design of jointed precast post-tensioned wall systems [J]. Earthquake Engineering and Engineering Vibration, 2006, 5 (2): 285-296.

[97] ERKMEN B, SCHULTZ A E. Self-centering behavior of unbonded, post-tensioned precast concrete shear walls [J]. Journal of Earthquake Engineering, 2009, 13 (7): 1047-1064.

[98] SCHOETTLER M J, BELLERI A, DICHUAN Z, et al. Preliminary results of the shake-table testing for the development of a diaphragm seismic design methodology [J]. PCI Journal, 2009, 54 (1): 100-124.

[99] 李爱群, 焦常科. 一种装配式铅剪切阻尼墙 [P]. 中国专利: CN102296726A, 2011-12-28.

[100] 李爱群, 轩鹏, 刘少波. 一种装配式耗能减震剪力墙结构体系 [P]. 中国专利: CN105275111A, 2016-01-27.

[101] LIU S B, LI A Q. Hysteretic friction behavior of aluminum foam/polyurethane interpenetrating phase composites [J]. Composite Structures, 2018, 203: 18-29.

[102] 李爱群, 王维, 贾洪, 等. 一种标准单元装配式耗能减震结构体系: CN103195183A [P]. 2013-07-10.

[103] 李爱群, 王维, 贾洪, 等. 一种装配式耗能减震剪力墙结构体系: CN103147529A [P]. 2013-06-12.

[104] 陈鑫, 孙勇, 毛小勇, 等. 一种装配式自复位摇摆钢板墙结构体系: CN106401018A [P]. 2017-02-15.

［105］ 陈鑫，刘涛，孙勇，等. 一种阻尼接地型装配式钢筋混凝土调谐质量阻尼墙：CN109898691A ［P］. 2019-06-18.

［106］ GUO T, WANG L, XU Z, et al. Experimental and numerical investigation of jointed self-centering concrete walls with friction connectors ［J］. Engineering Structures, 2018, 161：192-206.

第2章 混凝土夹心剪力墙的弹性力学分析

剪力墙作为结构中的重要抗侧力构件，提高其抗震性能是结构抗震设计的关键技术。组合剪力墙由不同材料或结构形式结合而成，由于其结合了不同材料或结构的诸多优点，改善了剪力墙的抗震性能，因此在工程上被广泛采用。关于组合剪力墙已有较多的研究，出现了众多组合剪力墙的形式，如型钢混凝土剪力墙[1-2]、钢管混凝土边框剪力墙[3-4]、钢板混凝土组合剪力墙[5]、内藏钢桁架混凝土剪力墙[6-8] 等。如图 2-1 所示，本篇的新型混凝土夹心剪力墙，是通过在剪力墙内部设置一个或多个夹心泡沫板形成夹心段，夹心板两侧为钢筋混凝土薄壁（夹心壁），夹心段之间和端部为暗柱。夹心段和暗柱是两种强弱不同的区段，共同组合承载。从本质上看，混凝土夹心剪力墙同样属于组合剪力墙。本章以弹性力学为基础，分析了混凝土夹心剪力墙的力学特点，研究其与普通剪力墙的差异。分析方法和结果可推广至更为复杂的组合抗侧力构件，同时也为进一步研究混凝土夹心剪力墙的抗震性能奠定理论基础。

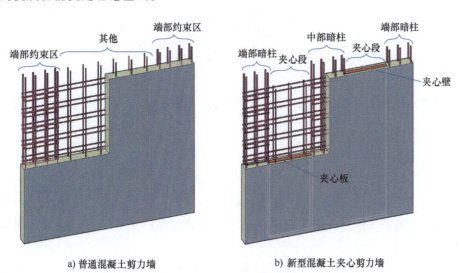

a) 普通混凝土剪力墙　　　　　　b) 新型混凝土夹心剪力墙

图 2-1　普通混凝土剪力墙与新型混凝土夹心剪力墙

2.1 理论基础

在弹性力学[9]中分析求解问题要考虑三个方面：静力学方面（建立广义力之间的关系）、几何学方面（建立广义位移之间的关系）和物理学方面（建立广义力与广义位移之间的关系）。在平面应力问题中，不考虑体力时的基本方程如下：

（1）平衡微分方程

$$\left.\begin{aligned} \frac{\partial \sigma_x}{\partial x} + \frac{\partial \tau_{xy}}{\partial y} = 0 \\ \frac{\partial \tau_{xy}}{\partial x} + \frac{\partial \sigma_y}{\partial y} = 0 \end{aligned}\right\}$$

(2-1)

（2）几何方程

$$\left.\begin{aligned} \varepsilon_x &= \frac{\partial u}{\partial x} \\ \varepsilon_y &= \frac{\partial v}{\partial y} \\ \gamma_{xy} &= \frac{\partial u}{\partial y} + \frac{\partial v}{\partial x} \end{aligned}\right\}$$

(2-2)

（3）物理方程

$$\left.\begin{aligned} \varepsilon_x &= \frac{1}{E}(\sigma_x - \mu\sigma_y) \\ \varepsilon_y &= \frac{1}{E}(\sigma_y - \mu\sigma_x) \\ \gamma_{xy} &= \frac{2(1+\mu)}{E}\tau_{xy} \end{aligned}\right\}$$

(2-3)

只需将弹性模量 E 更换为 $\frac{E}{1-\mu^2}$，泊松比 μ 更换为 $\frac{\mu}{1-\mu}$，即可将平面应力问题转换为平面应变问题。

（4）相容方程

$$\frac{\partial^2 \varepsilon_x}{\partial y^2} + \frac{\partial^2 \varepsilon_y}{\partial x^2} = \frac{\partial^2 \gamma_{xy}}{\partial x \partial y}$$

(2-4)

采用逆解法求解时，需要设定满足形变协调方程的艾里应力函数 Φ，则相容方程可表达为

$$\frac{\partial^4 \Phi}{\partial x^4} + 2\frac{\partial^4 \Phi}{\partial x^2 \partial y^2} + \frac{\partial^4 \Phi}{\partial y^4} = 0$$

(2-5)

此时，应力分量也可采用应力函数表达为

$$\left.\begin{array}{l} \sigma_x = \dfrac{\partial^2 \Phi}{\partial y^2} \\[3mm] \sigma_y = \dfrac{\partial^2 \Phi}{\partial x^2} \\[3mm] \tau_{xy} = -\dfrac{\partial^2 \Phi}{\partial x \partial y} \end{array}\right\} \tag{2-6}$$

用应力分量来求解边界问题时，只需按式（2-5）求解出应力函数 Φ，然后按式（2-6）求解出应力分量。但是这些应力分量在边界上应当满足应力边界条件，且式（2-5）是偏微分方程，它的解答一般都不可能直接求出，因此在具体求解问题时，只能采用逆解法或半逆解法。

2.2 力学分析

2.2.1 分析模型

在混凝土夹心剪力墙面内受力分析时，夹心段的内外混凝土薄壁可合并为整体，则夹心段和暗柱段分别具有不同的几何尺寸和材料属性。以下分析不局限于混凝土夹心剪力墙，以典型组合抗侧力构件为例进行分析。如图 2-2 所示，该抗侧力构件由左、中和右三个不同材料和几何尺寸的部分组合而成。各部分高度均为 l，左侧部分宽度 h_1，厚度 b_1，材料弹性模量和泊松比分别为 E_1 和 μ_1；中间部分宽度 h_2，厚度 b_2，材料弹性模量和泊松比分别为 E_2 和 μ_2；右侧部分宽度 h_3，厚度 b_3，材料弹性模量和泊松比分别为 E_3 和 μ_3。抗侧力构件下端固定，上部自由端作用侧向荷载 F。

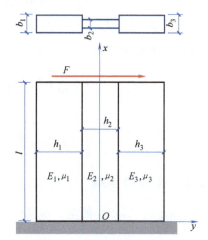

图 2-2 夹心剪力墙分析模型

以中间部分底端中点为原点，建立图 2-2 所示的坐标系。为表示方便，取 $n_2 = h_2/2$，$n_1 = h_1 + n_2$，$n_3 = h_3 + n_2$，则应力边界条件和位移边界条件如下：

（1）左、右表面的应力边界条件

$$\left.\begin{array}{l} \left(\sigma_{y1}\right)_{y=-n_1} = 0 \\[2mm] \left(\tau_{xy1}\right)_{y=-n_1} = 0 \end{array}\right\} \tag{2-7}$$

$$\left.\begin{array}{l}(\sigma_{y3})_{y=n_3}=0\\(\tau_{xy3})_{y=n_3}=0\end{array}\right\} \tag{2-8}$$

（2）自由端的应力边界条件

$$\left.\begin{array}{l}(\sigma_{x1})_{x=l}=0\\(\sigma_{x2})_{x=l}=0\\(\sigma_{x3})_{x=l}=0\end{array}\right\} \tag{2-9}$$

$$\int_{-n_1}^{-n_2}(\tau_{xy1})_{x=l}b_1\mathrm{d}y+\int_{-n_2}^{n_2}(\tau_{xy2})_{x=l}b_2\mathrm{d}y+\int_{n_2}^{n_3}(\tau_{xy3})_{x=l}b_3\mathrm{d}y=F \tag{2-10}$$

（3）简化的固定端位移边界条件

$$\left.\begin{array}{l}(u_2)_{x=0,y=0}=0,\ (v_2)_{x=0,y=0}=0\\[2mm]\left(\dfrac{\partial v_2}{\partial x}\right)_{x=0,y=0}=0\end{array}\right\} \tag{2-11}$$

（4）三部分在接缝处的简化边界条件：

1）位移协调条件为

$$\left.\begin{array}{l}(u_1)_{y=-n_2}=(u_2)_{y=-n_2}\\(v_1)_{y=-n_2}=(v_2)_{y=-n_2}\end{array}\right\} \tag{2-12}$$

$$\left.\begin{array}{l}(u_2)_{y=n_2}=(u_3)_{y=n_2}\\(v_2)_{y=n_2}=(v_3)_{y=n_2}\end{array}\right\} \tag{2-13}$$

2）力平衡条件为

$$\left.\begin{array}{l}\displaystyle\int_0^l(\tau_{xy1})_{y=-n_2}b_1\mathrm{d}x=\int_0^l(\tau_{xy2})_{y=-n_2}b_2\mathrm{d}x\\[4mm]\displaystyle\int_0^l(\tau_{xy2})_{y=n_2}b_2\mathrm{d}x=\int_0^l(\tau_{xy3})_{y=n_2}b_3\mathrm{d}x\end{array}\right\} \tag{2-14}$$

2.2.2　弹性力学解

取满足式（2-5）的左、右部分应力函数 Φ_i 为

$$\Phi_i=\frac{x^2}{2}(A_{i1}y^3+A_{i2}y^2+A_{i3}y+A_{i4})+x(A_{i5}y^3+A_{i6}y^2+A_{i7}y)-$$

$$\frac{A_{i1}}{10}y^5-\frac{A_{i2}}{6}y^4+A_{i8}y^3+A_{i9}y^2 \tag{2-15}$$

式中，A_{ij}（$i=1\sim3$；$j=1\sim9$）为待定常数。

则代入应力函数并联合以上弹性力学基本方程和边界条件，可求得应力分量和位移分量分别为

$$
\left.
\begin{aligned}
\sigma_{x1} &= x(6A_{15}y + 2A_{16}) - 6A_{15}ly - 2A_{16}l \\
\sigma_{y1} &= 0 \\
\tau_{xy1} &= -(3A_{15}y^2 + 2A_{16}y - 3A_{15}n_1^2 + 2A_{16}n_1) \\
\sigma_{x2} &= x(6A_{25}y + 2A_{26}) - 6A_{25}ly - 2A_{26}l \\
\sigma_{y2} &= 0 \\
\tau_{xy2} &= -(3A_{25}y^2 + 2A_{26}y + A_{27}) \\
\sigma_{x3} &= x(6A_{35}y + 2A_{36}) - 6A_{35}ly - 2A_{36}l \\
\sigma_{y3} &= 0 \\
\tau_{xy3} &= -(3A_{35}y^2 + 2A_{36}y - 3A_{35}n_3^2 - 2A_{36}n_3)
\end{aligned}
\right\}
\tag{2-16}
$$

$$
\left.
\begin{aligned}
u_1 &= \frac{1}{E_1}\left[\frac{x^2}{2}(6A_{15}y+2A_{16})-6A_{15}lxy-2A_{16}lx\right] - \frac{2(1+\mu_1)}{E_1}(A_{15}y^3+A_{16}y^2-3A_{15}n_1^2y+2A_{16}n_1y) + \\
&\quad \frac{\mu_1}{E_1}(A_{15}y^3+A_{16}y^2)-\frac{\mu_1-\mu_2}{E_2}(3A_{25}n_2^2-2A_{26}n_2)y-\frac{2(1+\mu_2)}{E_2}(-A_{25}n_2^3+A_{26}n_2^2-A_{27}n_2)+ \\
&\quad \frac{2(1+\mu_1)}{E_1}(-A_{15}n_1^3+A_{16}n_1^2+3A_{15}n_1^2n_2-2A_{16}n_1n_2)+\frac{\nu_2-\nu_1}{E_2}(2A_{25}n_2^3-A_{26}n_2^2) \\[4pt]
v_1 &= -\frac{\mu_1}{E_1}\left[x(3A_{15}y^2+2A_{16}y)-3A_{15}ly^2-2A_{16}ly\right]-\frac{1}{E_1}(A_{15}x^3-3A_{15}lx^2)+ \\
&\quad \frac{\mu_1-\mu_2}{E_2}(3A_{25}n_2^2-2A_{26}n_2)(x-l) \\[4pt]
u_2 &= \frac{1}{E_2}\left[\frac{x^2}{2}(6A_{25}y+2A_{26})-6A_{25}lxy-2A_{26}lx\right]-\frac{2(1+\mu_2)}{E_2}(A_{25}y^3+A_{26}y^2+A_{27}y)+ \\
&\quad \frac{\mu_2}{E_2}(A_{25}y^3+A_{26}y^2) \\[4pt]
v_2 &= \frac{1}{E_2}\{-\mu_2[x(3A_{25}y^2+2A_{26}y)-3A_{25}ly^2-2A_{26}ly]\}-\frac{1}{E_2}(A_{25}x^3-3A_{25}lx^2) \\[4pt]
u_3 &= \frac{1}{E_3}\left[\frac{x^2}{2}(6A_{35}y+2A_{36})-6A_{35}lxy-2A_{36}lx\right]-\frac{2(1+\mu_3)}{E_3}(A_{35}y^3+A_{36}y^2-3A_{35}n_3^2y-2A_{36}n_3y)+ \\
&\quad \frac{\mu_3}{E_3}(A_{35}y^3+A_{36}y^2)-\frac{\mu_3-\mu_2}{E_2}(3A_{25}n_2^2+2A_{26}n_2)y-\frac{2(1+\mu_2)}{E_2}(A_{25}n_2^3+A_{26}n_2^2+A_{27}n_2)+ \\
&\quad \frac{2(1+\mu_3)}{E_3}(A_{35}n_3^3+A_{36}n_3^2-3A_{35}n_3^2n_2-2A_{36}n_3n_2)+\frac{\nu_3-\nu_2}{E_2}(2A_{25}n_2^3+A_{26}n_2^2) \\[4pt]
v_3 &= -\frac{\mu_3}{E_3}\left[x(3A_{35}y^2+2A_{36}y)-3A_{35}ly^2-2A_{36}ly\right]-\frac{1}{E_3}(A_{35}x^3-3A_{35}lx^2)+ \\
&\quad \frac{\mu_3-\mu_2}{E_2}(3A_{25}n_2^2+2A_{26}n_2)(x-l)
\end{aligned}
\right\}
$$

$$\tag{2-17}$$

其中，各系数取值如下：

$$
\left.\begin{aligned}
&A_{15} = \frac{QF}{PW}, A_{16} = -\frac{F}{W} \\[2mm]
&A_{25} = \frac{E_2 QF}{E_1 PW}, A_{26} = -\frac{E_2 F}{E_1 W}, A_{27} = \frac{(QR - PS)F}{WPb_2} \\[2mm]
&A_{35} = \frac{E_3 QF}{E_1 PW}, A_{36} = -\frac{E_3 F}{E_1 W}
\end{aligned}\right\}
\tag{2-18}
$$

为表达方便，式（2-18）采用了式（2-19）进行简化。

特别地，当分析模型为单一材料和截面组成的抗侧力构件（如取 $h_1 = h_2 = h_3 = \frac{h}{3}$，$b_1 = b_2 = b_3 = b$，$E_1 = E_2 = E_3 = E$，$\mu_1 = \mu_2 = \mu_3 = \mu$；或 $h_2 = h$，$h_1 = h_3 = 0$，$b_2 = b$，$E_2 = E$，$\mu_2 = \mu$），或以及分析模型为其他单一材料和截面的情况时，联合弹性力学基本方程和边界条件则可求得应力分量和位移分量分别为式（2-20）和式（2-21）。

$$
\left.\begin{aligned}
&P = 3b_1(n_2^2 - n_1^2) - 3b_3(n_2^2 - n_3^2)\frac{E_3}{E_1} \\[3mm]
&Q = 2b_1(n_1 - n_2) - 2b_3(n_2 - n_3)\frac{E_3}{E_1} + 4b_2 n_2 \frac{E_2}{E_1} \\[3mm]
&R = 3b_1(n_2^2 - n_1^2) - 3b_2 n_2^2 \frac{E_2}{E_1} \\[3mm]
&S = 2b_1(n_1 - n_2) + 2b_2 n_2 \frac{E_2}{E_1} \\[3mm]
&T = b_1(-2n_1^3 + 3n_1^2 n_2 - n_2^3) + 2b_2 n_2^3 \frac{E_2}{E_1} + b_3(-n_2^3 + 3n_2 n_3^2 - 2n_3^3)\frac{E_3}{E_1} \\[3mm]
&U = b_1(n_1^2 - 2n_1 n_2 + n_2^2) + b_3(-n_2^2 + 2n_2 n_3 - n_3^2)\frac{E_3}{E_1} \\[3mm]
&W = \frac{PU - QT + 2n_2(SP - QR)}{P}
\end{aligned}\right\}
\tag{2-19}
$$

$$
\left.\begin{aligned}
&\sigma_x = y(x - l)\frac{F}{I} \\[2mm]
&\sigma_y = 0 \\[2mm]
&\tau_{xy} = -\frac{F}{2I}\left(y^2 - \frac{h^2}{4}\right)
\end{aligned}\right\}
\tag{2-20}
$$

$$u = \frac{F}{2EI}(x - 2l)xy - \frac{F(2 + \mu)}{6EI}y^3 + \frac{F(1 + \mu)}{4EI}h^2 y$$
$$v = -\frac{F\mu}{2EI}(x - l)y^2 - \frac{F}{6EI}(x - 3l)x^2$$

$$(2\text{-}21)$$

可得到自由端侧移为

$$(v)_{x=l} = \frac{Fl^3}{3EI} \tag{2-22}$$

应力分量式（2-20）和自由端侧移式（2-22）均与材料力学计算结果相同。

2.3　多夹心剪力墙

以上得到了将单夹心剪力墙作为组合抗侧力构件进行分析的理论解，对于多夹心剪力墙，可采用同样的分析方法简化为更一般的多重组合抗侧力构件进行求解。具有 m 重组合的抗侧力构件的示意图和坐标系如图 2-3 所示。当 m 为偶数时，如图 2-3a 所示；当 m 为奇数时，如图 2-3b 所示。

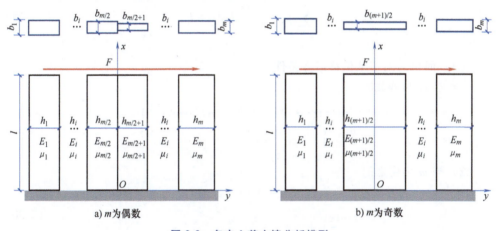

a) m 为偶数　　　　　　　　b) m 为奇数

图 2-3　多夹心剪力墙分析模型

多重组合构件由 m 个不同材料和几何尺寸的部分组合而成，各部分高度均为 l，第 i 部分宽度 h_i，厚度 b_i，材料弹性模量和泊松比分别为 E_i 和 μ_i，其中 $1 \leqslant i \leqslant m$。抗侧力构件下端固定，上部自由端作用总侧向荷载 F。

（1）左、右表面的应力边界条件：

1）当 m 为偶数时

$$(\sigma_{y1})_{y = -\sum\limits_{i=1}^{m/2} h_i} = 0$$
$$(\tau_{xy1})_{y = -\sum\limits_{i=1}^{m/2} h_i} = 0$$

$$(2\text{-}23)$$

$$\left.\begin{array}{l}(\sigma_{ym})_{y=\sum\limits_{i=m/2+1}^{m}h_i}=0\\[3mm](\tau_{xym})_{y=\sum\limits_{i=m/2+1}^{m}h_i}=0\end{array}\right\} \tag{2-24}$$

2）当 m 为奇数时

$$\left.\begin{array}{l}(\sigma_{y1})_{y=-\sum\limits_{i=1}^{(m+1)/2}h_i+\frac{h_{(m+1)/2}}{2}}=0\\[3mm](\tau_{xy1})_{y=-\sum\limits_{i=1}^{(m+1)/2}h_i+\frac{h_{(m+1)/2}}{2}}=0\end{array}\right\} \tag{2-25}$$

$$\left.\begin{array}{l}(\sigma_{ym})_{y=\sum\limits_{i=(m+1)/2}^{m}h_i-\frac{h_{(m+1)/2}}{2}}=0\\[3mm](\tau_{xym})_{y=\sum\limits_{i=(m+1)/2}^{m}h_i-\frac{h_{(m+1)/2}}{2}}=0\end{array}\right\} \tag{2-26}$$

（2）自由端的应力边界条件：

$$(\sigma_{xi})_{x=l}=0 \tag{2-27}$$

其中，$1\leqslant i\leqslant m$。

$$\sum_{i=1}^{m}\int(\tau_{xyi})_{x=l}b_i\mathrm{d}y=F \tag{2-28}$$

（3）简化的固定端位移边界条件：

1）当 m 为偶数时

$$\left.\begin{array}{l}(u_{m/2})_{x=0,y=0}=0,(v_{m/2})_{x=0,y=0}=0\\[3mm]\left(\dfrac{\partial v_{m/2}}{\partial x}\right)_{x=0,y=0}=0\end{array}\right\} \tag{2-29}$$

2）当 m 为奇数时

$$\left.\begin{array}{l}(u_{(m+1)/2})_{x=0,y=0}=0,(v_{(m+1)/2})_{x=0,y=0}=0\\[3mm]\left(\dfrac{\partial v_{(m+1)/2}}{\partial x}\right)_{x=0,y=0}=0\end{array}\right\} \tag{2-30}$$

（4）组合构件各部分在接缝处的简化边界条件：

1）当 m 为偶数时

$$\left.\begin{array}{l}(u_i)_{y=\sum\limits_{r=1}^{i}h_r-\sum\limits_{r=1}^{m/2}h_r}=(u_{i+1})_{y=\sum\limits_{r=1}^{i}h_r-\sum\limits_{r=1}^{m/2}h_r}\\[3mm](v_i)_{y=\sum\limits_{r=1}^{i}h_r-\sum\limits_{r=1}^{m/2}h_r}=(v_{i+1})_{y=\sum\limits_{r=1}^{i}h_r-\sum\limits_{r=1}^{m/2}h_r}\end{array}\right\} \tag{2-31}$$

$$\int_{0}^{l}(\tau_{xyi})_{y=\sum\limits_{r=1}^{i}h_r-\sum\limits_{r=1}^{m/2}h_r}b_i\mathrm{d}x=\int_{0}^{l}(\tau_{xyi+1})_{y=\sum\limits_{r=1}^{i}h_r-\sum\limits_{r=1}^{m/2}h_r}b_{i+1}\mathrm{d}x \tag{2-32}$$

2）当 m 为奇数时

$$\left. \begin{aligned} (u_i)_{y=\sum_{r=1}^{i}h_r-\sum_{r=1}^{(m+1)/2}h_r+\frac{1}{2}h_{(m+1)/2}} &= (u_{i+1})_{y=\sum_{r=1}^{i}h_r-\sum_{r=1}^{(m+1)/2}h_r+\frac{1}{2}h_{(m+1)/2}} \\ (v_i)_{y=\sum_{r=1}^{i}h_r-\sum_{r=1}^{(m+1)/2}h_r+\frac{1}{2}h_{(m+1)/2}} &= (v_{i+1})_{y=\sum_{r=1}^{i}h_r-\sum_{r=1}^{(m+1)/2}h_r+\frac{1}{2}h_{(m+1)/2}} \end{aligned} \right\} \tag{2-33}$$

$$\int_0^l (\tau_{xyi})_{y=\sum_{r=1}^{i}h_r-\sum_{r=1}^{(m+1)/2}h_r+\frac{1}{2}h_{(m+1)/2}} b_i \mathrm{d}x = \int_0^l (\tau_{xyi+1})_{y=\sum_{r=1}^{i}h_r-\sum_{r=1}^{(m+1)/2}h_r+\frac{1}{2}h_{(m+1)/2}} b_{i+1} \mathrm{d}x$$

$$\tag{2-34}$$

其中，$1 \leqslant i \leqslant m-1$。

联立弹性力学基本方程和上述边界条件，同样可采用第2.2节的求解方法进行计算，求解步骤相同，此处不再赘述，最终可求得任意组合抗侧力构件的内力和位移解析解。

2.4 结果讨论

设计若干算例进行分析，采用弹性材料和壳单元进行建模，模型参数值见表2-1。各模型施加两个顶点水平集中荷载 $5\times10^5\mathrm{N}$，两个加载点均在端部的接缝处。将数值仿真模型计算结果与弹性力学解析解进行对比分析。

表 2-1　设计模型参数值

参数	模型								
	I-0	I-1	I-2	I-3	I-4	I-5	I-6	I-7	I-8
h_1/m	1.0	1.0	2.0	1.0	1.0	1.0	1.0	1.0	1.0
h_2/m	2.0	2.0	1.0	1.0	2.0	2.0	2.0	2.0	2.0
h_3/m	1.0	1.0	1.0	2.0	1.0	1.0	1.0	1.0	1.0
$E_1/10^{10}\mathrm{N/m^2}$	1.0	2.0	2.0	2.0	1.0	2.0	2.0	2.0	2.0
$E_2/10^{10}\mathrm{N/m^2}$	1.0	1.0	1.0	1.0	0.5	1.0	1.0	1.0	2.0
$E_3/10^{10}\mathrm{N/m^2}$	1.0	0.5	0.5	0.5	2.0	0.5	0.5	0.5	2.0
μ_1	0.3	0.2	0.2	0.2	0.3	0.2	0.2	0.2	0.2
μ_2	0.3	0.3	0.3	0.3	0.4	0.3	0.3	0.3	0.2
μ_3	0.3	0.4	0.4	0.4	0.2	0.4	0.4	0.4	0.4
b_1/m	0.3	0.2	0.2	0.2	0.2	0.3	0.2	0.2	0.4
b_2/m	0.3	0.3	0.3	0.3	0.3	0.3	0.3	0.3	0.2
b_3/m	0.3	0.4	0.4	0.4	0.4	0.4	0.4	0.4	0.4
l/m	16	16	16	16	16	16	8	24	16

通过力学求解和数值模拟分析得到了各模型的位移和内力结果如图 2-4~图 2-7 所示，图中曲线表示弹性力学解析解，离散点代表数值模拟解，图中展示了在组合构件相对高度为 0.25、0.5、0.75 和 1 处的竖向和水平位移结果。由圣维南原理可知，在上、下端部由于边界条件近似，得到的内力不具有代表性，因此只绘制了组合构件相对高度为 0.25、0.5 和 0.75 处的正应力结果。由于组合构件相对高度为 0.25、0.5 和 0.75 处计算和分析得到的剪应力无明显变化，因此只绘制了相对高度为 0.5 处的剪应力。其中，模型 I-0 为单截面矩形普通剪力墙，模型 I-8 为典型单夹心混凝土剪力墙。

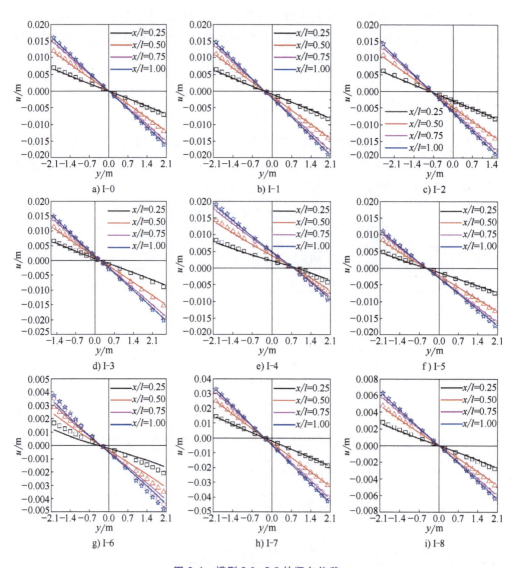

图 2-4　模型 I-0~I-8 的竖向位移

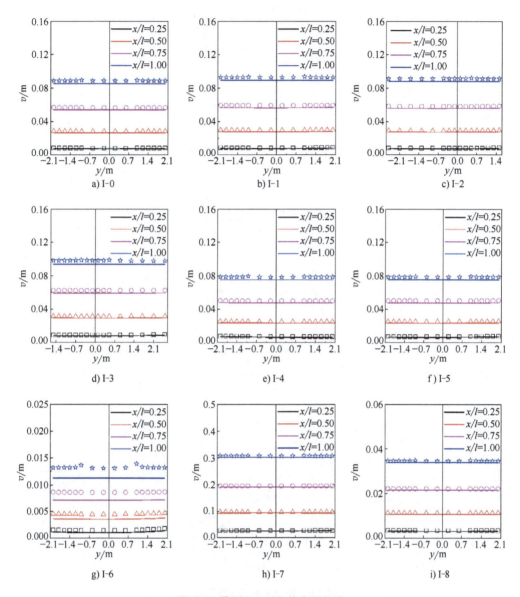

图 2-5 模型 I-0～I-8 的水平位移

由图 2-4～图 2-7 可知，所有模型在同一截面处的竖向位移均基本呈直线分布，相同模型不同截面处的中性轴位置相同，增大某一侧弹性模量或厚度，会引起中性轴向该侧偏移。由于弹性模量和各部分厚度差异导致各部分正应力在接缝处出现跳跃，但在各部分内部分别为直线分布。各部分厚度存在差异会导致各部分剪应力在接缝处出现跳跃，厚度越大，剪应力越小，各部分的剪应力分别呈抛物线分布。同一水平截面上各处的侧移基本一致，无明显差异。对于居中布置的单夹心混凝土剪

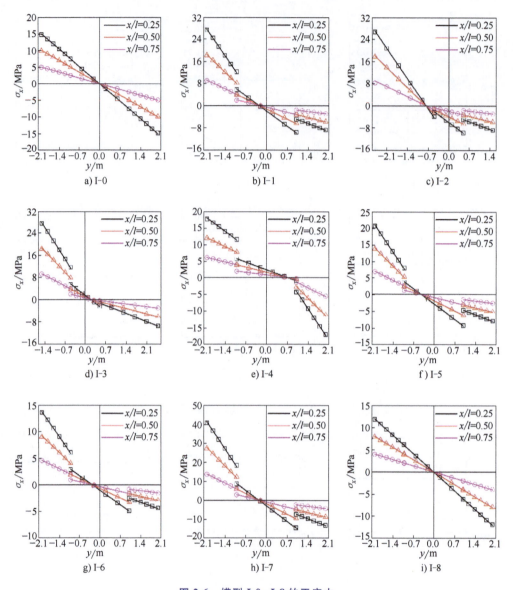

图 2-6　模型 I-0～I-8 的正应力

力墙模型 I-8，中性轴位于截面中心，剪应力由于夹心部位厚度的改变而在接缝处产生跳跃，中部夹心剪应力显著增大，这是混凝土夹心剪力墙的典型特点。

从图 2-4～图 2-7 可以看出，解析解和数值解在多数情况下基本重合，分布规律趋势相同，但在某些情况下误差不可忽视。以数值模拟结果为参照，分析解析解的相对误差，取同一截面上所有点的同一响应指标进行分析，计算相对误差并取平均值（剔除解析解为零的点，因为在该处非零解析解的相对误差为无限大），见表 2-2。

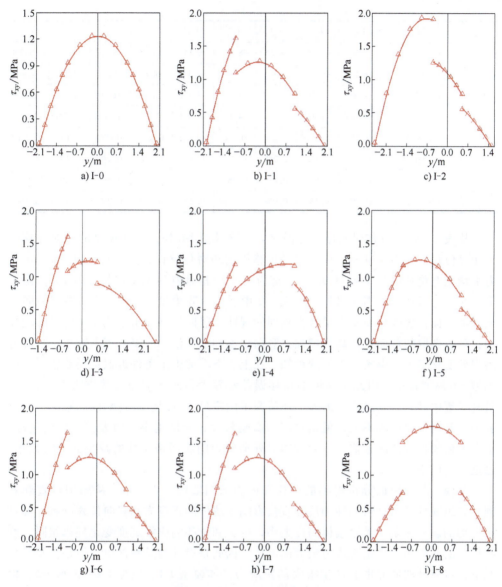

图 2-7　模型 I-0~I-8 的剪应力

表 2-2　模型 I-0~I-8 的位移和内力平均相对误差

响应	截面位置	I-0	I-1	I-2	I-3	I-4	I-5	I-6	I-7	I-8
u_i	$x/l = 0.25$	-7.0%	-3.9%	-5.2%	-5.9%	-9.4%	-8.0%	-27.5%	-1.4%	-9.2%
	$x/l = 0.50$	-2.9%	-2.3%	-3.1%	-3.4%	-6.9%	-4.6%	-15.8%	-0.8%	-4.5%
	$x/l = 0.75$	-3.3%	-1.8%	-2.3%	-2.9%	-5.3%	-3.9%	-8.5%	-0.7%	-3.2%
	$x/l = 1.00$	-2.9%	-1.8%	-2.7%	-2.7%	-5.1%	-4.8%	-8.0%	-0.7%	-2.2%

（续）

响应	截面位置	I-0	I-1	I-2	I-3	I-4	I-5	I-6	I-7	I-8
v_i	$x/l = 0.25$	-9.7%	-9.3%	-8.8%	-8.4%	-9.9%	-10.5%	-28.3%	-3.9%	-10.7%
	$x/l = 0.50$	-6.2%	-5.9%	-5.3%	-6.7%	-6.1%	-6.7%	-20.7%	-2.6%	-4.9%
	$x/l = 0.75$	-4.9%	-4.6%	-4.0%	-5.2%	-4.5%	-5.2%	-16.9%	-2.0%	-2.6%
	$x/l = 1.00$	-4.3%	-4.1%	-3.5%	-4.6%	-4.4%	-4.5%	-15.4%	-1.7%	-1.7%
σ_x	$x/l = 0.25$	0.2%	0.0%	0.2%	0.1%	-0.1%	0.1%	-0.5%	0.1%	0.2%
	$x/l = 0.50$	0.2%	0.1%	0.2%	0.3%	0.4%	0.1%	0.2%	0.2%	0.2%
	$x/l = 0.75$	0.2%	0.5%	0.8%	-0.6%	0.7%	0.2%	2.5%	0.2%	0.2%
τ_{xy}	$x/l = 0.50$	0.1%	0.1%	0.0%	0.1%	0.2%	0.1%	0.2%	0.0%	0.2%

从表 2-2 看，位移误差比应力误差大，除模型 I-6 外，其他模型的竖向位移平均相对位移误差不超过 -9.4%，水平位移平均相对位移误差不超过 -10.7%，正应力平均相对位移误差不超过 0.8%，剪应力平均相对位移误差不超过 0.2%，误差值均在工程可接受范围。另外，从表 2-2 中看出，除模型 I-6 外，不同模型的同一响应随截面位置变化而基本呈现出相同的规律，竖向位移和水平位移的解析解均偏小；随着选取的截面位置高度增加，竖向位移和水平位移的误差逐渐减小，正应力的误差变化不大。由圣维南原理可知，在上、下端部由于条件近似，误差较大，而模型 I-6 高度较小，因此全高度的位移误差都较大，而正应力和剪应力误差较小，且越靠近中部，误差越小。另外，还研究了网格尺寸对组合构件响应的影响，结果表明，其对位移影响不大，但是对应力影响较大，网格越小，两者吻合程度越高。由于数值模拟方法的近似性，导致边界处剪应力随着网格尺寸的减小而不断减小，趋近于 0 但不为 0。

各模型数值模拟分析得到的位移和内力云图如图 2-8 所示。从图中可直观看到，各组成部分的材料属性和尺寸直接影响了墙体的正应力和竖向位移分布，即对中性轴的影响显著。无论墙体高度大小，内力和位移响应沿高度变化规律相同。所有模型的底端角部都是正应力最大的部位，因此是设计的关键部位。但是在某些情况下，接缝处的底部也会产生很大的正应力，如模型 I-1、模型 I-2、模型 I-5、模型 I-7 等，也是在模型设计中需要重点关注的部位。剪应力的分布除端部由于边界近似产生的不规则分布以外，其他部位剪应力分布沿高度变化不大，边缘剪应力小，中间剪应力大。左右部分厚度不等导致剪应力分布在交接缝处不连续。对于单夹心混凝土剪力墙模型 I-8，从应力图可以明显看出，截面中部正应力很小，而剪应力较大，这为采用多重抗震防线思路来设计混凝土夹心剪力墙提供了可能。采用夹心一方面可以降低剪力墙刚度，另一方面在侧向荷载作用下，中部夹心区在高剪应力作用下先行塑性耗能破坏，混凝土夹心剪力墙刚度进一步降低，而后端部暗柱区发挥抗震性能。

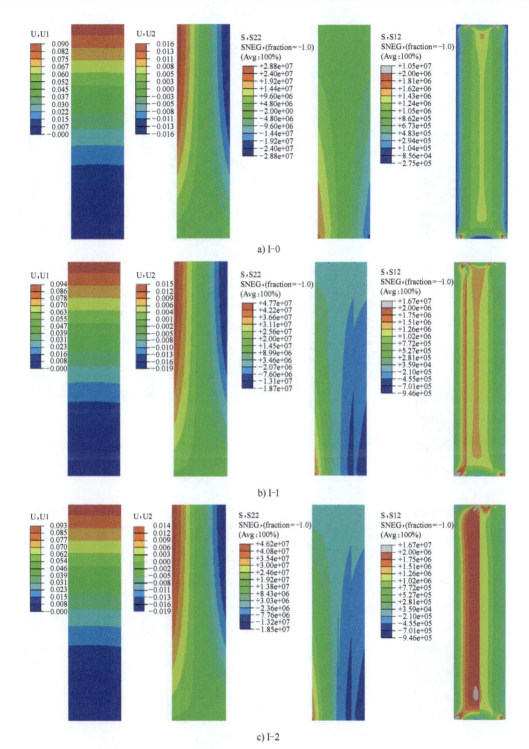

a) I-0

b) I-1

c) I-2

图 2-8　模型 I-0~I-8 的位移和内力云图（位移单位：m，应力单位：Pa）

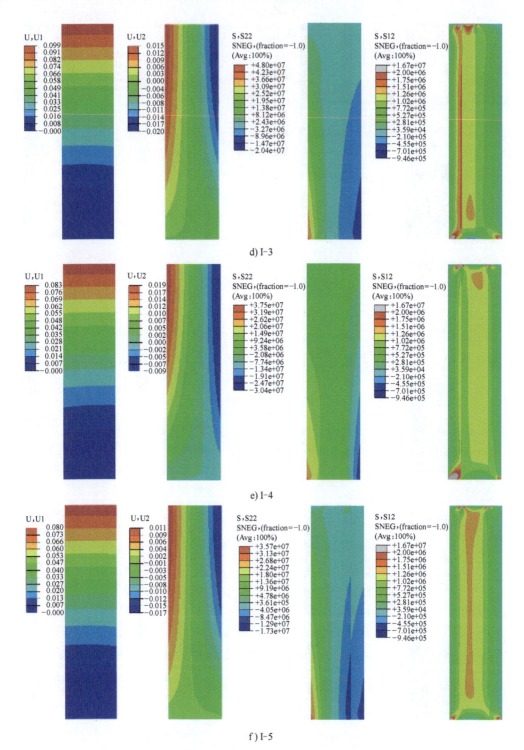

d) I-3

e) I-4

f) I-5

图 2-8 模型 I-0~I-8 的位移和内力云图（位移单位：m，应力单位：Pa）（续）

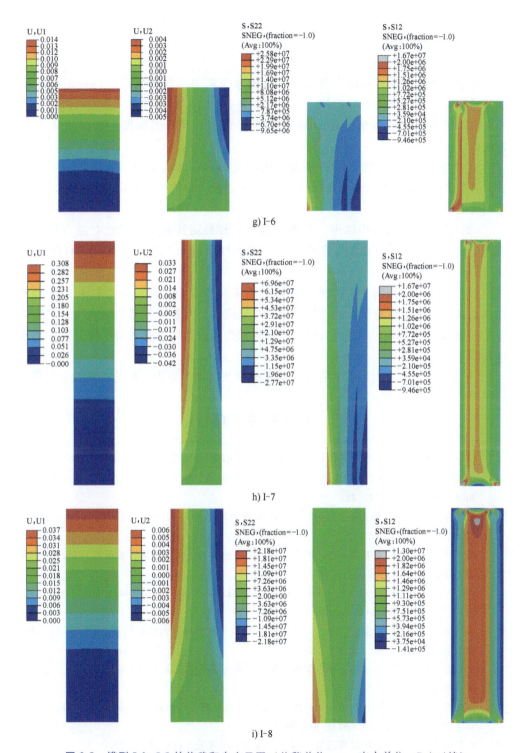

g) I-6

h) I-7

i) I-8

图 2-8　模型 I-0～I-8 的位移和内力云图（位移单位：m，应力单位：Pa）（续）

2.5 本章小结

本章以弹性力学为基础，建立了混凝土夹心剪力墙作为抗侧力构件的力学模型，研究其与普通剪力墙的差异，推导了单夹心和多夹心剪力墙在侧向荷载作用下的内力和位移响应解析解，并采用数值模型验证了求解的精度，得到如下主要结论：

（1）弹性力学解析解可预测混凝土夹心剪力墙在侧向荷载下的内力和位移响应，且数值模型对比结果表明解析解对预测夹心剪力墙的弹性响应精度较高，可满足工程需要。

（2）在组合抗侧力构件中，各组成部分的材料属性和几何尺寸对应力和位移响应的影响显著；可通过调节各组成部分的弹性模量和几何尺寸优化试件的应力分布。

（3）对于夹心混凝土剪力墙，截面中部正应力很小，而剪应力较大，这为采用多重抗震防线思路进行设计提供可能；可采用夹心布置降低剪力墙刚度，中部夹心壁在侧向荷载作用下，剪应力较大，会先发生塑性破坏，而后暗柱较为独立地承担荷载。

（4）混凝土夹心剪力墙的弹性力学求解方法可推广至更一般的多重组合构件。

本章参考文献

[1] 赵世春. 型钢混凝土组合结构计算原理 [M]. 成都：西南交通大学出版社，2004.

[2] 王连广，李立新. 国外型钢混凝土（SRC）结构设计规范基础介绍 [J]. 建筑结构，2001，31（2）：23-24，35.

[3] 夏汉强，刘嘉祥. 矩形钢管混凝土柱带框剪力墙的应用及受力分析 [J]. 建筑结构，2005，35（1）：16-18.

[4] 杨亚彬，张建伟，曹万林，等. 圆钢管混凝土边框剪力墙抗震性能试验研究 [J]. 世界地震工程，2011（1）：78-82.

[5] ZHAO Q，ASTANEH-ASL A. Cyclic behavior of traditional and innovative composite shear walls [J]. Journal of Structural Engineering，2004，130（2）：271-284.

[6] 曹万林，张建伟，田宝发，等. 钢筋混凝土带暗支撑中高剪力墙抗震性能试验研究 [J]. 建筑结构学报，2002，23（6）：26-32.

[7] 曹万林，黄选明，张建伟，等. 钢筋混凝土带暗支撑筒体抗震性能试验研究 [J]. 建筑结构学报，2007，28（S1）：27-32.

[8] 蒋欢军，王斌，吕西林，等. 不同配钢形式RC组合剪力墙抗震性能分析 [J]. 地震工程与工程振动，2014，34（S1）：488-495.

[9] 徐芝纶. 弹性力学简明教程 [M]. 4版. 北京：高等教育出版社，2013.

第3章　混凝土夹心剪力墙的抗震性能试验研究

基于不同的设计理念，有学者提出了不同的改善混凝土剪力墙抗震性能的措施，如空心墙[1-4]、开缝剪力墙[5-8] 等。为有效降低剪力墙的刚度和自重，提高剪力墙的耗能能力和延性，提出新型混凝土夹心剪力墙概念。在剪力墙内部布置夹心泡沫板，将剪力墙分为强弱不同的暗柱区段和夹心区段，以改善剪力墙的抗震性能，并为提出新型装配连接形式和满足装配式剪力墙结构的应用需求奠定基础。为检验新型混凝土夹心剪力墙的抗震性能，本章设计了现浇新型混凝土夹心剪力墙试件并进行拟静力试验，从破坏模式、滞回性能、刚度退化、延性和耗能等方面研究新型混凝土夹心剪力墙试件的抗震性能。

3.1　试验概述

3.1.1　试件设计

本试验设计了五个现浇混凝土剪力墙试件，包括普通剪力墙 CSW1 和夹心剪力墙 CSW2~CSW5，试件详细尺寸和钢筋布置如图 3-1 所示。

所有试件都由加载梁、试验墙和底梁组成，试件外尺寸均相同，高宽比为 1，加载梁横截面尺寸为 400mm×400mm。所有试验墙的净尺寸为 200mm 厚，1800mm 高，2000mm 宽。其中，试件 CSW2~CSW5 分别设置了不同的夹心，在钢筋笼中预置泡沫板形成内部夹心，加载梁和底梁的配筋一致。试件 CSW1~CSW4 钢筋布置相同，端部约束区的纵筋和箍筋分别为 6Φ14 和 Φ8@150，其他部位的水平和纵向分布钢筋为 Φ6.5@75。四个试件的差别在于夹心布置不同，试件 CSW1 为普通剪力墙，试件 CSW2 布置了两列夹心暗竖缝。试件 CSW3 端部约束区范围外均设置夹心，夹心厚度为 70mm，两侧夹心壁厚为 65mm，由于夹心壁较长，为防止夹心壁过早出现平面外屈曲，试件 CSW3 的夹心壁中部设置了一列拉筋 Φ8@450。试件 CSW4 的夹心长度为剪力墙总长度的一半，夹心厚度为 100mm，两侧夹心壁厚度均为 50mm。在试件 CSW5 中设置了两个夹心，从而形成三个暗柱和两段夹心壁。为了简化剪力墙的竖向连接，试件 CSW5 中夹心壁内的竖向分布钢筋不与底梁连接，

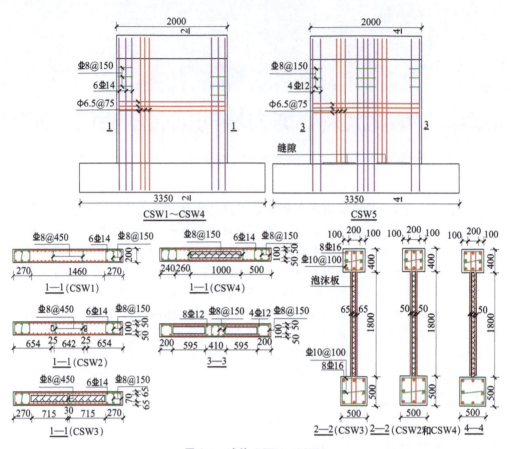

图 3-1　试件 CSW1~CSW5

即在夹心下部与基础之间预留缝隙。采用专业化的预制构件施工方法，制作过程中采用钢模具，如图 3-2 所示。

a) 模板与配筋

b) 浇筑

图 3-2　现浇试件的制作

3.1.2　材料属性和加载装置

试件 CSW1~CSW5 的钢筋采用 HPB300 和 HRB400 两个级别，钢板采用 Q345 级别，力学性能在北京某实验室测得。表 3-1 是钢筋强度实测值，钢筋屈服强度实测值 f_y、抗拉强度实测值 f_u 和屈服应变 ε_y 均为三根 0.5m 长的钢筋试样通过单轴拉伸试验实测均值。

表 3-1　钢筋强度实测值

直径/mm	f_y/MPa	f_u/MPa	$\varepsilon_y/10^{-6}$
6.5	473	652	2313
8	530	618	2630
12	508	650	2518
14	456	641	2280
16	345	500	1764

各试件混凝土的标准立方体抗压强度 f_{cu} 为边长 150mm 的立方体标准试样 28d 龄期试验所得，为三个试块的平均值，CSW1~CSW5 试件混凝土的标准立方体试样抗压强度实测 $f_{cu,m}$ 分别为 62.4MPa、64.8MPa、60.0MPa、58.3MPa 和 67.3MPa。根据规范[9]，由 $f_{cu,m}$ 得到混凝土立方体强度标准值 $f_{cu,k}$ 和混凝土轴心抗压强度设计值 f_c。

各试件的加载装置如图 3-3 所示。底梁通过地面锚固系统牢固约束各向自由度，两个竖向千斤顶放置于加载梁顶端用于对预应力筋施加竖向预应力，各试件采用竖向预应力筋在加载梁顶端通过一根钢梁施加轴向力。

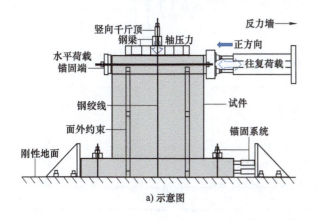

a) 示意图　　　　　　　　　　　b) 现场照片

图 3-3　墙体拟静力试验加载装置

3.1.3 加载制度与测点布置

各试件加载时，首先采用竖向预应力筋在加载梁顶端施加轴向力 N，轴压比 n 的计算公式参考相关文献[10]，见式（3-1），各试件施加的轴向力见表3-2。水平荷载采用位移控制[11-13]，如图3-4所示。

$$n = 1.2 \times \frac{N}{f_c A_w} \tag{3-1}$$

表 3-2 试件 CSW1～CSW5 轴向力

试件	CSW1	CSW2	CSW3	CSW4	CSW5
N/kN	1050	1050	700	720	800

各试件的位移测点布置相同，如图3-5a所示。在剪力墙一端沿不同高度水平布置 3 个位移计用于量测剪力墙的水平位移；在加载梁和底梁一端分别布置 1 个水平位移计用于量测加载梁的水平位移和底梁的滑移；加载梁两端的顶面分别布置 1 个竖向位移计用于量测底梁的抬起；2 个竖向位移计布置在剪力墙的两端用于量测剪力墙的整体弯曲变形；2 个位移计斜向布置在剪力墙的对角线位置，用于量测剪力墙的整体剪切变形。另外，若干应变片预先布置在内部钢筋表面，用于量测钢筋的应变，如图3-5b和图3-5c所示。

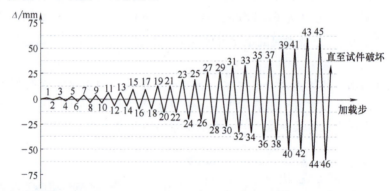

图 3-4 墙体拟静力试验加载制度

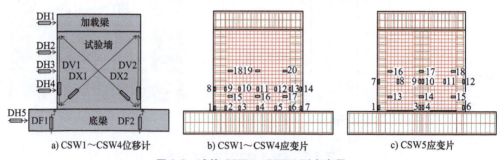

a) CSW1～CSW4位移计   b) CSW1～CSW4应变片   c) CSW5应变片

图 3-5 试件 CSW1～CSW5 测点布置

3.2 试验结果分析

3.2.1 破坏形态

试件 CSW1 为普通低矮剪力墙,破坏形态如图 3-6 所示。试件 CSW1 在加载过程中的裂缝发展如图 3-11a 所示。在加载过程中,底端角部首先出现斜裂缝,随着侧向位移的增加,斜裂缝出现的位置逐渐上移,最后对角线出现 45° 的主斜裂缝,在层间位移角为 1/50 时,角部的混凝土被压溃,剪力墙破坏,为典型的剪切破坏。

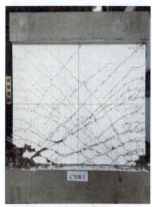  

| a) 破坏形态 | b) 左墙角破坏 | c) 右墙角破坏 |

图 3-6 试件 CSW1 的破坏形态及破坏位置

试件 CSW2 为在普通低矮剪力墙 CSW1 中布置了两列夹心竖缝,破坏形态如图 3-7 所示。试件 CSW2 裂缝在加载过程中的发展如图 3-11b 所示。在加载过程中,同样在角部首先出现斜裂缝,随着侧向位移的增加,斜裂缝出现的位置逐渐上移;

| a) 破坏形态 | b) 左墙角破坏 | c) 右墙角破坏 |

图 3-7 试件 CSW2 的破坏形态及破坏位置

在层间位移角为 1/60 时，两列夹心竖缝出现了明显的斜裂缝，墙体的整体性减弱；层间位移角为 1/50 时，角部混凝土被压溃，墙下部形成水平通缝，剪力墙严重破坏。由于夹心竖缝较小，且水平分布钢筋贯穿夹心竖缝，因此夹心竖缝对墙体的整体性能影响有限，CSW2 破坏形态与 CSW1 相似。

试件 CSW3 为长夹心剪力墙，虽然配筋与 CSW1 相同，但破坏模式与普通剪力墙不同，破坏形态如图 3-8 所示。试件 CSW3 裂缝在加载过程中的发展如图 3-11c 所示。在侧向荷载作用下，夹心壁下部首先出现斜裂缝，暗柱出现水平裂缝；随着侧向位移的增加，裂缝出现的位置逐渐上移并发展到顶部；之后，夹心壁的裂缝越来越密集，呈现典型剪切斜裂缝，端部暗柱的裂缝以水平缝为主；最终层间位移角至 1/50 时，角部混凝土被压溃，由于夹心的弱化作用，夹心壁也出现了水平裂缝，两者相互影响，致使水平缝在底部完全贯通，剪力墙迅速破坏。

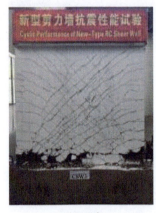

| a) 破坏形态 | b) 左墙角破坏 | c) 右墙角破坏 |

图 3-8　试件 CSW3 的破坏形态及破坏位置

试件 CSW4 为短夹心剪力墙，破坏模式与 CSW3 具有相似之处，破坏形态如图 3-9 所示。试件 CSW3 裂缝在加载过程中的发展如图 3-11d 所示。在侧向荷载作用下，夹心壁下部也首先出现斜裂缝，暗柱出现的裂缝以水平缝为主；随着侧向位移的增加，裂缝出现的位置逐渐上移并发展到顶部，同时已出现的裂缝不断向下延伸发展，夹心壁的裂缝越来越密集，呈现典型剪切斜裂缝，端部暗柱部分以水平缝为主；最终层间位移角至 1/40 时，角部混凝土被压溃，由于夹心的弱化作用，水平缝在底部完全贯通，剪力墙迅速破坏。相较于 CSW3，试件 CSW4 具有较好的变形能力，在层间位移角为 1/50 时，承载力仍未见明显下降。由于 CSW3 夹心壁较厚，仍发生剪切破坏，裂缝发展比 CSW4 更为迅速。由于 CSW4 夹心比 CSW3 短，暗柱的承载力较高，夹心壁上的裂缝发展更均匀、细密，有利于提高耗能能力。

试件 CSW5 具有双夹心段和三个暗柱段，因此破坏模式较为特别，如图 3-10 所示。试件 CSW3 裂缝在加载过程中的发展如图 3-11e 所示。在加载过程中，水平裂缝首先出现在端部暗柱的底部，然后逐渐发展成斜裂缝并延伸到两个夹心壁；随

a) 破坏形态　　　　　　　　　　b) 左墙角破坏　　　　　　　　　　c) 右墙角破坏

图 3-9　试件 CSW4 的破坏形态及破坏位置

着侧向位移的逐渐增大，裂缝的位置逐渐上移并发展到顶部，这一过程伴随着两个夹心壁中下部的裂缝越来越密集；最后，暗柱底部的混凝土被压溃，剪力墙破坏。由于夹心壁的竖向分布钢筋不与底梁连接，所以夹心壁下部钢筋内力较小，混凝土裂缝也较少。另外，由于墙体截面的特殊设计，在往复荷载作用下，剪力墙绕中间暗柱产生明显的摇摆特性，使得端部暗柱底部的竖向钢筋和混凝土受到往复拉压，损伤更为严重，而中间暗柱的损伤较小。当层间位移角达到 1/50 时，端柱底部混凝土被大量压溃，承载力大幅下降，构件破坏。从整体上看，该试件出现的裂缝主要集中在中下部。

a) 破坏形态　　　　　　　　　　b) 左墙角破坏　　　　　　　　　　c) 右墙角破坏

图 3-10　试件 CSW5 的破坏形态及破坏位置

3.2.2　水平力-位移曲线

试件的顶点水平力-位移关系滞回曲线和骨架曲线分别如图 3-11 和图 3-12 所

示。由于所有墙都是低矮剪力墙，因此剪切变形和钢筋滑移引起滞回曲线呈现较明显的捏拢现象。与普通剪力墙 CSW1 相比，夹心墙试件 CSW2～CSW5 的刚度和承载力都有不同程度的降低。

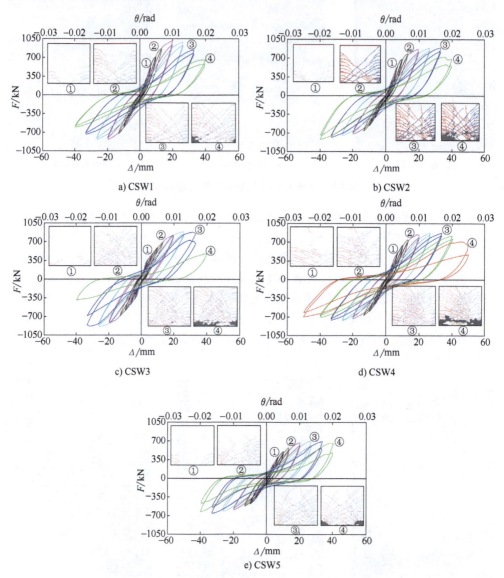

图 3-11　试件 CSW1～CSW5 滞回曲线

　　试件 CSW1 为普通低矮剪力墙，为明显的剪切破坏，初始刚度最大，在峰值荷载过后突然发生脆性破坏，因此骨架线承载力突然降低。试件 CSW2 包含两列夹心竖缝，因此滞回曲线较 CSW1 稍饱满，在较大的位移下仍可保持较高的承载力，减弱了试件的脆性，但是由于其夹心竖缝较小，对墙体改善效果有限，仍出现了较为

明显的斜裂缝。试件 CSW3 中设置了狭长
夹心，因此夹心壁仍然较厚，试件早期刚
度和承载力仍然较大，破坏类似于普通剪
力墙，峰值荷载过后突然下降，延性未能
有明显提高。试件 CSW4 夹心较短且宽，
承载力和加载初期刚度也降低不多，与
CSW3 相近，但夹心壁的破坏较为迟缓，具
有更好的延性。试件 CSW5 设置了双夹心，
并且夹心壁的竖向分布钢筋未与底梁连接，
因此刚度和承载力降低较多，但是暗柱和
双夹心布置已经改变了低矮剪力墙的破坏
模式，呈现摇摆墙的性质，具有较好的变
形能力和延性。

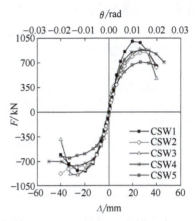

图 3-12　试件 CSW1~CSW5 骨架曲线

3.2.3　承载能力和变形能力

图 3-13 所示为图解法计算力和位移典型参数的简图。表 3-3 列出了各试件的
屈服荷载 F_y、峰值荷载 F_p 和极限荷载 F_u。由于夹心板的设置，试件 CSW2~CSW4
的 F_y、F_p 和 F_u 都有不同程度的降低。但是，试件 CSW2~CSW4 的峰值荷载仍能
保持在普通剪力墙 CSW1 的 90% 以上，试件 CSW5 由于双夹心和空墙壁纵筋不连
接，峰值荷载下降约 30%。

另外，表 3-3 中 F_m 和 F_v 分别为按规
范[9] 计算的正截面抗弯承载力和斜截面抗剪
承载力。对于 CSW1 和 CSW2 试件，按普通
剪力墙计算，对于 CSW3 和 CSW4 分别按带
端柱剪力墙进行计算，忽略夹心板的承载力，
对于 CSW5 剪力墙，由于夹心区只有中部暗
柱钢筋竖向贯通，因此按带两端柱剪力墙计
算抗弯承载力时，腹板区分布钢筋只取中部
暗柱纵筋计算；由规范可知，剪力墙腹板主

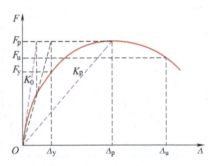

图 3-13　抗震性能典型参数计算简图

要由水平分布钢筋提供抗剪承载力，因此偏保守的取带两端暗柱的剪力墙和中部暗
柱分别单独计算抗剪承载力并叠加作为 CSW5 的抗剪承载力；另外，由于 CSW5 底
部无竖向和水平分布钢筋，因此也对其进行了抗滑移计算，抗滑承载力计算值远大
于上述计算所得斜截面抗剪承载力。

可能由于试验加载条件与理论的差异，理论计算结果偏大，特别是由于夹心剪
力墙与普通墙的显著不同，导致计算误差较大，但是总体可反映出承载力的变化规
律。试件 CSW1~CSW4 的抗弯承载力普遍大于抗剪承载力。表明试件发生斜截面

剪切破坏，CSW5 的抗剪承载力大于抗弯承载力，表明试件发生正截面压弯破坏。

表 3-3   试件 CSW1~CSW5 在不同状态下的水平力   （单位：kN）

试件	F_y			F_p			F_u			F_m	F_v
	+	−	平均	+	−	平均	+	−	平均		
CSW1	900.0	752.3	826.2	1003.0	833.6	918.3	852.6	708.5	780.6	1122.3	1064.5
CSW2	672.2	623.6	647.9	896.7	823.0	859.9	762.2	699.6	730.9	1122.3	1064.5
CSW3	653.0	745.7	699.4	888.8	887.5	888.2	755.5	754.4	754.9	959.5	800.4
CSW4	716.6	657.1	686.9	876.5	763.9	820.2	745.0	649.3	697.2	832.7	639.1
CSW5	578.0	507.3	542.7	710.6	652.6	681.6	604.0	554.7	579.4	749.6	945.7

表 3-4 列出了试件的屈服位移 Δ_y（位移角 θ_y）、峰值位移 Δ_p（位移角 θ_p）和极限位移 Δ_u（位移角 θ_u）。由于试件在加载结束时位移较小，部分参数在试验骨架线中未测到，因此仅列出 ">加载结束时位移值"。位移延性 μ_Δ[14] 定义为

$$\mu_\Delta = \Delta_u / \Delta_y \tag{3-2}$$

表 3-4   试件 CSW1~CSW5 不同状态下的水平位移   （单位：mm）

试件	Δ_y / θ_y			Δ_p / θ_p			Δ_u / θ_u			μ_Δ	
	+	−	平均	+	−	平均	+	−	平均	+	−
CSW1	15.2	14.7	15.0	19.6	19.6	19.6	32.7	34.3	33.5	2.2	2.3
	0.76%	0.74%	0.75%	0.98%	0.98%	0.98%	1.64%	1.72%	1.68%		
CSW2	11.9	13.2	12.6	33.2	39.9	36.6	35.4	>40.0	>37.7	3.0	>3.0
	0.60%	0.66%	0.63%	1.66%	2.00%	1.83%	1.77%	>2.00%	>1.89%		
CSW3	12.0	11.9	12.0	25.8	25.8	25.8	34.2	33.8	34.0	2.9	2.8
	0.60%	0.60%	0.60%	1.29%	1.29%	1.29%	1.71%	1.69%	1.70%		
CSW4	12.2	12.7	12.5	26.4	26.3	26.4	44.0	>50.0	>47.0	3.6	>3.9
	0.61%	0.64%	0.62%	1.32%	1.32%	1.32%	2.20%	>2.50%	>2.35%		
CSW5	13.2	12.2	12.7	26.3	32.5	29.4	>40.0	>40.0	>40.0	>3.0	>3.3
	0.66%	0.61%	0.64%	1.32%	1.63%	1.47%	>2.00%	>2.00%	>2.00%		

从表 3-4 可知，各试件的极限位移角均大于 1/100，夹心剪力墙试件 CSW3~CSW5 的极限位移角和延性均大于普通墙 CSW1。由于夹心板的设置，夹心剪力墙暗柱内的纵筋都较早屈服，但是峰值位移和极限位移都有所增长。试件 CSW2 由于暗竖缝的存在，延性也有较大的提高。试件 CSW4 的延性达到 3.8，提高了近 70%，这表明合理的夹心设置可以显著提高普通剪力墙的延性。

3.2.4   刚度退化和耗能能力

试件的有效刚度定义为每个滞回圈最大位移处的割线刚度，有效刚度随侧向位

移的变化规律如图 3-14 所示，可见各试件的割线刚度均随着侧向位移的增大而减小。夹心板和夹心竖缝的设置降低了剪力墙的刚度，所以普通墙 CSW1 的刚度均比试件 CSW2~CSW5 大。双暗竖缝混凝土剪力墙试件 CSW2 的刚度退化速度比试件 CSW1 慢，夹心剪力墙 CSW3 和 CSW4 的刚度差别不大，但是 CSW3 的后期刚度下降更快。由于夹心剪力墙 CSW5 双夹心设置和夹心壁竖向纵筋与基础无连接，因此刚度比 CSW1~CSW4 小。可以看到试件 CSW1 和 CSW3 在峰值荷载后割线刚度迅速降低，脆性破坏明显。

通常采用累积滞回耗能 E 和等效黏滞阻尼系数 h_e 度量试件的耗能能力，根据试验方法规程[14]，其计算如图 3-15 所示。等效黏滞阻尼系数 h_e 根据式（3-3）计算。

$$h_e = \frac{S_{ABC} + S_{ADC}}{2\pi(S_{OBE} + S_{ODF})} \tag{3-3}$$

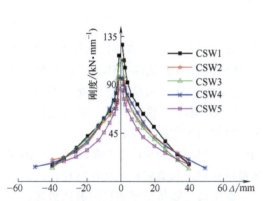

图 3-14　试件 CSW1~CSW5 刚度退化曲线

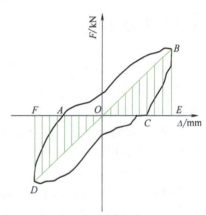

图 3-15　耗能能力计算示意

不同侧向位移下的累积滞回耗能 E 和等效黏滞阻尼系数 h_e 如图 3-16 所示。

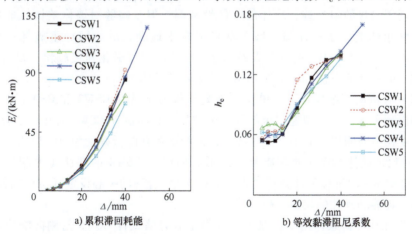

a) 累积滞回耗能　　　　　　　　b) 等效黏滞阻尼系数

图 3-16　试件 CSW1~CSW5 的累积滞回耗能和等效黏滞阻尼系数

由图 3-16a 易知，随着水平位移的增大，各试件累积耗能都逐渐增大。虽然 CSW2 比 CSW1 承载力低，但 CSW2 和 CSW1 试件在同等侧移下累积耗能相差不大。不同的夹心设置对剪力墙耗能有显著影响，合理的设置可以保持剪力墙具有较高的耗能能力。在侧移角不超过 1/50 时，试件 CSW1 的耗能比夹心剪力墙 CSW3 ~ CSW5 大；但在侧移角超过 1/50 时，夹心剪力墙 CSW4 仍具有较好的变形能力，其累积耗能超过其他剪力墙。由于 CSW5 刚度小，相同侧移下的耗能能力较其他现浇构件低。如图 3-16b 所示为等效黏滞阻尼系数与水平位移关系曲线。在屈服点之前，现浇试件 CSW1 ~ CSW5 的等效黏滞阻尼系数随位移增加而基本保持不变，但是屈服后，等效黏滞阻尼系数随位移增加而显著增加。夹心剪力墙 CSW3 ~ CSW5 的等效黏滞阻尼系数与普通墙 CSW1 非常接近；CSW2 屈服后的阻尼比迅速增大，但后期增幅较小。

3.3 本章小结

本章设计了五个现浇剪力墙试件，包括普通混凝土剪力墙对比试件 CSW1、双暗竖缝混凝土剪力墙试件 CSW2、单夹心混凝土剪力墙试件 CSW3（夹心壁长且厚）、单夹心混凝土剪力墙试件 CSW4（夹心壁短且薄）和双夹心混凝土剪力墙试件 CSW5，对各试件进行拟静力加载试验，从破坏模式、滞回性能、刚度退化、延性和耗能等方面研究了各试件的抗震性能，得到如下主要结论：

（1）在侧向荷载作用下，普通混凝土剪力墙试件 CSW1 的底端角部首先出现斜裂缝，随着侧向位移的增加，斜裂缝向对角延伸，且更多斜裂缝在暗柱出现并延伸，最后对角线出现主斜裂缝，角部混凝土被压溃，墙体呈现明显的剪切破坏，位移延性约为 2.2。

（2）在侧向荷载作用下，双暗缝混凝土剪力墙试件 CSW2 中的两列夹心竖缝附近出现了明显的斜裂缝，墙体的整体性减弱，但双暗缝对墙体整体性能影响有限，最终角部混凝土被压溃，墙下部形成水平通缝，剪力墙严重破坏；与试件 CSW1 对比，试件 CSW2 的峰值荷载降低约 7%，刚度退化速度较慢；试件 CSW2 与 CSW1 的耗能能力接近，试件 CSW2 的位移延性约为 3.0。

（3）在侧向荷载作用下，单夹心混凝土剪力墙试件 CSW3 和 CSW4 的夹心壁下部都出现了水平贯通裂缝，角部混凝土被压溃；与试件 CSW1 对比，试件 CSW3 和 CSW4 在不同侧移下的刚度显著降低，而峰值荷载降低幅度为 10% 以内；与试件 CSW1 对比，试件 CSW3 的耗能能力降低，而试件 CSW4 的耗能能力相近，试件 CSW3 和 CSW4 的位移延性分别约为 2.9 和 3.8；合理的夹心设置可实现墙体刚度、承载力、耗能和延性的较好匹配。

（4）在往复荷载作用下，双夹心混凝土剪力墙试件 CSW5 的侧向响应呈现绕中部暗柱摇摆的特点，端部暗柱底部在往复拉压作用下破坏严重，而中部暗柱塑性发展轻微，两个夹心壁中下部的裂缝相对密集；与试件 CSW1 对比，试件 CSW5 的刚度和耗能能力显著降低，峰值荷载降低约 30%，而变形能力显著提高。

本章参考文献

[1] 许淑芳，冯瑞玉，张兴虎，等. 空心钢筋混凝土剪力墙抗震性能试验研究 [J]. 西安建筑科技大学学报（自然科学版），2002，34（2）：133-136.

[2] 许淑芳，冯瑞玉，张兴虎，等. 十层钢筋混凝土空心剪力墙结构 1/2.8 比例模型房屋抗震试验研究 [J]. 西安建筑科技大学学报（自然科学版），2006，38（1）：63-68.

[3] 王琼梅，王刚，许淑芳. 空心剪力墙结构抗震性能试验研究 [J]. 土木工程学报，2010，（S2）：182-186.

[4] 初明进，刘继良，崔会趁，等. 装配整体式双向孔空心模板剪力墙受剪性能试验研究 [J]. 工程力学，2013，30（7）：219-229.

[5] 左晓宝，戴自强. 改善高层建筑混凝土剪力墙抗震性能的试验研究 [J]. 工业建筑，2001，31（6）：37-39.

[6] 康胜，曾勇，叶列平. 双功能带缝剪力墙的刚度和承载力研究 [J]. 工程力学，2001，18（2）：27-34.

[7] 张博一，董莉，张素梅. 开缝和不开缝钢板混凝土剪力墙抗剪性能研究 [J]. 哈尔滨工业大学学报，2010，8：1221-1225.

[8] 王喆，李宏男，张皓. 填充黏弹性材料的开缝钢筋混凝土剪力墙性能试验研究 [J]. 防灾减灾工程学报，2011，31（4）：364-369.

[9] 中华人民共和国住房和城乡建设部. 混凝土结构设计规范：GB 50010—2010 [S]. 北京：中国建筑工业出版社，2010.

[10] 彭媛媛. 预制钢筋混凝土剪力墙抗震性能试验研究 [D]. 北京：清华大学，2010.

[11] LU Z, WANG Y, LI J, et al. Experimental study on seismic performance of L-shaped insulated concrete sandwich shear wall with a horizontal seam [J]. Structural Design of Tall and Special Buildings，2018，28（1）：e1551.

[12] ALCAINO P，SANTA-MARIA H. Experimental response of externally retrofitted masonry walls subjected to shear loading [J]. Journal of Composites for Construction，2008，12（5）：489-498.

[13] LU X，YANG J. Seismic behavior of T-shaped steel reinforced concrete shear walls in tall buildings under cyclic loading [J]. Structural Design of Tall and Special Buildings，2015，24：141-157.

[14] 中华人民共和国住房和城乡建设部. 建筑抗震试验方法规程：JGJ 101—1996 [S]. 北京：中国建筑工业出版社，1997.

第4章 混凝土夹心剪力墙的抗震性能影响因素分析

作为抗震性能研究的另一种手段，数值模拟分析可以弥补试验研究存在的数量、尺寸、微观观测等方面的不足，拓展试验研究的成果。目前，可用于混凝土结构进行非线性有限元分析计算的通用软件很多，ABAQUS软件在求解非线性问题时具有非常明显的优势[1-2]。本章首先对第3章的混凝土夹心剪力墙试件建立有限元模型并进行数值模拟分析和对比，验证数值模型的合理性和有效性；然后对影响混凝土夹心剪力墙抗震性能的主要因素进行参数分析，并提出合理建议。

4.1 数值模型

4.1.1 材料本构

有限元分析中，材料强度取试验过程中的真实强度，应为试验平均值。由于试验的试块较少，因此以平均值代替标准值，则棱柱体轴心抗压强度平均值 f_{cm} 可由立方体抗压强度平均值 $f_{cu,m}$ 计算得到，见式（4-1）[3]。轴心抗压强度平均值 f_{tm} 由式（4-2）[4] 得到。

$$f_{cm} = 0.88\alpha_{c1}\alpha_{c2}f_{cu,m} \tag{4-1}$$

$$f_{tm} = 0.33f_{cm}^{0.5} \tag{4-2}$$

混凝土泊松比取0.2。混凝土的单轴应力-应变关系采用规范[3]建议的曲线。单轴受拉的应力-应变曲线按式（4-3）计算。

$$\sigma = (1 - d_t)E_c\varepsilon \tag{4-3}$$

$$d_t = \begin{cases} 1 - \rho_t[1.2 - 0.2x^5] & (x \leqslant 1) \\ 1 - \dfrac{\rho_t}{\alpha_t(x-1)^{1.7} + x} & (x > 1) \end{cases} \tag{4-4}$$

$$x = \frac{\varepsilon}{\varepsilon_{tm}} \tag{4-5}$$

$$\rho_t = \frac{f_{tm}}{E_c \varepsilon_{tm}} \tag{4-6}$$

单轴受压的应力-应变曲线按式（4-7）计算。

$$\sigma = (1 - d_c)E_c\varepsilon \tag{4-7}$$

$$d_c = \begin{cases} 1 - \dfrac{\rho_c n}{n - 1 + x^n} & (x \leq 1) \\[3mm] 1 - \dfrac{\rho_c}{\alpha_c(x - 1)^2 + x} & (x > 1) \end{cases} \tag{4-8}$$

$$x = \frac{\varepsilon}{\varepsilon_{cm}} \tag{4-9}$$

$$\rho_c = \frac{f_{cm}}{E_c \varepsilon_{cm}} \tag{4-10}$$

$$n = \frac{E_c \varepsilon_{cm}}{E_c \varepsilon_{cm} - f_{cm}} \tag{4-11}$$

式中，α_c 和 α_t 分别为混凝土单轴受压和受拉时的应力应变下降段参数值，ε_{cm} 和 ε_{tm} 分别为混凝土单轴抗压和单轴抗拉强度平均值相应的峰值应变，d_c 和 d_t 分别为混凝土单轴受压和受拉时损伤演化参数。

ABAQUS 中材料本构以名义应力和名义应变的形式给出，因此定义塑性材料数据时，需要将弹性应变和塑性应变分解，如式（4-12）和式（4-13）所示。

$$\varepsilon_c^{in} = \varepsilon_c - \frac{\sigma_c}{E_c} \tag{4-12}$$

$$\varepsilon_t^{in} = \varepsilon_t - \frac{\sigma_t}{E_c} \tag{4-13}$$

式中，ε_c^{in} 和 ε_t^{in} 分别为塑性压拉应变，ε_c 和 ε_t 分别为塑性压拉总应变，σ_c 和 σ_t 分别为总压拉应力。

ABAQUS 软件提供了两种混凝土本构模型[5]，即混凝土弥散开裂模型和混凝土损伤塑性模型（CDP 模型）。CDP 模型能够模拟各种结构类型（梁、壳、桁架和实体等），该模型可用于低围压下的混凝土构件，比较适合模拟往复荷载甚至地震作用下的混凝土结构行为，材料为各向同性，由损伤弹性、拉伸截断和压缩塑性组成。这个模型分为损伤部分和塑性部分，塑性部分采用了 Linbliner 屈服面和双曲 DP 流动势能面，通过膨胀角和 Eccentricity 定义势能面，通过参数 K_c 和 f_{b0}/f_{c0} 来定义屈服面在偏平面和应力平面上的形状。在损伤部分通过定义拉伸和压缩行为中的损伤，采用损伤指标（d_c 和 d_t）和刚度恢复系数（w_c 和 w_t）两个指标。CDP 模型滞回准则如图 4-1 所示。

本章选用 Birtle 和 Mark 模型[6-7] 计算损伤指标（d_c 和 d_t），该模型通过大量试验研究和数值计算，引入受压和受拉损伤塑性应变在非弹性应变中的比值 b_c 和 b_t，取 $b_c = 0.7$，$b_t = 0.1$。损伤指标如式（4-14）和式（4-15）所示。

$$d_c = 1 - \frac{\sigma_c E_c^{-1}}{\varepsilon_c^{in}(1 - b_c) + \sigma_c E_c^{-1}} \tag{4-14}$$

$$d_t = 1 - \frac{\sigma_t E_c^{-1}}{\varepsilon_t^{in}(1 - b_t) + \sigma_t E_c^{-1}} \tag{4-15}$$

钢材本构采用线性强化弹塑性模型，如图 4-2 所示，包括弹性段和屈服后强化段，取屈服后刚度为弹性刚度 E_s 的 0.01 倍，泊松比 0.3。屈服强度 f_y 采用试验实测值。

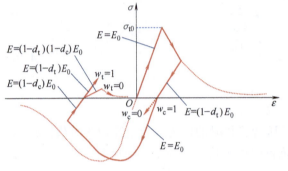

图 4-1　CDP 模型滞回准则

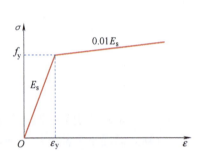

图 4-2　钢筋线性强化弹塑性模型

4.1.2　单元和边界

为简化计算，将加载梁和底梁设置为弹性，所有试件中的夹心剪力墙、底梁、加载梁均采用三维实体单元 C3D8R 进行模拟，所有内部钢筋采用三维两节点线性桁架单元 T3D2 模拟。试件几何形状规整，采用结构化网格划分方法进行单元网格生成。

钢筋与混凝土间的粘结滑移主要在构件严重破坏时出现，而剪力墙作为主要的结构构件，不允许发生过大的破坏和变形，因此在模拟过程中未考虑钢筋和混凝土之间的粘结滑移，将钢筋单元直接嵌入混凝土单元中协同变形，既考虑了钢筋与混凝土的传力，又节省了计算成本。

与试验条件相似，约束底梁底面所有节点三个自由度。水平加载采用单点位移加载，在加载梁端部建立独立的附加节点，约束附加节点与加载端的所有节点自由度，竖向加载同样采用单点力加载，在加载梁上部建立独立的附加节点，约束附加节点与加载梁顶面的所有节点自由度。

4.1.3　模型和求解

按上述步骤对各试件建立有限元模型（以 CSW4 为例），如图 4-3 所示，并进行数值模拟分析。现浇试件设置三个分析步，第一步设置支座边界条件，第二步施加竖向荷载，第三步施加水平单调荷载。

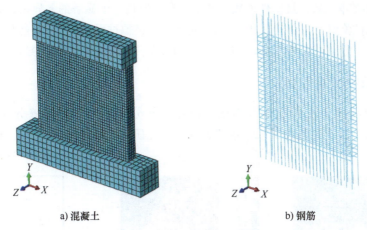

a) 混凝土　　　　　　　　　　　　　　b) 钢筋

图 4-3　试件 CSW4 数值模型

4.2　结果对比分析

4.2.1　骨架曲线对比

数值仿真得到各试件的骨架曲线如图 4-4 所示。与试验骨架线对比可以看出，数值模拟基本可以反映试件的抗侧力变化，弹性上升段、屈服平台端和承载力下降

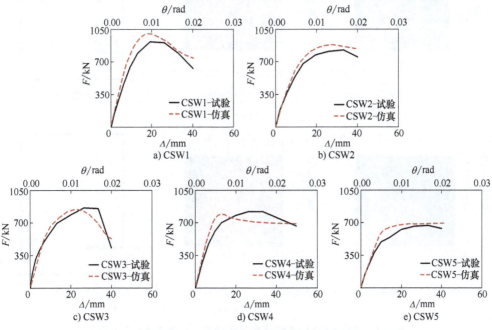

图 4-4　试件 CSW1 ~ CSW5 骨架曲线对比

段变化规律基本一致，且试件承载力基本一致。但是一个显著的差异是，数值模拟的弹性刚度比试验值大，分析原因一方面可能是由于模拟过程中未考虑钢筋与混凝土之间的滑移，另一方面可能是由于试验过程中的边界条件与数值模拟的理想边界存在差异。

4.2.2　破坏形态对比

各试件混凝土压缩损伤分布图、拉伸损伤分布图与试件裂缝分布图对比如图 4-5 所示。由于数值仿真采用单调加载，因此压缩损伤呈单侧分布。压缩损伤分

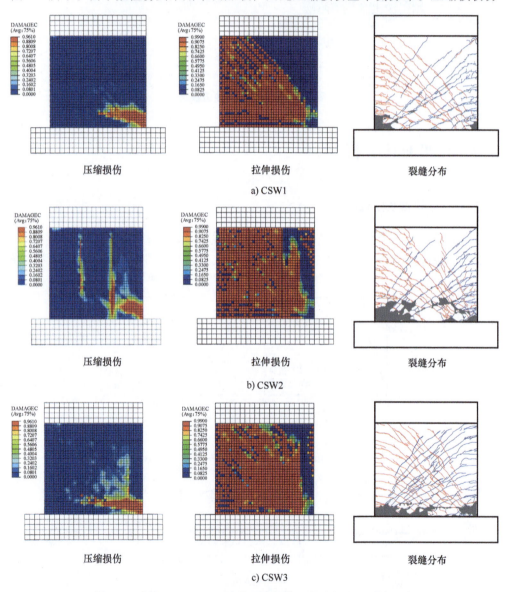

图 4-5　试件 CSW1~CSW5 的压缩损伤、拉伸损伤和裂缝分布

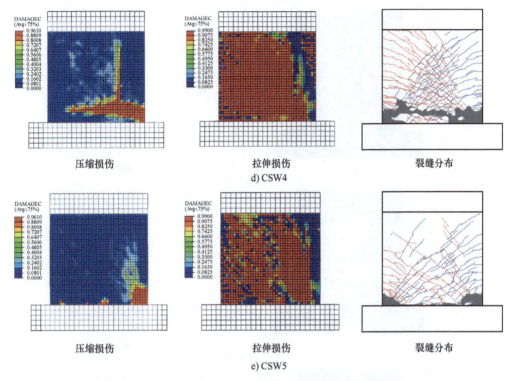

压缩损伤　　　　　　　　拉伸损伤　　　　　　　　裂缝分布

d) CSW4

压缩损伤　　　　　　　　拉伸损伤　　　　　　　　裂缝分布

e) CSW5

图 4-5　试件 CSW1～CSW5 的压缩损伤、拉伸损伤和裂缝分布（续）

布与试验结束时试件单侧的混凝土压溃脱落区域分布趋势相同。单侧分布的混凝土拉伸损伤与试验结束时试件单侧的混凝土裂缝分布趋势较为接近，但由于数值模拟未考虑钢筋和混凝土的粘结滑移，因此无法精确反映裂缝分布的疏密程度。

各试件混凝土和钢筋的等效塑性应变图如图 4-6 所示。从图中可以看出，混凝土塑性应变分布图和试件在试验结束时混凝土压溃脱落区域的分布趋势相吻合。钢筋的等效塑性应变图反映出钢筋笼在加载完成时的塑性累积状态，塑性应变大于

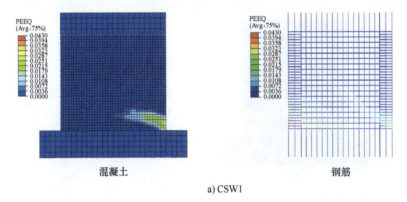

混凝土　　　　　　　　　　　　钢筋

a) CSW1

图 4-6　试件 CSW1～CSW5 的混凝土和钢筋等效塑性应变分布

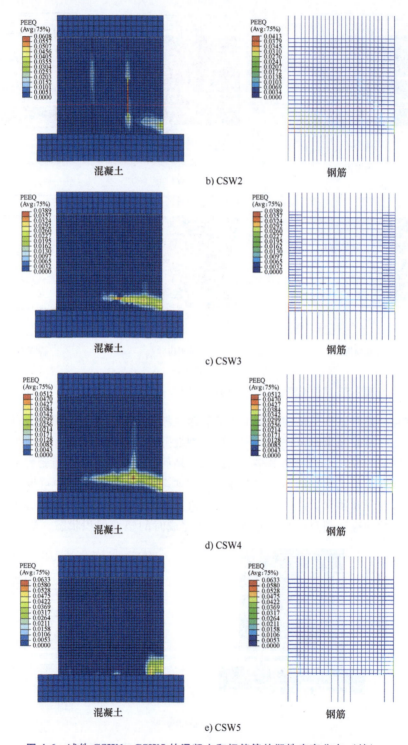

图 4-6　试件 CSW1～CSW5 的混凝土和钢筋等效塑性应变分布（续）

0，表示钢筋屈服。从图 4-6 中可以看出，受拉侧钢筋的等效塑性应变普遍较大，且分布趋势与裂缝分布方向一致，反映出混凝土开裂后其承担的拉应力转移至附近钢筋的内在机理。受压侧角部钢筋的等效塑性应变也较大，这反映了混凝土和钢筋共同承受压应力。

4.3　抗震性能影响因素分析

为研究各主要参数对夹心剪力墙抗震性能的影响，对试验中采用的试件进行参数模拟分析。同样采用前文的数值模拟方法，以轴压比 n_d 为 0.1、剪跨比 r_A 为 1、几何尺寸和配筋与试件 CSW4 相同的模型为原型进行单参数分析，各参数分析模型顶点侧移统一加载到 60mm。

4.3.1　轴压比

改变原型试件的竖向荷载，研究轴压比 n_d 对混凝土夹心剪力墙试件抗震性能的影响规律。分别建立轴压比为 0.05、0.1、0.2、0.4 和 0.6 的五个模型，进行单调加载，得到各模型的水平力-位移曲线如图 4-7a 所示，典型参数随轴压比的变化规律如图 4-7b 所示。K_0 表示试件的初始刚度，F_p 表示试件的峰值承载力，μ_Δ 表示试件的位移延性，β_p 表示试件在峰值承载力时的刚度折减系数，如式（4-16）所示。

$$\beta_p = \frac{K_p}{K_0} \tag{4-16}$$

由于五个分析模型的轴压比较小，因此试件未呈现出明显的脆性破坏。从图 4-7 可以看出，随着轴压比 n_d 的增大，模型初始刚度 K_0 基本不变，但是承载力显著增加。峰值承载力处对应的位移也逐步增大，因此峰值承载力 F_p 时的刚度折减系数 β_p 随着轴压比的增大而稍有增大。另外，与普通剪力墙类似，随着轴压比的增大，混凝土夹心剪力墙的位移延性逐渐降低。轴压比为 0.4 的夹心剪力墙比轴压比为 0.1 的夹心剪力墙承载力提高了约 40%，但位移延性从 6.5 降低至 3.0。

图 4-8 所示为三种不同轴压比 n_d 下的混凝土等效塑性应变分布。从图中可以明显看出，随着轴压比的增大，混凝土等效塑性应变的区域逐渐增大，且分布方向发生显著变化，由水平分布逐渐转为对角分布，体现出混凝土夹心剪力墙由弯曲破坏转为剪切破坏，这与上述延性分析规律一致。以上分析表明，在混凝土夹心剪力墙设计中，也需要将轴压比控制在合理水平以保持墙体耗能、延性、承载力和刚度的合理匹配。

4.3.2　剪跨比

改变原型试件的混凝土夹心剪力墙净高度，研究剪跨比 r_A 对混凝土夹心剪力

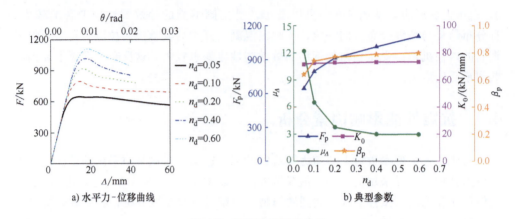

a) 水平力-位移曲线　　　　　　　　　b) 典型参数

图 4-7　轴压比的影响曲线

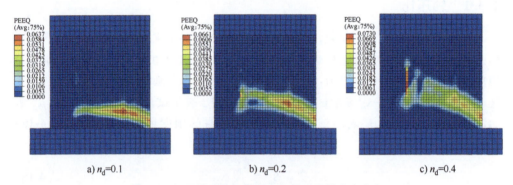

a) n_d=0.1　　　　　　b) n_d=0.2　　　　　　c) n_d=0.4

图 4-8　不同轴压比下的混凝土等效塑性应变分布

墙试件抗震性能的影响规律。分别建立剪跨比为 1、1.5、2、2.5 和 3 的五个模型，进行单调加载，得到各模型的水平力-位移曲线如图 4-9a 所示，典型参数随剪跨比的变化规律如图 4-9b 所示。从图 4-9 可以看出，剪跨比为 1.5 的夹心剪力墙比剪跨比为 1.0 的夹心剪力墙承载力降低了约 25%，初始刚度降低了约 40%。随着剪跨比的增大，模型的初始刚度 K_0 和峰值承载力 F_p 逐渐减小，峰值承载力时对应的顶点位移 Δ_p 不断增大，试件的变形能力越来越强。峰值荷载处的刚度折减系数 β_p 随着剪跨比的增大也不断减小。另外，由于试件剪跨比的增大，试件的刚度不断降低，柔性不断增大，因此在顶点位移加载至 60mm 时，剪跨比为 2 以上的试件均未达到最大承载力。

图 4-10 所示为三种不同剪跨比 r_A 下的混凝土等效塑性应变分布。从图中可以明显看出，随着剪跨比的增大，试件在相同侧移下的塑性损伤不断减小，剪跨比为 2 的剪力墙只在角部有轻微塑性应变发展，剪跨比为 3 的剪力墙未观察到明显塑性应变。这与普通剪力墙塑性发展规律一致，以弯曲变形为主的细高剪力墙的变形能力显著大于以剪切变形为主的低矮剪力墙。

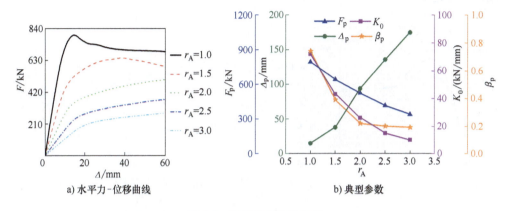

a) 水平力-位移曲线　　　　　　　　b) 典型参数

图 4-9　剪跨比的影响曲线

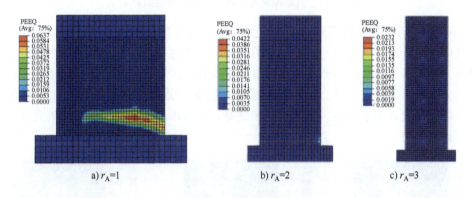

a) $r_A=1$　　　　　　　　b) $r_A=2$　　　　　　　　c) $r_A=3$

图 4-10　不同剪跨比下的混凝土等效塑性应变分布

4.3.3　夹心段长度比

改变原型试件的夹心段长度比 r_L，研究其对混凝土夹心剪力墙试件抗震性能的影响规律。此处定义含夹心段的墙体长度与试件墙体总长度的比值为夹心段长度比 r_L。分别建立夹心段长度比为 $0 \sim 0.7$ 的八个模型，进行单调加载，得到各模型的水平力-位移曲线如图 4-11a 所示，典型参数随夹心段长度比的变化规律如图 4-11b 所示。从图 4-11 可以看出，普通剪力墙的位移延性为 2.6，夹心段长度比为 0.3 和 0.7 的墙体峰值承载力比普通剪力墙（$r_L = 0$）分别降低约 15% 和 25%，但其位移延性分别为 7.2 和 2.6；随着夹心段长度比的增大，墙体的峰值承载力 F_p 和初始刚度 K_0 逐渐降低，墙体的延性先增大后减小；由于墙体的变形能力在适当的夹心段长度比时达到最大，因此峰值承载力时对应的顶点位移较大，刚度折减系数 β_p 随着夹心段长度比的增大，先稍有降低，而后明显增大。综上分析，建议对该模型的夹心段长度比取 $0.2 \sim 0.6$，则墙体位移延性不小于 6.0，同时承载力降低幅度不超过 25%。

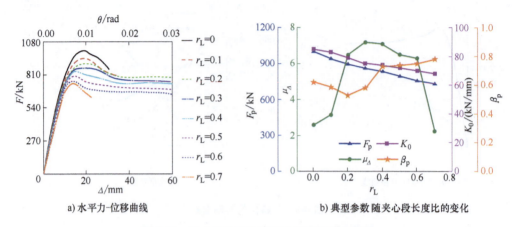

a) 水平力-位移曲线   b) 典型参数随夹心段长度比的变化

图 4-11   夹心段长度比对试件抗震性能的影响

图 4-12 所示为三种不同夹心段长度比 r_L 下的混凝土等效塑性应变分布。从图中可以明显看出，随着夹心段长度比的增大，墙体的等效塑性应变分布区域由斜向对角分布逐渐转为水平向分布，且各墙体塑性分布区域集中于受压端暗柱和夹心区域。分析墙体的特点可知，这是由于随着夹心段长度比 r_L 的增加，夹心段对两侧暗柱的协调能力越来越差，整体性越来越差，即墙体与普通低矮剪力墙的受力特点差异越来越大。

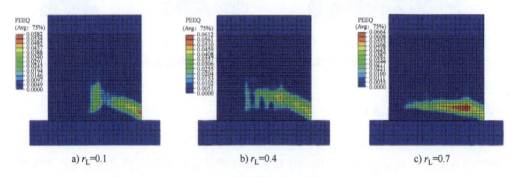

a) $r_L=0.1$ b) $r_L=0.4$ c) $r_L=0.7$

图 4-12   不同夹心段长度比下的混凝土等效塑性应变分布

4.3.4 夹心板厚度比

改变原型试件的夹心板厚度比 r_T，研究其对混凝土夹心剪力墙试件抗震性能的影响规律。此处定义夹心板的厚度与试件墙体总厚度的比值为夹心段厚度比 r_T。分别建立夹心段厚度比 r_T 为 0、0.15、0.30、0.45、0.60 和 0.75 的六个模型，进行单调加载，得到各模型的水平力-位移曲线如图 4-13a 所示，典型参数随夹心板厚度比的变化规律如图 4-13b 所示。从图 4-13 可以看出，夹心板厚度比对峰值承载力和初始刚度的影响规律相同；随着夹心板厚度比的增大，墙体的峰值承载力 F_p 和初始刚度 K_0 逐渐降低，墙体的延性不断增大；墙体峰值荷载处的顶点位移随着夹心板厚度比的增大不断减小；与普通剪力墙（$r_T = 0$）相比，夹心板厚度比大于 0.45 的夹心剪力墙变形能力显著提高，这是因为夹心板的厚度较大时，夹心壁在侧向荷载作用下不足以协调左右暗柱的受力，夹心壁会先发生塑性破坏，墙体由整体受力转变为主要由暗柱单独承载；当夹心板厚度比为 0.75 时，墙体侧向承载力随侧移的增大不断增大，直至 60mm 时，仍未达到峰值承载力。建议对该模型的夹心板厚度比取 0.3~0.45，承载力降低不超过 20%，同时位移延性不小于 4.0。

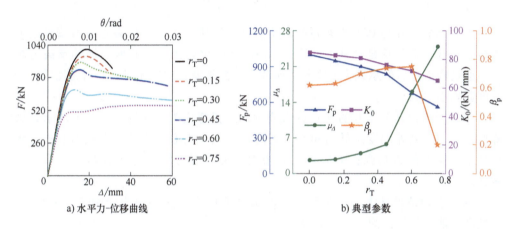

a) 水平力-位移曲线　　　　　　　　b) 典型参数

图 4-13　夹心板厚度比的影响曲线

　　图 4-14 所示为三种不同夹心板厚度比 r_T 下的混凝土等效塑性应变分布。从图中可以明显看出，夹心板厚度比为 0.15 和 0.45 时，墙体的等效塑性应变分布区域相似。但是夹心板厚度比为 0.75 时，墙体的等效塑性应变分布区域显著变化，等效塑性应变主要分布在夹心段墙体上，受压暗柱角部也有轻微塑性分布。这是由于夹心壁厚度较薄，在侧向荷载下不足以协调左右暗柱的受力，夹心壁先行发生塑性破坏，整个混凝土夹心剪力墙的受力特征发生显著变化。

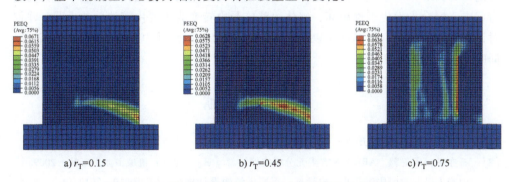

a) $r_T = 0.15$　　　　　　　b) $r_T = 0.45$　　　　　　　c) $r_T = 0.75$

图 4-14　不同夹心板厚度比下的混凝土等效塑性应变分布

4.4　本章小结

对第 3 章的五个现浇混凝土剪力墙试件分别进行了数值模拟对比分析，并研究了轴压比、剪跨比、夹心段长度比和夹心板厚度比对混凝土夹心剪力墙抗震性能的影响，得到如下主要结论：

（1）三维实体有限元模型模拟得到的水平力-位移曲线、混凝土拉伸和压缩损伤、等效塑性应变等与试验结果吻合良好，表明数值模型的参数设置合理、建模过程可靠。

（2）与轴压比为 0.1 的夹心剪力墙对比，轴压比为 0.4 的夹心剪力墙承载力提高约 40%，但位移延性从 6.5 降至 3.0；轴压比越大，夹心剪力墙的承载力越高，但是峰值点后的承载力下降趋势越陡，延性越差；轴压比对夹心剪力墙的初始刚度影响不大。

（3）与剪跨比为 1.0 的夹心剪力墙对比，剪跨比为 1.5 的夹心剪力墙承载力降低约 25%，初始刚度降低约 40%；剪跨比越大，夹心剪力墙的承载力和初始刚度越小，变形能力越强；随剪跨比的增大，夹心剪力墙由剪切破坏转变为弯曲破坏。

（4）合理地设计夹心段长度和夹心板厚度可实现夹心剪力墙刚度、承载力、延性和耗能的较好匹配。

1）夹心段长度比越大，夹心剪力墙的初始刚度和承载力越小；夹心剪力墙的位移延性随着夹心段长度比的增大而先增大后减小；建议对算例模型的夹心段长度比取 0.2~0.6，则墙体的位移延性不小于 6.0，同时承载力降低幅度不超过 25%；夹心段长度比过大或过小，夹心剪力墙的延性都无显著提高。

2）夹心板厚度比越大，夹心剪力墙的初始刚度和承载力越小，位移延性越大；与普通剪力墙相比，夹心板厚度比大于 0.45 的夹心剪力墙变形能力显著提高，这是因为夹心板的厚度较大时，夹心壁在侧向荷载作用下不足以协调左右暗柱的受力，夹心壁会先发生塑性破坏，墙体由整体受力转变为主要由暗柱单独承载；建议对该算例模型的夹心板厚度比取 0.3~0.45，则墙体的承载力降低幅度不超过 20%，同时位移延性不小于 4.0。

本章参考文献

［1］　庄茁，张帆. ABAQUS 非线性有限元分析与实例［M］. 北京：科学出版社，2003.

［2］　石亦平，周玉蓉. ABAQUS 有限元分析实例详解［M］. 北京：机械工业出版社，2009.

［3］　中华人民共和国住房和城乡建设部. 混凝土结构设计规范：GB 50010—2010［S］. 北京：中国建筑工业出版社，2010.

［4］　过镇海. 钢筋混凝土原理［M］. 北京：清华大学出版社，1999.

［5］　陆新征，叶列平，缪志伟，等. 建筑抗震弹塑性分析［M］. 北京：中国建筑工业出版社，2009.

［6］　BIRTEL V，MARK P. Parameterized finite element modeling of RC beam shear failure［C］// ABAQUS User′ Conference，2006：95-108.

［7］　庞瑞. 新型全预制装配式 RC 楼盖平面内力学特征研究［D］. 南京：东南大学，2010.

第5章　装配式混凝土夹心剪力墙结构的抗震性能试验研究

目前，我国的装配式剪力墙结构较多采用叠合装配式剪力墙结构[1]，这种连接方法较为可靠，"等同现浇"，但是仍有较大的现浇工作量，不利于提高施工效率。为减少现场湿作业，对干式连接装配式剪力墙结构也有较多的研究，干式连接如果不加入耗能装置，单纯起连接紧固相邻构件的作用，这种连接为刚性连接[2]，这种干式刚性连接的优势在于主要工作都在工厂完成，施工质量较为可控，施工效率大大提高，震损后构件易于更换。但是，这种刚性连接结构"等同现浇"，主要依靠结构构件的塑性损伤耗散地震能量。鉴于此，已有不少研究提出了耗能连接方式[3-4]，耗能连接既实现了相邻构件的连接，又能保证连接件在地震作用下的耗散能力，减免主体结构的地震损伤。近年来，实现可恢复功能防震结构已经成为国际地震工程界的共识和研究热点[5]，可恢复功能防震结构要求在震后尽量减少对结构使用功能影响的前提下，实现构件可更换和易更换，并使结构具有充分的耗能能力。Dowden 等[6] 将自复位钢板剪力墙应用于结构，提高结构的耗能能力和自复位能力，利用钢板屈服耗能降低结构的损伤，通过预应力装置消除残余变形实现自复位。Lu 等[7] 将自复位机制、可更换机制和耗能机制应用于剪力墙约束边缘构件部位，以避免剪力墙底部损伤。

混凝土夹心剪力墙结构作为一种新型的结构形式，可兼具结构功能和保温隔热等建筑功能[8-10]。在普通装配式剪力墙结构中，端部约束区和其他部位的竖向分布钢筋都需要考虑连接问题[11-12]，而新型混凝土夹心剪力墙包含夹心段和暗柱段，前述试验验证了只考虑暗柱区域竖向连接的可行性和有效性，可简化装配式剪力墙中的连接，并使剪力墙的刚度、承载力、延性和耗能达到合理的匹配。

本章首先根据新型混凝土夹心剪力墙的特点，对比第 3 章的现浇夹心剪力墙试件设计了采用不同干式连接方案的装配式混凝土夹心剪力墙，包含了刚性连接和耗能连接形式，对装配式混凝土夹心剪力墙墙体分别进行拟静力试验并与现浇试件对比研究其抗震性能，为进一步研究装配式混凝土夹心剪力墙结构奠定了基础；然后，设计了采用湿式连接和干式刚性连接的装配式混凝土夹心剪力墙结构，并分别进行拟静力试验，研究其抗震性能；另外，在装配式混凝土夹心剪力墙结构中还引入考虑功能可恢复理念的新型摩擦耗能连接方案，形成摩擦耗能连接装配式混凝土夹心剪力墙结构，并进行拟静力试验，对比研究其抗震性能。

5.1　墙体试验设计

为掌握采用简化连接方案的装配式混凝土夹心剪力墙的抗震性能，设计了两个装配式混凝土夹心剪力墙试件 CSW6 和 CSW7，并进行拟静力试验。为便于与现浇试件对比，两个试件尺寸和配筋与第 3 章的 CSW5 试件相同，设计图如图 5-1 所示。为便于制作，加载梁与试验墙采用一体浇筑，但是两个夹心试验墙都沿中间分缝，形成两个混凝土夹心剪力墙，竖缝两侧暗柱采用不同的连接形式。与第 3 章相同，采用钢模具和专业化的预制构件施工方法进行制作，如图 5-2 所示。

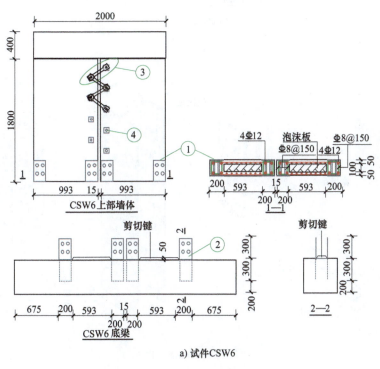

a) 试件CSW6

图 5-1　试件 CSW6 和 CSW7

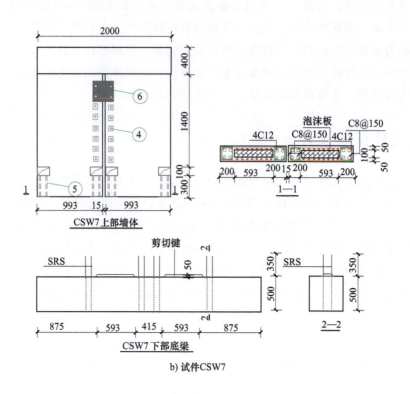

b) 试件CSW7

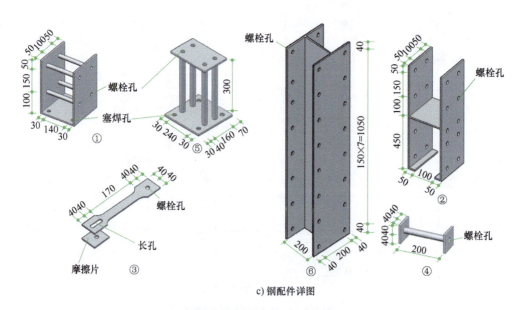

c) 钢配件详图

图 5-1　试件 CSW6 和 CSW7（续）

a) CSW6底梁

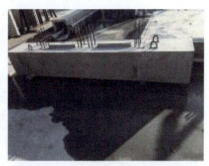
b) CSW7底梁

c) CSW7装配过程

d) CSW7锚固端

图 5-2　试件 CSW6 和 CSW7 的装配

对于 CSW6 试件，暗柱下端预留钢靴，纵筋穿孔塞焊于钢靴下端板，实现纵筋与钢靴的传力，钢靴含预留水平螺栓孔便于和预留在底梁上的焊接型钢连接（WHS），实现钢靴与底梁传力；竖缝两侧预留钢套管形成螺栓孔，采用钢板条带斜向交错连接，钢板条带一端留圆孔，一端留长孔，在长孔端与暗柱螺栓孔连接处两侧放置铝摩擦片，期望通过摩擦连接件（CAF）实现摩擦耗能。

对于 CSW7 试件，同样在暗柱下端预留钢靴，但是钢靴形式不同，纵筋穿孔塞焊于钢靴下端板，实现纵筋与钢靴的传力。钢靴含预留竖向螺栓孔和锚垫板，便于和预留在底梁上的特制带螺纹耗能钢筋（SRS）通过螺栓连接，期望其实现耗能。需要特别说明的是，锚垫板附近在浇筑时预留 100mm×100mm 的孔洞用于装配连接时锚固螺栓，装配完成后，采用同等强度的混凝土浇筑。竖缝两侧同样预留钢套管水平螺栓孔，采用 WHS 连接，验证型钢连接的有效性。另外，为提高 CSW6 和 CSW7 试件水平接缝处的抗剪承载力，在夹心部位对应位置的底梁上预留了抗剪键。

为便于对比，加载装置、加载制度和位移测点布置仍与第 3 章相同。控制试件 CSW6 和 CSW7 设计轴压比与 CSW5 相同。另外，若干应变片预先布置在内部钢筋表面，用于测量钢筋的应变，如图 5-3 所示；在钢板连接件 WHS 和 CAF 上也布置了若干应变片，用于量测钢板的应变。在试件 CSW7 中，竖向位移计布置在四个暗柱底部，用于量测水平缝处墙角的抬起和闭合。

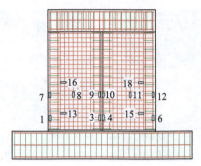

图 5-3　试件 CSW6 和 CSW7 应变片测点布置

5.2　墙体试验结果分析

5.2.1　破坏形态

　　试件 CSW6 和 CSW7 的设计与试件 CSW5 相似，具有双夹心段。但试件 CSW6 为装配式试件，且中间预留竖缝，形成两个独立的夹心剪力墙，中间采用 CAF 连接件连接竖缝左右的暗柱。另外，试验墙与底梁分开制作，然后采用 WHS 连接件将其上下装配成整体。试件 CSW6 加载结束时的破坏如图 5-4 所示，在侧向位移逐渐增大的过程中，斜裂缝首先出现在夹心壁中部，然后裂缝逐渐密集并延伸至两侧暗柱，裂缝在暗柱段的分布呈水平方向；最终，在侧向位移角 1/50 时，暗柱和夹心壁全高度布满密集细裂缝；随着侧向位移进一步增大，当位移角达到 1/40 时，端部暗柱的钢靴周围的混凝土被压溃，试件破坏。由于竖缝和 CAF 连接件的存在，左右夹心剪力墙既不是相互独立的，也不是刚性连接的。中部暗柱附近的裂缝分布在螺栓孔附近，表明 CAF 连接件起到了传递内力的作用。由于角部钢靴的加强作

a) 破坏形态

b) 左墙角破坏

c) 右墙角破坏

图 5-4　试件 CSW6 的破坏形态及破坏位置

用，最终被压溃的部位转移至钢靴周围的混凝土。该试件从整体上看仍然呈现出摇摆墙的特性，中部暗柱损伤较轻微，端部暗柱在往复拉压作用下损伤严重。相较于试件 CSW5，试件 CSW6 裂缝更为细密，且裂缝分布于墙体全高范围内。

试件 CSW7 也为装配式试件，配筋布置与 CSW6 相同，具有双夹心段，且墙体中间预留竖缝，形成两个独立的夹心剪力墙，中间采用 WHS 连接件连接两侧的暗柱。另外，试验墙与底梁分开制作，然后采用 SRS 连接件将其上下装配成整体。CSW7 破坏如图 5-5 所示，由于 SRS 上部锚固端周围预留的孔洞内为后浇混凝土，且无约束措施，在侧向位移加载过程中，后浇混凝土表层首先开裂脱落。在继续加载过程中，斜裂缝仍然首先出现在夹心壁中部，然后出现位置向上和向下发展，且裂缝不断延伸至暗柱，暗柱内裂缝呈水平向发展。由于左右夹心剪力墙采用 WHS连接，保证了整体性，因此左右夹心剪力墙的斜裂缝基本呈连续发展。SRS 上部锚固端周围的后浇混凝土首先脱落，该部位成为薄弱环节，最终附近混凝土被压溃，纵筋因约束薄弱发生屈曲，且该部位混凝土的脱落会导致 SRS 在拉压往复作用下，受拉可较好地耗散能量，而受压耗能不足，甚至无法耗散能量，在以后的研究中，应采取措施改善该部位，避免出现薄弱环节。与 CSW6 相似，该试件在加载过程中绕中部暗柱摇摆，因此中部暗柱损伤较弱，端部暗柱损伤严重，但由于 SRS 为无粘结段，导致该试件刚度较小，变形能力较好，最大位移角可达 1/33。

| a) 破坏形态 | b) 左墙角破坏 | c) 右墙角破坏 |

图 5-5　试件 CSW7 的破坏形态及破坏位置

5.2.2　水平力-位移曲线

试件 CSW6 和 CSW7 的滞回曲线如图 5-6 所示，试件 CSW5～CSW7 的骨架曲线如图 5-7 所示。可以明显看出，相比现浇夹心试件 CSW5，装配式夹心试件 CSW6和 CSW7 的初始刚度大幅降低。

试件 CSW5～CSW7 都设置了双夹心，并且夹心壁的竖向分布钢筋未与底梁连

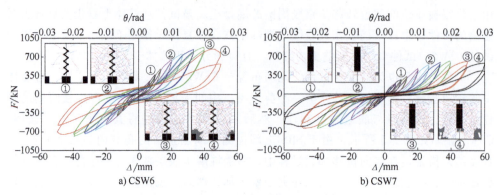

a) CSW6 　　　　　　　　　　　　　 b) CSW7

图 5-6　试件 CSW6 和 CSW7 的滞回曲线

接，因此改变了低矮剪力墙的破坏模式，呈现摇摆墙的性质，具有较好的变形能力和延性。试件 CSW6 为试件 CSW5 的一种装配形式，刚度降低较为显著。但是承载力明显提高，这是由于角部钢靴的设置大大提高了墙体底部的刚度和承载力，使得墙体薄弱部位上移，相当于试验墙体有效高度降低，因此承载力增大。另外，由于竖缝处 CAF 连接件的存在，试件各滞回环更为饱满，捏缩效应有所减弱。试件 CSW7 为试件 CSW5 的另一种装配式形式，刚度

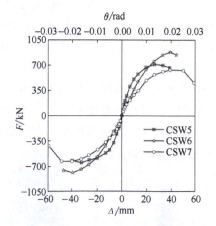

图 5-7　试件 CSW5~CSW7 的骨架曲线

降低显著。由于 SRS 为无粘结段导致墙体角部抬起，因此整体变形能力较强。角部 SRS 的承载能力与墙体暗柱配筋相当，因此试件 CSW7 的承载力与 CSW5 相当。另外，试验发现，由于墙体的变形很大一部分来源于 SRS 无粘结段的伸长，该试件中的钢绞线施加竖向荷载相当于提供了自复位能力，使得该试件的滞回曲线呈现出摇摆墙特有的旗帜形[13]。

为便于对比，表 5-1 列出了试件 CSW5~CSW7 的屈服荷载 F_y、峰值荷载 F_p 和极限荷载 F_u，而表 5-2 列出了试件 CSW5~CSW7 的屈服位移 Δ_y（位移角 θ_y）、峰值位移 Δ_p（位移角 θ_p）和极限位移 Δ_u（位移角 θ_u）。对于试件 CSW6，由于水平缝处 WHS 连接件的存在，加强了暗柱角部，降低了墙体有效高度，因此试件 CSW6 的 F_p 和 F_u 都比 CSW5 有所提高。试件 CSW7 由于水平缝采用了 SRS 连接，初始刚度较小，且屈服荷载降低，但是承载力与试件 CSW5 基本相同。各试件的极限位移角均大于 2%，装配式夹心剪力墙 CSW6 和 CSW7 的极限位移和延性均大于现浇试件 CSW5，试件 CSW6 的延性提高约 10%，试件 CSW7 延性提高约 40%。

表 5-1　试件 CSW5 ~ CSW7 不同状态下的水平荷载　（单位：kN）

试件	F_y			F_p			F_u		
	+	−	平均	+	−	平均	+	−	平均
CSW5	578.0	507.3	542.7	710.6	652.6	681.6	604.0	554.7	579.4
CSW6	485.3	412.1	448.7	880.0	789.9	835.0	748.0	671.4	709.7
CSW7	355.9	373.0	364.5	634.1	633.6	633.9	595.3	555.8	575.6

　　另外，试件 CSW6 竖缝处 CAF 连接件中的钢板轴线方向的应变如图 5-8 所示。由竖缝处连接片的螺栓预紧力可计算出相应的摩擦力，计算可知当连接片的应变为 2.5×10^{-4} 时发生滑动摩擦。由于每个连接件所在的高度不同，承担的内力不同，因此在不同侧移下产生的应变也各不相同。可以看到，中部偏下的连接片应变最大，顶部的摩擦片应变最小，整个加载过程中未发生滑移。随着侧向位移的不断增大，各连接件应变不断增大，当达到 2.5×10^{-4} 左右时发生滑移，应变不再增大。由于墙体在上下部的边界约束不同，上部与加载梁现浇，完全约束，但下部与底梁 WHS 连接，且夹心壁未连接，因此下部约束较弱，导致上下部的连接件应变并不对称，中部连接件的应变并非最大。

表 5-2　试件 CSW5 ~ CSW7 不同状态下的水平位移　（单位：mm）

试件	Δ_y/θ_y			Δ_p/θ_p			Δ_u/θ_u			μ_Δ	
	+	−	平均	+	−	平均	+	−	平均	+	−
CSW5	13.2	12.2	12.7	26.3	32.5	29.4	>40.0	>40.0	>40.0	>3.0	>3.3
	0.66%	0.61%	0.64%	1.32%	1.63%	1.47%	>2.00%	>2.00%	>2.00%		
CSW6	13.7	13.1	13.4	39.2	39.4	39.3	44.1	>50.0	>47.1	3.2	>3.8
	0.69%	0.66%	0.67%	1.96%	1.97%	1.97%	2.21%	>2.50%	>2.35%		
CSW7	13.9	13.4	13.7	39.1	40.1	39.6	>60	>60	>60	>4.3	>4.5
	0.70%	0.67%	0.68%	1.96%	2.01%	1.98%	>3.00%	>3.00%	>3.00%		

　　CSW7 试件左右墙体的左下角在水平缝处的位移变化（角部抬起）如图 5-9 所示。从图中可以看到，左右墙体左下角的抬起位移差异较大，但是保持同步抬起和

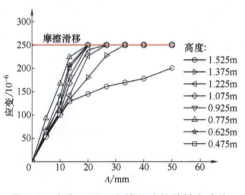

图 5-8　试件 CSW6 竖缝处连接件轴向应变　　**图 5-9　试件 CSW7 左右墙体左下角的抬起位移**

闭合。竖缝处采用 WHS 刚性连接，导致左右墙体协同性能较好，因此左墙的左下角抬起位移远大于右墙的左下角抬起位移。另外，墙角抬起位移表明端暗柱下端的 SRS 连接件在加载早期即进入屈服耗能状态，中部暗柱的 SRS 连接件在加载后期进入屈服状态，塑性变形较小。

5.2.3　刚度退化和耗能能力

试件 CSW5~CSW7 的刚度退化曲线如图 5-10 所示，各试件的割线刚度均随着

侧向位移的增大而减小。由于竖缝的存在，试件 CSW6 的初始刚度比 CSW5 降低约 25%，墙体变形能力较好，刚度后期下降缓慢。试件 CSW7 水平缝采用 SRS 连接，初始刚度比 CSW5 降低约 25%，墙体变形主要集中于底部水平缝。

试件 CSW5~CSW7 在不同侧向位移下的累积滞回耗能 E 和等效黏滞阻尼系数 h_e 见图 5-11。如图 5-11a 所示，随着水平位移的增大，各试件累积耗能都逐渐增大。装配式试件 CSW6 与 CSW5

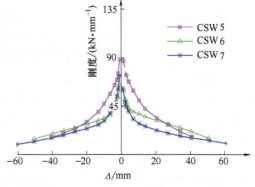

图 5-10　试件 CSW5~CSW7 的刚度退化曲线

耗能相近，但是变形能力更强。装配式试件 CSW7 在同等侧移下耗能最小，但是变形能力强。这表明，合理的装配连接形式可以使剪力墙保持较大的变形和较高的耗能能力。图 5-11b 所示为等效黏滞阻尼系数与水平位移关系曲线。现浇试件 CSW5 在试件屈服前阶段的等效黏滞阻尼系数随位移增加而基本保持不变，但是屈服后阶段的等效黏滞阻尼系数随位移增加而显著增加。装配式试件 CSW6 和 CSW7 的阻尼

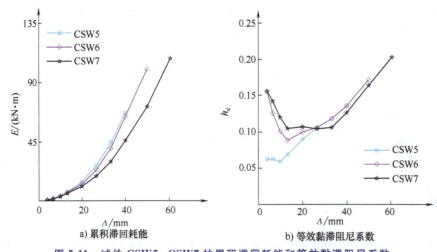

a) 累积滞回耗能　　　　　　　　b) 等效黏滞阻尼系数

图 5-11　试件 CSW5~CSW7 的累积滞回耗能和等效黏滞阻尼系数

系数规律相近，在侧移较小时，阻尼比随着侧移的增大逐渐降低，屈服后阻尼比随着侧移的增大而不断增大，在侧移角为 1/40 时阻尼比约为 0.18。

5.3　结构试验设计

装配式混凝土夹心剪力墙墙体试验结果表明了简化连接方式的可行性和有效性。进一步地，本节设计了两个装配式混凝土夹心剪力墙结构并进行拟静力试验，研究结构的抗震性能。所采用的连接方式如图 5-12 所示。所有水平缝都在暗柱段连接，夹心段不连接，以放松墙体端部约束，降低结构刚度。所有竖缝的连接同样留在暗柱部位，以保证结构受力合理，连接可靠。湿式连接形式如图 5-12a 所示，墙体拼装完成在水平方向或竖向需要连接的部位现场浇筑混凝土完成连接。干式刚性连接形式如图 5-12b 所示，浇筑墙体前在需要连接的部位预留埋件形成螺栓孔，在现场拼装完成后用刚性连接件连接相邻墙体即可。耗能干式连接方式如图 5-12c 所示，同样在连接部位预留埋件形成螺栓孔，并在现场拼装完成后安装连接件，但是不同的是，连接件采用经设计的摩擦耗能元件，使得结构在侧向荷载作用下可以通过相邻墙体之间的相对位移实现耗能，并减少主体结构的损伤。

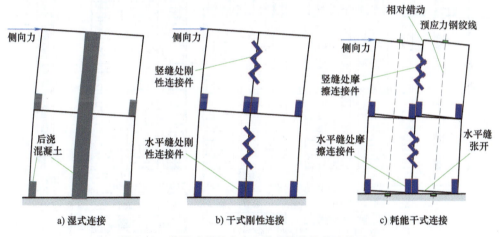

a) 湿式连接　　　　　b) 干式刚性连接　　　　　c) 耗能干式连接

图 5-12　装配式混凝土夹心剪力墙结构的连接形式

5.3.1　试件描述

为研究三种连接形式的装配式混凝土夹心剪力墙结构抗震性能，设计了两个装配式混凝土夹心剪力墙结构进行单向拟静力加载试验：湿式装配式夹心剪力墙结构（WPS）和干式装配式夹心剪力墙结构（DPS）。两个结构的配筋图如图 5-13 所示，结构示意图和连接详图分别如图 5-14 和图 5-15 所示。两个结构采用 2/3 缩尺的模型，结构都坐落在刚度足够的基础梁上。

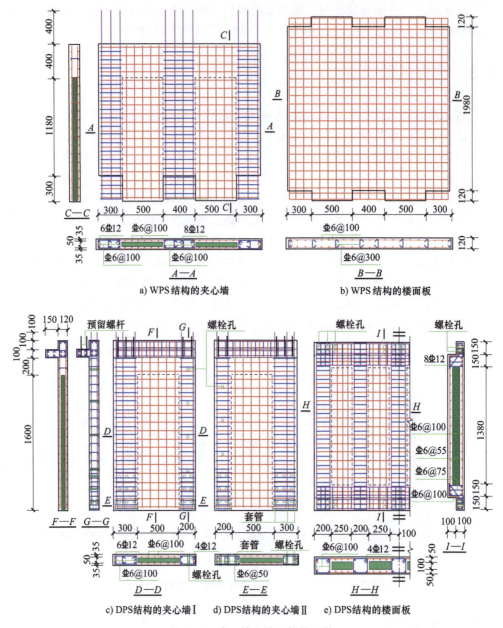

a) WPS结构的夹心墙　　　　　　　b) WPS结构的楼面板

c) DPS结构的夹心墙Ⅰ　　d) DPS结构的夹心墙Ⅱ　　e) DPS结构的楼面板

图 5-13　夹心墙和楼面板的配筋

　　考虑到缩尺模型施工难度，WPS结构不预留竖缝，只预留了水平缝。即每层由前后两个夹心剪力墙和支撑在上面的楼板组成。泡沫夹心板在绑扎钢筋笼时预留在内部，以便浇筑混凝土后形成内部夹心。上下层墙体在暗柱部位预留钢筋搭接段，在拼装完成后浇筑混凝土。楼板也在与暗柱相接部位预留搭接钢筋，拼装时深入暗柱内连接。

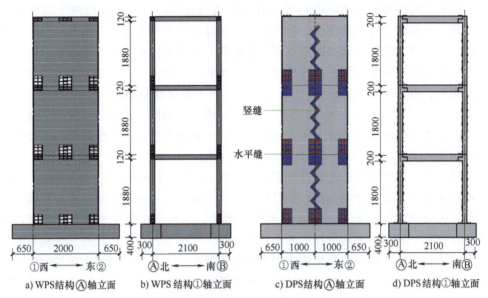

a) WPS结构Ⓐ轴立面　　b) WPS结构①轴立面　　c) DPS结构Ⓐ轴立面　　d) DPS结构①轴立面

图 5-14　装配式夹心剪力墙结构示意

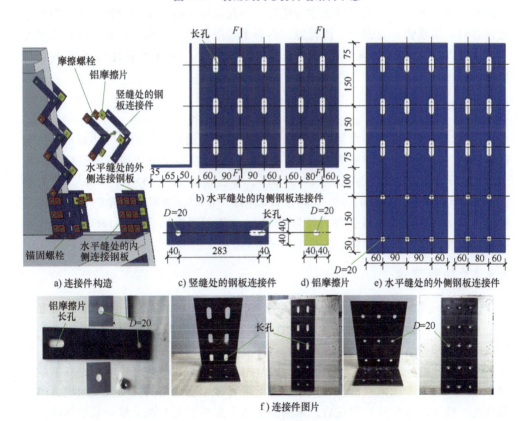

a) 连接件构造　　　c) 竖缝处的钢板连接件　　d) 铝摩擦片　　e) 水平缝处的外侧钢板连接件

f) 连接件图片

图 5-15　DPS 结构连接件示意

DPS 结构既有水平接缝的连接又有竖向接缝的连接。每层前后两个墙体都有左右两片夹心剪力墙拼装而成，每层的楼板通过墙体内侧预留的耳板进行干式螺栓连接。端柱下部需要连接的部位预留螺栓孔，并在螺栓孔附近加密箍筋。内端暗柱竖向等间距预留钢套管形成螺栓孔，需要特别说明的是，左右暗柱布置的螺栓孔竖向错开，以保证连接件呈斜向 45°分布，以最大限度地实现轴向传力并减少材料用量。另外，在水平缝连接处的下部墙体上端预留钢筋段，在拼装时深入上部墙体下部的预置套管内，一方面方便安装定位，另一方面钢筋段的销栓力可提高水平接缝处的抗剪能力。

特别地，DPS 结构的连接件如图 5-15 所示，当为干式耗能连接结构时，竖缝处的连接件布置在墙体内外侧，连接件都为一端带圆孔一端带长孔的钢板，同时钢板的长孔端两侧附加 2mm 厚的铝片作为摩擦片，并保证摩擦片内外侧都与钢板或钢垫片接触。墙体内外两侧都斜向布置连接件，其中下部连接钢板的长孔和上部连接钢板的圆孔采用同一摩擦螺栓锚固于墙体预埋孔上，当竖缝两侧墙体竖向发生滑移错动时，实现铝片与钢板摩擦耗能。水平缝只在暗柱部位连接，连接件由墙体内外侧两部分组成。墙体内外侧的钢板连接件上部都预留长孔，并在长孔两侧分别放置铝摩擦片，摩擦片外侧以钢板作为垫片，一起锚固于墙体上的螺栓孔上，当水平缝开合时，实现铝片与钢板摩擦耗能。当为干式刚性连接结构时，竖缝处和水平缝处的连接件均采用两端预留圆孔的钢板，无摩擦片，保证所有连接不产生摩擦滑移。

5.3.2 材料属性

两个结构的墙体和楼板采用同强度等级的混凝土浇筑，平均立方体抗压强度为 40.15MPa，弹性模量为 $3 \times 10^{10} N/m^2$。基础梁和后浇混凝土采用同强度等级的混凝土浇筑，平均立方体抗压强度为 54.39MPa，弹性模量为 $3.25 \times 10^{10} N/m^2$。所有钢板均采用 Q235 级，钢材的弹性模量为 $2.02 \times 10^{11} N/m^2$；测得铝片和钢板的摩擦系数为 0.33。采用的钢绞线公称直径为 15.2mm；极限强度标准值为 1860MPa，实测屈服强度为 1497MPa，弹性模量为 $1.95 \times 10^{11} N/m^2$。

5.3.3 加载装置

两个结构浇筑养护完成后，在实验室内完成装配、后浇或连接。试验装置如图 5-16 所示。试验过程中，两个结构通过基础梁上预留的螺栓孔锚固于实验室刚性地面。作动器后端安装在反力墙上，前端与结构顶端的混凝土加载帽梁相连，施加水平往复荷载。为避免混凝土施工误差导致加载帽梁与结构存在缝隙并在加载过程中摩擦滑移，加载帽梁由左右两个独立的带有大刚度直角的混凝土梁组成，刚性角倒扣于楼顶角部并安装到位后，采用多个水平螺杆将左右两个部分紧紧锚固，加载帽梁即与结构水平紧密连在一起。加载帽梁顶部预留四个加载孔，加载孔正上方放置四个竖向液压千斤顶，每个千斤顶张拉两根钢绞线施加竖向预应力，钢绞线下端穿过基础梁上预留孔并锚固于刚性地板上。

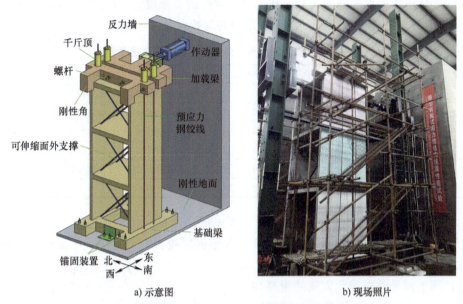

a) 示意图　　　　　　　　　　　　　　　b) 现场照片

图 5-16　装配式混凝土夹心剪力墙结构试验装置

5.3.4　加载制度和测点布置

在试验中，干式刚性连接和耗能连接采用同一结构，先进行干式耗能连接的结构试验，后进行干式刚性连接的结构试验。采用基于位移控制的加载方法，控制加载梁的侧移 Δ。DPS 结构采用耗能干式连接时重点在于研究结构的整体性能，预计结构局部不会产生破坏，因此加载循环较少，增量步较大，每级位移循环一次，如图 5-17a 所示。WPS 结构和 DPS 结构采用干式刚性连接时既研究结构整体的抗震性能，又关注结构局部的塑性变形和破坏，因此加载循环较多，增量步较小，每级位移循环两次，如图 5-17b 所示。

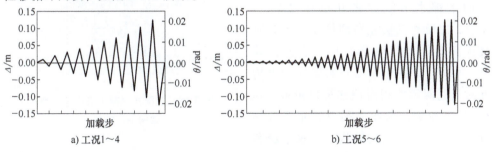

a) 工况1~4　　　　　　　　　　　　　　b) 工况5~6

图 5-17　装配式混凝土夹心剪力墙结构加载制度

表 5-3 列出了整个试验的加载工况。工况 6 为 WPS 结构进行的拟静力试验，工况 1~5 为 DPS 结构进行的拟静力试验。P_0 代表所有钢绞线总初始预应力，F_{EhO} 和 F_{MhO} 分别代表水平缝处的端部和中部连接件的总摩擦力，F_{v0} 代表竖缝处相邻螺栓孔之间的连接件的总摩擦力，n_0 为结构的初始设计轴压比。

表 5-3　装配式混凝土夹心剪力墙结构不同工况参数值

工况	试件	F_{EhO}/kN	F_{MhO}/kN	F_{v0}/kN	P_0/kN	n_0	描述
1	DPS-1	90	60	3.0	500	0.12	水平缝低摩擦力,竖缝低摩擦力,低预应力
2	DPS-2	90	60	7.5	850	0.18	水平缝低摩擦力,竖缝高摩擦力,高预应力
3	DPS-3	90	60	7.5	500	0.12	水平缝低摩擦力,竖缝高摩擦力,低预应力
4	DPS-4	180	120	3	500	0.12	水平缝高摩擦力,竖缝低摩擦力,低预应力
5	DPS-5	—	—	—	850	0.18	干式刚性连接(无穷大摩擦力),高预应力
6	WPS	—	—	—	850	0.18	湿式连接,高预应力

位移计布置如图 5-18 所示。对于干式连接的结构，每个千斤顶上部布置弦式测力计（$F_{A1} \sim F_{A4}$，$F_{B1} \sim F_{B4}$）用于测量各根钢绞线的内力变化。在基础梁上 1 和 2 轴线的位置布置了两个位移计（H_{01} 和 H_{02}）用于测量基础南北方向的滑移和扭转，在基础梁西侧面角部布置了两个位移计（H_{0A} 和 H_{0B}）用于测量基础东西方向的滑移和扭转，在基础四角的上部布置了四个位移计（V_{LA} 和 V_{RA}，V_{LB} 和 V_{RB}）用于监测基础的抬起。每层墙体的楼板所在高度处水平方向布置两个位移计（$H_{1A} \sim H_{3A}$，$H_{1B} \sim H_{3B}$）测量每层的侧移和扭转。另外，由于结构内侧和外侧墙体完全相同，只在外侧墙体内部布置了位移计测量以下相对位移：每片墙体的下部水平缝的张开位移（$G_{11} \sim G_{34}$），二层和三层左右墙体发生抬起时楼板高度处竖缝两侧的相对竖向位移（R_2 和 R_3），由于一层左右墙体发生抬起时竖缝两侧的相对位移可以由 G_{12} 和 G_{13} 计算得到，因此无须单独布置位移计。对于湿式连接的结构，在水平缝和

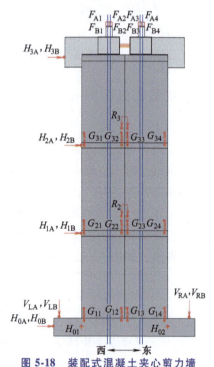

图 5-18　装配式混凝土夹心剪力墙结构测点布置

竖缝处不布置位移计，其他位移计布置相同，此外夹心剪力墙暗柱的预埋螺栓孔上部的受力纵筋上布置若干应变片。

5.4　结构试验结果分析

5.4.1　水平力-位移曲线

各工况加载得到的滞回曲线如图 5-19 所示，不同试件的滞回曲线存在显著差异。DPS-1～DPS-4 试件加载完成，未见损伤或开裂，对比 DPS-1 和 DPS-3 试件可知，竖缝处耗能摩擦力增大，则滞回曲线捏缩现象减弱，结构每个滞回圈耗能显著增大，加卸载刚度和承载力都增大，但结构每个滞回圈的残余变形也增大，这是由于结构左右墙体间的摩擦力增大，协同性能增强。对比 DPS-1 和 DPS-4 试件可知，水平缝处耗能摩擦力增大，则滞回曲线捏缩现象减弱，结构滞回耗能稍有增大，初始刚度无明显差异，但是承载力显著增大，同时结构每个滞回圈的残余变形增大，这是由于水平缝处耗能摩擦力增大导致了结构左墙和右墙水平缝的开合刚度增大。对比 DPS-2 和 DPS-3 试件可知，预应力对初始刚度影响不大，但随着预应力的增大，卸载刚度增大，承载力增大，捏缩加剧，残余变形增大，这是由于预应力显著增大了结构的自复位能力。对比 DPS-2 和 DPS-5 试件可知，DPS-5 试件为干式刚性连接，初始刚度和承载力显著增强，卸载刚度小，残余变形较大，而且在位移角达到 0.02 时，结构已发生较为严重的破坏，承载力开始下降，同等条件下采用耗能连接的 DPS-2 试件仍具有稳定的承载力和较好的延性。比较 DPS-5 和 WPS 试件可以看出，两个结构的滞回曲线基本吻合，说明两者的抗震性能差别不大；DPS-5 试件由于接缝存在，刚度稍有降低，但由于每层水平缝和竖缝连接部位有所增强，因此承载力稍有提高，且破坏位移有所延迟，承载力下降较慢。

DPS-1～DPS-4 模型骨架线呈现明显的二折线，这是摩擦耗能的典型特点，由于摩擦装置分别布置在不同位置，因此承受的内力不同，初始加载时，随着结构侧移的增大，各摩擦装置逐渐开始摩擦滑移发挥作用，当所有摩擦装置都开始发挥作用时，承载力开始趋于平缓，但是预应力筋的预应力会随着侧移的增大而不断增大，因此承载力会稍有增加。DPS-5 模型和 WPS 模型的刚度和承载力都显著高于摩擦耗能连接的结构。增设的摩擦耗能元件，一方面可降低结构刚度，另一方面可耗散地震能量并延缓主体结构遭受损伤。

图 5-20 所示为各模型层间位移的滞回曲线。需要强调的是，这里的每层位移 Δ_i（层间位移角 θ_i）均为有害位移，有害位移是导致结构破坏的主要因素[13]，特别是对于下部弯曲变形造成的非线性同样会导致上部层间位移的非线性变化。有害位移为该层的层间位移减去该层的非受力层间位移，该层的非受力层间位移是由于下层层间位移产生的转角导致的该楼层的刚体转动而产生。

对比图 5-19 和图 5-20 可知，各结构底层的滞回曲线与总的滞回曲线形状相同，虽然摩擦力不同，但是各个结构的侧向变形主要集中在首层，二层和三层依次减

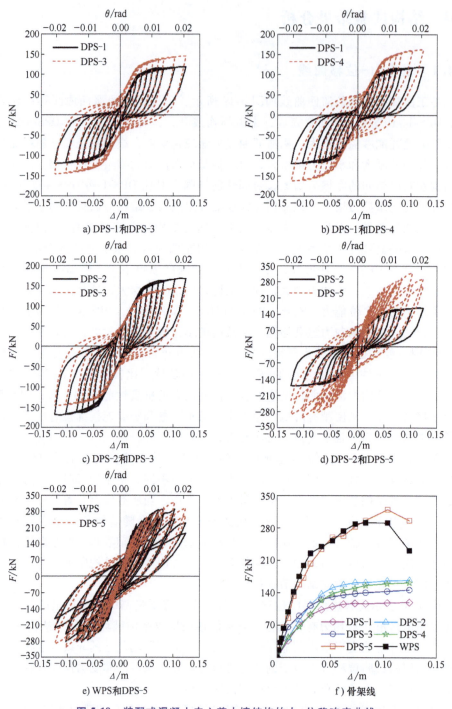

a) DPS-1和DPS-3

b) DPS-1和DPS-4

c) DPS-2和DPS-3

d) DPS-2和DPS-5

e) WPS和DPS-5

f) 骨架线

图5-19 装配式混凝土夹心剪力墙结构的力−位移响应曲线

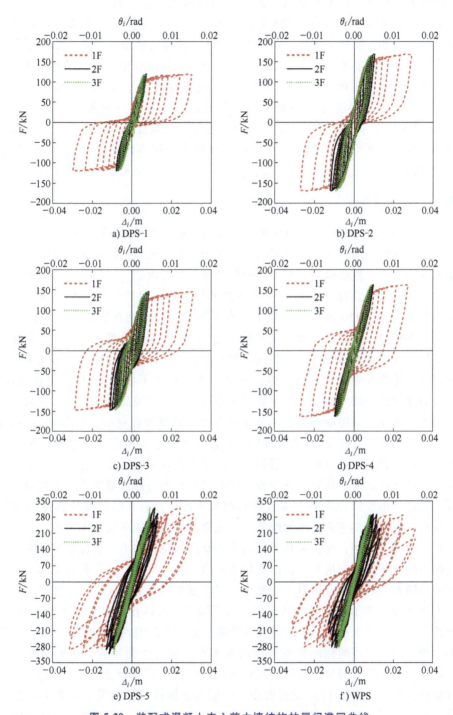

图 5-20 装配式混凝土夹心剪力墙结构的层间滞回曲线

小。DPS-1 和 DPS-4 模型上部两层的滞回曲线接近，而且都近似呈线性，耗能较少，通过分析试验参数可知，DPS-1 和 DPS-4 模型的竖缝处耗能摩擦力小，导致竖缝错动时二层和三层耗能较小。DPS-2 和 DPS-3 模型的竖缝处耗能摩擦力增大，二层和三层滞回环耗能增加。只有底层的水平缝在试验过程中张开，因此对比 DPS-1 和 DPS-4 模型可以发现，改变水平缝处的耗能摩擦力，并未对二层和三层的耗能产生影响，增大水平缝处的耗能摩擦力只是增大了底层的耗能。对比 DPS-2 和 DPS-3 模型可知，提高预应力可以提高减小各层的残余变形和承载力，但是各层的滞回环捏缩现象更严重。比较 DPS-5 和 WPS 结构各层滞回曲线可知，干式和湿式连接的差别不大，耗能主要集中在底层，二层次之，三层最小，基本保持弹性。

5.4.2　破坏形态

图 5-21 所示为 DPS-5 和 WPS 模型在加载完成时的裂缝分布，两个结构的南墙和北墙裂缝分布基本一致，这是因为结构完全对称。两个刚性连接的结构都依靠塑性变形耗能，底层耗能最多，塑性变形最严重，二层次之，三层最小，结构在试验过程中三层未出现裂缝，表明三层在加载过程中基本保持弹性。对于 WPS 模型，在位移角不超过 1/150 的加载过程中，水平裂缝首先出现在底层端部暗柱的中下部，随着侧移增大，裂缝出现位置不断向上和向下扩展，直到出现在该层顶部，且在此过程中伴随着裂缝在夹心壁斜向延伸发展。后浇部位在初期并未出现裂缝，在与预制部位接缝处先出现裂缝。继续加载，在位移角不超过 1/60 的加载过程中，底层的裂缝继续加密并向斜下方延伸穿过中部暗柱，同时后浇混凝土区也出现了裂缝。在此过程中，二层端部暗柱也开始出现水平裂缝并在夹心部位延伸为斜裂缝。继续加载至位移角达到 1/50 的过程中，底层角部混凝土被压溃，结构的承载力开始下降。最终裂缝向上发展至二层顶部，三层未出现裂缝，且在底层与二层的接缝部位，二层只在端部暗柱处出现裂缝，中部暗柱和夹心部位底部并未出现裂缝，经分析发现这是由于结构在夹心部位竖向钢筋不连接，只在暗柱部位连接传力造成的，结构呈现出明显弯曲变形的性质，主要靠近边缘部位承受拉压应力。

对于 DPS-5 模型，在位移角不超过 1/150 的加载过程中，首先水平裂缝出现在底层端部暗柱的连接钢板上部，出现位置不断上移，直到出现在底层顶部，且在此过程中伴随着裂缝向前发展至夹心壁中，裂缝基本呈水平发展，中部竖缝两侧的螺栓孔附近在位移角 1/150 时出现了少许水平裂缝。继续在位移角不超过 1/60 的加载过程中，底层的水平裂缝不断延伸并密集，在中部竖缝两侧暗柱上的水平裂缝也密集出现，同时二层两侧暗柱也开始出现水平裂缝并不断延伸，达到靠近二层顶部。此时，可以较为明显地看到底层钢板连接处的内部混凝土开始密集出现裂缝。继续加载至位移角达到 1/50 的过程中，一层角部钢板内部出现了宽度 1cm 左右的裂缝，明显看到角部混凝土被拉脱开，结构承载力迅速下降。摩擦耗能连接结构并无明显的开裂，而刚性连接结构最终被破坏，这体现了摩擦耗能连接的有效性。

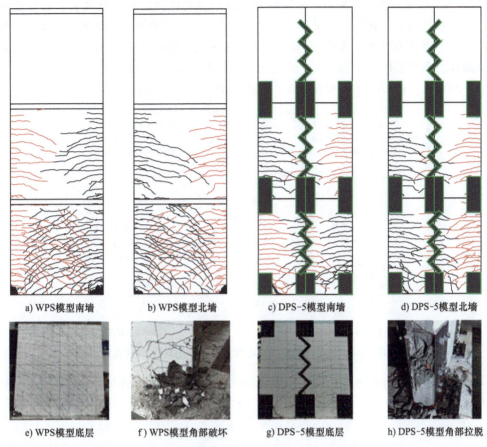

a) WPS模型南墙　　　b) WPS模型北墙　　　c) DPS-5模型南墙　　　d) DPS-5模型北墙

e) WPS模型底层　　　f) WPS模型角部破坏　　　g) DPS-5模型底层　　　h) DPS-5模型角部拉脱

图 5-21　刚性连接装配式混凝土夹心剪力墙结构的破坏形态

5.4.3　耗能能力

为了控制结构的损伤，结构必须要在滞回荷载下可靠地耗散能量，一种评估耗散能量的简便方法就是计算滞回圈的面积。不同模型的每个滞回圈耗能 E_i 和累积耗能 E 如图 5-22 所示。所有模型的每个滞回圈耗能和累积耗能都随着侧移的增大而不断增大，但是增长速度差异明显。具体地，对比 DPS-1 和 DPS-3 可知，增大竖缝连接件的耗能摩擦力，可显著增大每个滞回圈的耗能和累积耗能，可见竖缝连接件耗能在整个结构耗能中占据相当大的比例。对比 DPS-1 和 DPS-4 可知，增大水平缝连接件的耗能摩擦力，在侧移小于 0.07m 时，结构每个滞回圈的耗能有所减小，当结构侧移较大时，水平缝连接件耗能摩擦力大的结构每个滞回圈的耗能显著提高，这是由于结构侧移较小时，DPS-4 结构水平缝连接件耗能摩擦力大，水平缝张开位移较小，因此前期耗能少，累积耗能呈现出类似的规律，当侧移小时，两个结构耗能差异不大，当侧移较大时，DPS-4 结构累积耗能迅速增大。对比 DPS-2

和 DPS-3 可知，预应力越大，结构的每个滞回圈耗能和累积耗能越大，而且随着结构侧移的增大，它们的差距越来越大，这是由于预应力增大了结构滞回曲线的捏缩效应。对比 DPS-5 和 WPS 可知，两个结构在位移角小于 1/50 时，结构的每个滞回圈耗能和累积耗能差别不大，当结构在位移角 1/50 发生破坏时，WPS 模型的耗能不再增大，而 DPS-5 模型在该滞回圈耗能继续增大，体现了结构良好的延性。

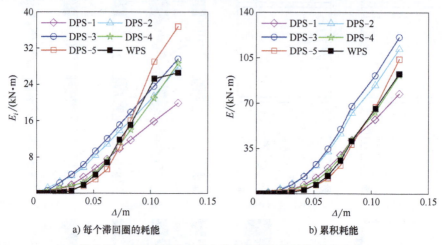

a) 每个滞回圈的耗能　　　　　　b) 累积耗能

图 5-22　装配式混凝土夹心剪力墙结构的耗能-位移曲线

为了进一步分析各个结构的抗震性能，另一种估计耗能的方式是阻尼，等效黏滞阻尼比 ζ_{eff} 为

$$\zeta_{\text{eff}} = \frac{E_i}{2\pi K_{\text{peak}} \Delta_0^2} \tag{5-1}$$

式中，E_i 是每个滞回圈的总耗能，当每个位移幅值循环两次时取平均值；K_{peak} 为正负向位移幅值处的平均割线刚度，如式（5-2）所示；Δ_0 为正负向位移幅值的均值，如式（5-3）所示。式（5-2）和式（5-3）中，Δ_{peak}^+ 和 Δ_{peak}^- 分别为正负向的峰值位移，F_{peak}^+ 和 F_{peak}^- 分别为正负向的峰值荷载，如图 5-23a 所示。

$$K_{\text{peak}} = \frac{F_{\text{peak}}^+ - F_{\text{peak}}^-}{\Delta_{\text{peak}}^+ - \Delta_{\text{peak}}^-} \tag{5-2}$$

$$\Delta_0 = \frac{\Delta_{\text{peak}}^+ - \Delta_{\text{peak}}^-}{2} \tag{5-3}$$

各个模型的等效黏滞阻尼比如图 5-23b 所示，每个模型的等效黏滞阻尼比基本上都随着顶点位移的增大而先减小后增大。WPS 和 DPS-5 结构的阻尼比在各个位移幅值下都非常接近。在顶点位移角为 1/50 时，阻尼比可达到 0.15 左右。采用耗能摩擦连接的结构阻尼比明显高于刚性连接的结构，在侧移角为 1/50 时，摩擦耗能连接结构 DPS-1 ~ DPS-4 的阻尼比为 0.20 ~ 0.25，刚性连接结构的阻尼比约为

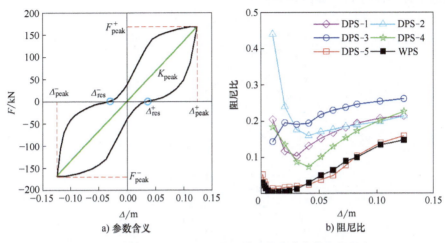

a) 参数含义　　　　　　　b) 阻尼比

图 5-23　装配式混凝土夹心剪力墙结构响应参数和阻尼比

0.15。对比 DPS-1 和 DPS-3 可知，竖缝摩擦力不同的结构，在初始加载时的规律不同，DPS-3 阻尼比持续增大，随后竖缝摩擦力大的 DPS-3 模型比 DPS-1 的阻尼比显著提高。随着顶点位移的增大，两者的增长趋势趋于平缓，最终 DPS-1 模型阻尼比在 0.21 左右，DPS-3 明显接近于 0.25。对比 DPS-1 和 DPS-4 可知，两个模型阻尼比规律相近，初始加载时，都随着位移角的增大迅速降低，DPS-1 在位移角为 1/1500 时阻尼比低至 0.1，DPS-4 模型在位移角为 1/1000 时低至 0.07，随后都随着位移角的增大而逐渐增大且两者越来越接近。DPS-2 模型在初始加载时，阻尼比最大，但随位移角增大迅速降低，位移角在 1/1000 时达到最低值 0.16，随后平缓增大，至 1/50 时的阻尼比在 0.21 附近。总体上看，在位移角超过 1/1000 后，增大竖缝连接件的摩擦力，可增大阻尼比；增大水平连接件的摩擦力，对阻尼比的影响并不显著；增大预应力，降低了模型的阻尼比。

5.4.4　自复位能力

结构在地震作用后不能恢复的变形称为残余变形，残余变形越大越难以修复。对于拟静力试验而言，残余变形必然与滞回荷载的幅值有关，每个滞回圈的残余变形 Δ_{res} 的含义如图 5-23a 所示。由于残余变形是一个绝对指标，对于不同的结构和不同的加载幅值，不便对比。相对自定心率（RSE）是一个衡量结构自复位能力的相对指标[14]，其具有更明确的含义是指结构可恢复的变形占加载幅值的比例，如式（5-4）所示。从 RSE 的定义可知，RSE 越大，残余变形越小，结构的自复位能力越强。

$$RSE = 1 - \frac{\Delta_{res}^+ - \Delta_{res}^-}{\Delta_{peak}^+ - \Delta_{peak}^-} \tag{5-4}$$

每个滞回圈的 RSE 如图 5-24 所示。

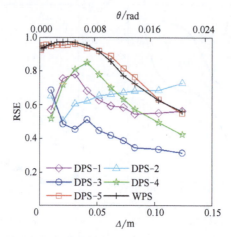

图 5-24　装配式混凝土夹心剪力墙结构自复位能力

除较大预应力的 DPS-2 结构，其他摩擦耗能连接结构的自复位能力都比刚性连接结构差，DPS-3 和 DPS-4 结构在侧移角为 1/50 时的 RSE 比刚性连接结构分别降低约 45% 和 27%。增大摩擦耗能连接结构中竖缝连接件的摩擦力，可提高相邻墙体的整体性和协同性，增大结构的耗能和承载力，但是同时也增大了结构的残余变形，结构 DPS-3 竖缝连接件的摩擦力为结构 DPS-1 的 2.5 倍，在侧移角为 1/50 时结构 DPS-3 的 RSE 比结构 DPS-1 降低约 45%。结构 DPS-2 由于预应力较大，自复位能力明显增强，相比其他摩擦耗能连接结构，该结构的 RSE 在较大侧移时保持稳定且稍有增加；结构 DPS-2 的预应力为结构 DPS-3 的 1.5 倍，在侧移角为 1/50 时结构 DPS-2 的 RSE 约为结构 DPS-3 的 2.3 倍。其他各结构在侧移角大于 1/1500 时，RSE 都随着侧移的增大而逐渐降低。

5.5　本章小结

本章设计了采用干式刚性连接和耗能连接的装配式混凝土夹心剪力墙试件 CSW6 和 CSW7、采用湿式连接和干式连接的装配式混凝土夹心剪力墙结构 WPS 和 DPS。其中，在干式连接的装配式混凝土夹心剪力墙结构中分别考虑了采用刚性连接和新型摩擦耗能连接的方案；对各装配式混凝土夹心剪力墙墙体和结构分别进行拟静力试验，从破坏模式、滞回性能、刚度退化、延性和耗能能力等方面对比研究了各墙体和结构的抗震性能，得到如下主要结论：

（1）试件 CSW6 的水平缝处和试件 CSW7 的竖缝处分别采用了焊接型钢连接，该连接可有效传递内力，实现刚性连接，且避免现场湿作业，施工质量容易保证，效率较高。

（2）试件 CSW6 的竖缝处采用摩擦连接件，与现浇剪力墙试件 CSW5 相比，试件 CSW6 的初始刚度降低约 25%，位移延性提高至约 3.5，承载力和耗能能力差别不大；试件 CSW7 的水平缝处采用耗能钢筋连接，与现浇剪力墙试件 CSW5 相比，试件 CSW7 的初始刚度降低约 25%，位移延性提高至约 4.4，但相同侧移下的耗能有所降低；试件 CSW6 与 CSW7 的阻尼比规律相似，在初始加载时，阻尼比随着侧移的增大而逐渐减小，屈服点后阻尼比随着侧移的增大而逐渐增大，在侧移角为 1/40 时阻尼比约为 0.18。

（3）采用湿式和干式连接的刚性连接结构（WPS 和 DPS-5）抗震性能基本一致，在较大的侧向荷载作用下，两个结构依靠塑性损伤耗散能量，阻尼比规律相似，在初始加载时，阻尼比随着侧移的增大而逐渐减小，屈服点后阻尼比随着侧移的增大而逐渐增大；结构的裂缝集中在下部两层，尤其底层最为严重，最终底层角部混凝土被压溃，结构破坏，夹心剪力墙改变了传统剪力墙的剪切破坏模式，只在暗柱部位竖向连接，主要发生弯曲变形和破坏。

（4）摩擦耗能连接结构（DPS-1～DPS-4）在试验结束时仍保持弹性，经合理设计的水平缝和竖缝摩擦连接件可以有效地耗散能量，经合理设计的预应力可以提高摩擦耗能连接结构的承载力和自复位能力。

1）摩擦耗能连接结构的刚度和承载力较刚性连接结构低，但是累积滞回耗能没有降低，甚至超过刚性连接结构；摩擦耗能连接结构的阻尼比较刚性连接结构有显著提高，在侧移角为 1/50 时，刚性连接结构（WPS 和 DPS-5）的阻尼比约为 0.15，而摩擦耗能连接结构（DPS-1～DPS-4）的阻尼比为 0.20～0.25。

2）摩擦耗能连接结构中竖缝处的摩擦连接件主要依靠竖缝两侧墙体的相互错动位移耗散能量，合理增大竖缝连接件的摩擦力，可提高相邻墙体的整体性和协同性，增大结构的耗能和承载力；摩擦耗能连接结构中水平缝处的摩擦连接件主要依靠底层水平缝在地震作用下的开合位移耗散能量，合理增大水平缝连接件的摩擦力，可增大水平缝开合刚度、结构的耗能和承载力。

本章参考文献

[1] 王墩，吕西林．预制混凝土剪力墙结构抗震性能研究进展［J］．结构工程师，2010，26（6）：128-135.

[2] 王维，李爱群，贾洪，等．预制混凝土剪力墙结构振动台试验研究［J］．华中科技大学学报（自然科学版），2015，43（8）：12-17.

[3] KURAMA YC. Seismic design of unbonded post-tensioned precast concrete walls with supplemental viscous damping［J］. Structural Journal，2000，97（4）：648-658.

[4] RESTREPO J I，RAHMAN A. Seismic performance of self-centering structural walls incorporating energy dissipators［J］. Journal of Structural Engineering，2007，133（11）：1560-1570.

[5] 吕西林，武大洋，周颖．可恢复功能防震结构研究进展［J］．建筑结构学报，2019，40

（2）：1-15.

［6］ DOWDEN D M, CLAYTON P M, L I C H, et al. Full-scale pseudo dynamic testing of self-centering steel plate shear walls［J］. Journal of Structural Engineering, 2015, 142（1）：04015100.

［7］ LU X, DANG X, QIAN J, et al. Experimental study of self-centering shear walls with horizontal bottom slits［J］. Journal of Structural Engineering, 2017, 143（3）：04016183.

［8］ 薛伟辰，杨佳林，董年才，等. 低周反复荷载下预制混凝土夹心保温剪力墙的试验研究［J］. 东南大学学报（自然科学版），2013，43（5）：1104-1110.

［9］ 张延年，李恒，刘明，等. 现场发泡夹心墙抗震抗剪承载力性能研究［J］. 土木工程学报，2011，44（6）：18-25.

［10］ 钱稼茹，韩文龙，赵作周，等. 钢筋套筒灌浆连接装配式剪力墙结构三层足尺模型子结构拟动力试验［J］. 建筑结构学报，2017，38（3）：26-38.

［11］ 陈建伟，苏幼坡. 预制装配式剪力墙结构及其连接技术［J］. 世界地震工程，2013（1）：38-48.

［12］ 李爱群，王维，贾洪，等. 预制钢筋混凝土剪力墙结构抗震性能研究进展（Ⅰ）：接缝性能研究［J］. 防灾减灾工程学报，2013（5）：600-605.

［13］ 邓明科，梁兴文，辛力. 剪力墙结构基于性能抗震设计的目标层间位移确定方法［J］. 工程力学，2008，25（11）：141-148.

［14］ SIDERIS P, AREF AJ, FILIATRAULT A. Quasi-static cyclic testing of a large-scale hybrid sliding-rocking segmental column with slip-dominant joints［J］. Journal of Bridge Engineering, 2014, 19（10）：04014036.

第6章 装配式混凝土夹心剪力墙结构的 力学性能分析与评估

本章首先对第 5 章的装配式混凝土夹心剪力墙试件建立精细化有限元模型并进行数值模拟分析和对比，并分析连接件对墙体性能的影响；然后采用简化有限元模型[1]对第 5 章的新型装配式混凝土夹心剪力墙结构进行数值模拟，并与试验结果进行对比分析，还对影响摩擦耗能连接装配式混凝土夹心剪力墙结构抗震性能的因素进行分析研究；最后对摩擦耗能连接装配式混凝土夹心剪力墙结构进行力学分析，为进一步提出设计方法奠定基础。

6.1 墙体数值模拟分析研究

6.1.1 数值模拟对比分析

首先采用第 4 章的精细化有限元模型建模方法，对第 5 章的装配式构件 CSW6 和 CSW7 进行数值模拟对比。材料强度取试验实测值，不考虑钢筋和混凝土之间的粘结滑移，将钢筋单元直接嵌入混凝土单元中。在模型 CSW6 中，试验未观察到底梁中预留的 WHS 型钢的滑移，因此在数值模型中为简化计算，将 WHS 型钢下部嵌入底梁中，不考虑型钢与混凝土之间的摩擦滑移。

两个试件中的夹心剪力墙、底梁、加载梁、螺栓、SRS 连接件和 WHS 型钢均采用三维实体单元 C3D8R 进行模拟。所有内部钢筋采用三维两节点线性桁架单元 T3D2 进行模拟。特别地，CAF 连接件钢板两端具有摩擦片，当钢板轴向力小于摩擦力，钢板产生弹性变形，当钢板轴向力大于摩擦力，摩擦片产生摩擦滑移，因此采用桁架单元 T3D2 模拟，桁架单元采用理想弹塑性模型，弹性模量、横截面面积和屈服荷载等均根据 CAF 连接件确定。在装配式试件中的界面接触采用通用接触模拟，法向接触定义为硬接触，接触面之间接触时可传递无限大小的压应力，无接触时可发生分离，相互之间无约束；切向应力采用库伦摩擦系数来反映接触面之间的摩擦力。

为简化计算，将加载梁和底梁设置为弹性。边界条件与试验相同，采用水平单向加载。装配式试件 CSW6 和 CSW7 计算时设置了三个分析步，第一步设支座边界条件和接触面的接触，第二步施加竖向荷载，第三步施加水平单向荷载。

按上述步骤建立的有限元模型如图 6-1 所示（以 CSW6 为例）。CSW6 模型结点总数为 39007，单元总数为 25773，其中 C3D8R 单元总数为 23581，T3D2 单元总数为 2192。

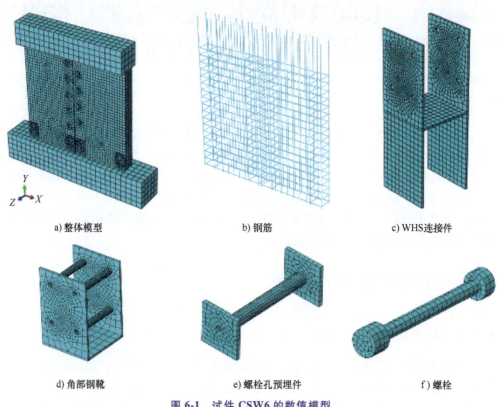

a) 整体模型　　　　　　　　　b) 钢筋　　　　　　　　　c) WHS 连接件

d) 角部钢靴　　　　　　　　　e) 螺栓孔预埋件　　　　　　　　　f) 螺栓

图 6-1　试件 CSW6 的数值模型

有限元数值仿真得到水平力-位移骨架曲线如图 6-2 所示。与试验骨架曲线对比可以看出，数值模拟基本可以反映试件的承载力变化，弹性上升段、屈服平台段和承载力下降段变化规律基本一致。但是，试件数值模拟的弹性刚度比试验值大，分析后发现一方面可能是由于模拟过程中未考虑钢筋与混凝土之间的滑移，另一方面是由于试验过程中的边界条件与数值模拟的理想边界存在差异。

试件 CSW6 和 CSW7 的混凝土压缩损伤分布图、拉伸损伤分布图与试件裂缝分布图对比如图 6-3 所示。由于数值仿真采用单调加载，因此压缩损伤呈单侧分布，压缩损伤分布与试验结束时试件单侧的混凝土压溃脱落区域分布趋势相同。单侧分布的混凝土拉伸损伤与试验结束时试件单侧的混凝土裂缝分布趋势较为接近，但由于数值模拟未考虑钢筋和混凝土的粘结滑移，因此无法精确反映裂缝分布的疏密程度。

各试件混凝土和钢筋的等效塑性应变图如图 6-4 所示。从图中可以看出，混凝

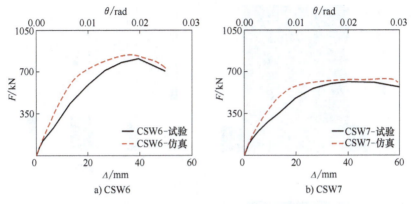

图 6-2　试件 CSW6 和 CSW7 骨架曲线对比

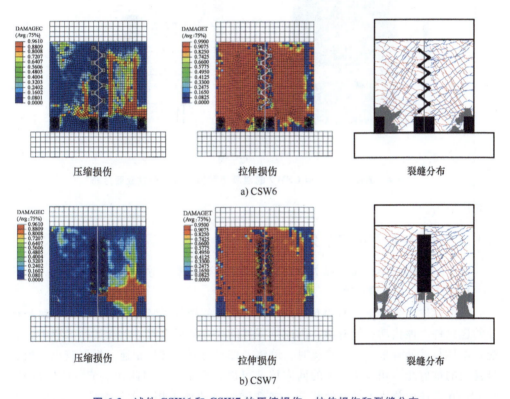

图 6-3　试件 CSW6 和 CSW7 的压缩损伤、拉伸损伤和裂缝分布

土塑性应变分布图与试件的压缩损伤图和试件在试验结束时混凝土压溃脱落区域的分布趋势相吻合。钢筋的等效塑性应变图反映出钢筋笼在加载完成时的塑性累积状态，塑性应变大于 0，表示钢筋屈服。受拉侧钢筋的等效塑性应变普遍较大，且分布趋势与裂缝分布方向一致，反映出混凝土开裂后其承担的拉应力转移至附近钢筋的内在机理。受压侧角部钢筋的等效塑性应变也较大，这反映了混凝土和钢筋共同

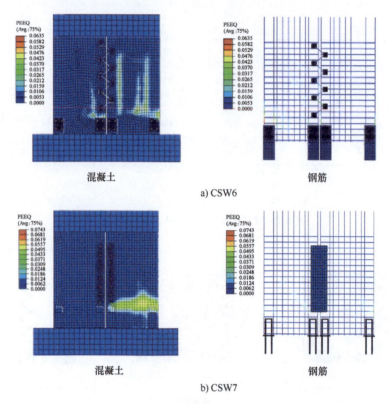

图 6-4　试件 CSW6 和 CSW7 的混凝土和钢筋等效塑性应变分布

承受压应力。

6.1.2　抗震性能影响因素分析

本节对试件 CSW6 和 CSW7 分别采用前文的数值模拟方法进行参数分析。

1. 连接件 CAF 摩擦力

如前所述，分析试件 CSW6 易知，由于试件的加载梁竖缝处未分开，导致竖缝处的连接件摩擦错动耗能有限，因此抗震性能提升效果有限。且在实际工程中，装配式墙体竖缝处若采用干式连接时，墙体上部只有现浇楼板相连，板厚较小，板在竖缝处的抗剪能力相对于墙体的面内抗剪可以忽略不计。因此在本节数值模拟时，将 CSW6 试件加载梁沿竖缝处断开，加载梁竖缝两侧采用"硬接触"模拟相互作用。连接件 CAF 同样采用桁架单元 T3D2 模拟。通过改变桁架单元的面积，模拟连接件 CAF 的摩擦力大小。分别选定桁架单元的面积为 $1\times10^{-5}\,\mathrm{m}^2$、$1\times10^{-4}\,\mathrm{m}^2$、$2\times10^{-4}\,\mathrm{m}^2$、$3\times10^{-4}\,\mathrm{m}^2$、$4\times10^{-4}\,\mathrm{m}^2$ 和 $8\times10^{-4}\,\mathrm{m}^2$，建立 CSW6-V0～CSW6-V5 六个模型，进行单调加载，得到各模型的水平力-位移曲线如图 6-5 所示。

从图 6-5 中可以看出，随着竖缝处连接单元面积的增大，墙体试件承载力和初始刚度不断增大，这表明连接件使得左右连接墙体的整体性和协同性不断增强。但

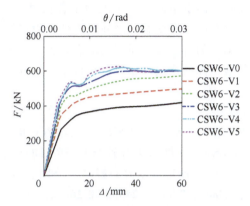

图6-5 CAF连接件摩擦力对试件水平力-位移曲线的影响

是CSW6-V3~CSW6-V5模型的承载力变化曲线十分接近，这是由于竖缝处连接件的面积较大时，墙体已比较接近于整体式墙体，连接件面积的变化影响已不再显著。另外，CSW6-V0~CSW6-V2墙体协同性较差，左右墙体仍以独立承载为主，因此试件的承载力随着侧移的增大而不断增大，在60mm时仍未达到峰值承载力，但是CSW6-V3~CSW6-V5墙体的承载力在加载后期有一定的下降。

图6-6所示为三种不同连接件摩擦力的混凝土拉伸损伤分布。从图中可以明显看出，当连接件面积很小时，连接件作用十分有限，左右墙体接近于独立墙体，拉伸损伤分布基本一致。随着连接件面积的增大，连接件的作用开始不可忽略，左右墙体相互影响，右侧墙体左侧的拉伸损伤要比左侧墙体显著。当连接件面积进一步增大时，连接件的作用进一步增强，两侧墙体的损伤进一步加剧，且右侧墙体左侧的拉伸损伤要比左侧墙体更显著。这表明，竖缝处连接件摩擦力增大试件耗能和提高承载力的同时，也会导致混凝土试件的损伤加剧。

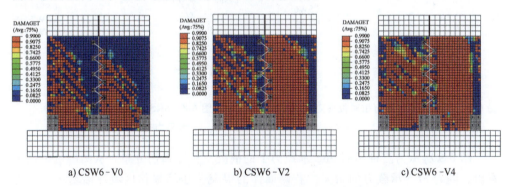

a) CSW6-V0　　　　　　　b) CSW6-V2　　　　　　　c) CSW6-V4

图6-6 CAF连接件摩擦力对混凝土拉伸损伤的影响

图6-7所示为不同连接件摩擦力的连接件轴向相对位移变化规律。连接件轴向相对位移反映了试件中CAF连接件摩擦片的相对摩擦位移大小。将连接件按竖向位置从下往上依次按1~8编号。由于连接件斜向交错布置，因此相邻连接件的拉

压状态不同，其相对位移方向也不同，图中展示了各相对位移的绝对值。实际上，在地震往复作用下，试件侧移左右交替，因此竖缝处相邻连接件的相对位移会出现反转。从图中还可以看出，随着连接件面积的增大，各试件的连接件相对位移都显著减小。另外，各试件最下部的连接件相对位移最小，随着位置向上变化，位移呈现出逐渐增大的趋势。

2. 连接件 SRS 承载力

分析试件 CSW7 易知，水平缝连接件 SRS 的承载力直接影响试件的抗震性能。在本节数值模拟时，将 CSW7 试件水平缝连接件 SRS 同样采用前文的建模方法。通过改变连接件 SRS 的面积，研究承载力的影响。分别选定连接件 SRS 的直径为 14mm、16mm、18mm、20mm、22mm、24mm 和 26mm，建立 CSW7-H1 ~ CSW7-H7 模型，进行单调加载，得到各模型的水平力−位移曲线如图 6-8 所示。

由图 6-8 可知，当 SRS 直径较小时，墙体承载力曲线呈现出明显的二折线分布，这是因为 SRS 承载力较小，上部墙体基本保持弹性，变形和塑性发展主要集中于 SRS 连接件。随着 SRS 直径的增大，墙体试件承载力和初始刚度不断增大。但是 CSW7-H6 ~ CSW7-H7 模型的承载力变化曲线十分接近，这是由于 SRS 的承载力较大时，SRS 不屈服或屈服位移较大，墙体的承载力发展受上部墙体的影响较大，SRS 承载力的变化影响已不再显著。另外，CSW7-H5 ~ CSW7-H7 模型在加载后期墙体混凝土塑性破坏严重，承载力有所下降。

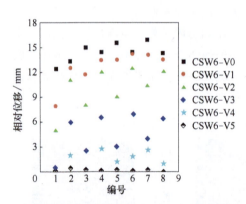

图 6-7 CAF 连接件轴向相对位移变化规律

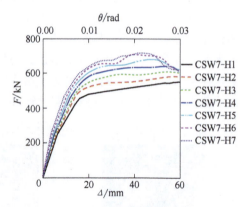

图 6-8 SRS 连接件承载力对试件水平力−位移曲线的影响

图 6-9 所示为三种不同 SRS 承载力下的混凝土压缩损伤分布。从图中可以明显看出，随着 SRS 承载力的增大，右侧墙体的混凝土压缩损伤区域逐渐增大，且左侧墙体上部的损伤也逐渐沿斜对角分布。

图 6-10 所示为三种不同 SRS 承载力下左、右墙体左下角处的抬起高度。从图中可以明显看出，随着 SRS 承载力的增加，墙体下角处的抬起高度都逐渐减小，且左墙体左下角的抬起高度与顶点侧移基本上呈线性关系，右墙体左下角的抬起高

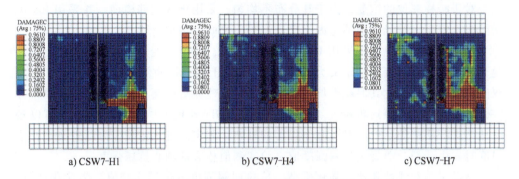

a) CSW7-H1　　　　　　b) CSW7-H4　　　　　　c) CSW7-H7

图 6-9　SRS 连接件承载力对混凝土压缩损伤的影响

度与顶点侧移基本上呈二折线关系，分析后发现这是由于右墙体受压，存在受压区，在较大的侧移时，塑性发展严重，因此受压区高度不断变化，导致右侧墙体左下角在较大侧移时抬起高度基本不变。另外，从图 6-10b 中可以看出，随着 SRS 承载力的增大，二折线的转折处侧移逐渐减小，这是由于 SRS 承载力越大，墙体的受压区高度越大，塑性发展越严重，规律与图 6-9 相同。

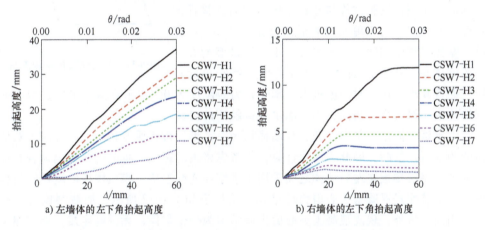

a) 左墙体的左下角抬起高度　　　　　　b) 右墙体的左下角抬起高度

图 6-10　SRS 连接件承载力对墙体下角抬起高度的影响

6.2　结构数值模拟分析研究

6.2.1　数值模拟对比分析

为进一步研究装配式混凝土夹心剪力墙结构的抗震性能，首先采用简化有限元模型建模方法，对第 5 章的装配式混凝土夹心剪力墙结构试验过程进行数值模拟对比。分层壳模型[2-3] 可以较好地模拟剪力墙结构的受力状态。在分层壳模型中，剪力墙沿厚度方向被分为若干混凝土层和钢筋层，分布钢筋采用弥散钢筋层进行模拟。对于暗柱部位的钢筋，由于其分布不均匀，采用离散钢筋模型，并采用 Inserts 功能嵌入混凝土单元，即不考虑钢筋与混凝土之间的粘结滑移。

除约束区外的混凝土采用 Kent-Park 模型[4]，峰值应变取 0.002，混凝土剥离脱落时的应变和强度分别定义为 0.005 和 0。由于夹心板两侧的夹心壁采用了单层双向钢筋网片，因此其混凝土均为非约束材料，建立数值模型时将其合并为单个分层壳单元。对于约束区混凝土，采用 Saatcioglu-Razvi 模型[5-6]进行模拟，可以较好地考虑箍筋的约束效应对混凝土强度的影响。假定混凝土主拉应力超过指定开裂强度时发生开裂，混凝土材料强度取试验实测值相应的轴心抗压强度。

钢筋采用双线性弹塑性强化模型，抗拉屈服强度取试验实测值。为简化计算，假定基础梁和加载梁在加载过程中保持弹性。完全约束基础底面的所有节点的自由度，钢绞线采用桁架单元模拟。

与第 4 章原理相同，竖缝连接件和水平缝连接件的摩擦耗能装置均采用桁架单元进行模拟，本构关系如图 6-11 所示。为保证桁架单元与摩擦连接件的受力和耗能一致，定义桁架单元的屈服力与摩擦片的滑动摩擦力相同，屈服位移与开始摩擦滑移时连接件的弹性变形相同，桁架单元屈服后刚度定义为 0，以保持与摩擦滑移后刚度一致。另外，上、下部装配在一起的墙体在水平接触面竖向自由度采用特殊单元连接，保持其承受压力时刚度极大，承受拉力时刚度为 0。水平自由度采用连接单元刚性约束，保持变形协同，不考虑水平接触面的滑移。

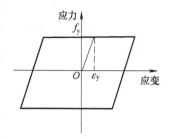

图 6-11　耗能连接件本构关系

由于试验模型为单向加载，且墙体均为一字形，楼板厚度较小，面外刚度对墙体的约束可以忽略。因此为简化计算，不考虑楼板的影响，将前后两片墙体合并进行模拟。每层楼板在左右墙体之间采用水平刚性连杆连接，模拟楼板的刚性隔板作用。新型装配式混凝土夹心剪力墙结构数值模型如图 6-12 所示，加载制度与试验过程相同。另外，现浇混凝土夹心剪力墙结构为一个整体，无拼缝连接，墙体建模方法与装配式结构相同；干式刚性连接的装配式混凝土夹心剪力墙结构各连接件采用刚度较大的桁架单元代替，以模拟无摩擦滑移的连接形式。

按照上述的数值建模方法，对各试验工况进行模拟分析，数值模拟得到的滞回曲线与试验数据的对比如图 6-13 所示。由图可知，数值模拟的结果与试验结果总体上吻合较好，说明采用上述建模方法建立的数值模型能有效地反映新型装配式混凝土夹心剪力墙结构在侧向荷载下的响应。

由于结构的对称性，只选择了东墙和西墙的左下角抬起高度的仿真结果，如图 6-14 所示。由图可知，数值模拟得到的墙体左下角抬起高度普遍较大，且最大侧移位置反向加载时，墙体左下角闭合较早，但数值模拟的结果与试验结果总体发展趋势吻合较好，说明采用上述模型建立的数值模型能有效地反映新型装配式混凝

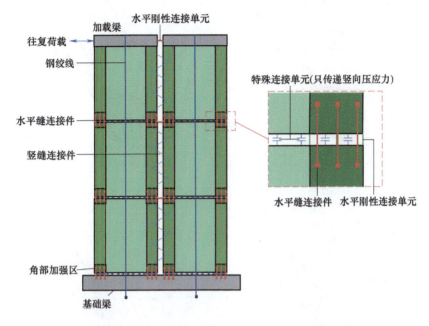

图 6-12 装配式混凝土夹心剪力墙结构数值模型示意

土夹心剪力墙结构在侧向荷载下的发展变化。

摩擦耗能连接结构在试验过程中未观察到明显的开裂，而刚性连接结构最终出现塑性破坏，体现了摩擦耗能连接的有效性。图 6-15 所示为 DPS-5 和 WPS 结构的数值模型在最大侧移时的主应变状态，两者主应变分布区域与裂缝分布（图 5-21）基本一致。在结构拉应变最大的区域，试验过程中观察到裂缝较宽，且在往复拉压后混凝土被压溃，体现了较好的数值模拟效果。

6.2.2 抗震性能影响因素分析

为拓展试验结果，对试验中采用摩擦耗能连接的装配式结构进行参数模拟分析，研究各主要参数对试件抗震性能的影响。

1. 水平缝连接件摩擦力

从试验结果可知，底层水平缝连接件的摩擦力对装配式混凝土夹心剪力墙结构的抗震性能有显著的影响。本节以试验模型 DPS-1 为原型结构，将其底层水平缝连接件的摩擦力缩放 n 倍，保持其他条件不变，得到 HA-Ⅰ 模型（$n=0$）、HA-Ⅱ 模型（$n=1$）、HA-Ⅲ 模型（$n=2$）和 HA-Ⅳ 模型（$n=4$）。同样对各模型进行低周往复加载分析，得到结构的性能指标如图 6-16 所示。

从图 6-16 可知，水平缝连接件摩擦力对结构的弹性刚度影响不大，但是对结构的承载力影响很大，水平缝连接件摩擦力越大，结构承载力越大。水平缝连接件

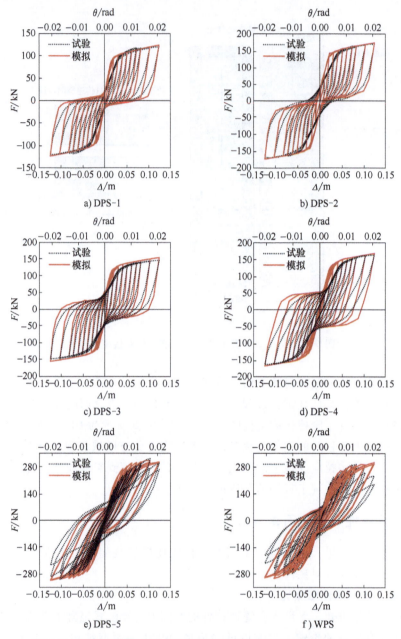

图 6-13　装配式混凝土夹心剪力墙结构的试验与模拟滞回曲线对比

摩擦力对滞回圈累积耗能的影响也十分显著，随着水平缝连接件摩擦力的增大，结构累积耗能在位移角超过 1/100 时迅速提高。但是 HA-Ⅲ模型和 HA-Ⅳ模型的累积耗能差异减小，这是由于水平缝连接件摩擦力过大，导致水平缝的张开刚度增大，水平缝连接件的摩擦耗能增长速度趋于减缓。水平缝连接件摩擦力对等效黏滞阻尼

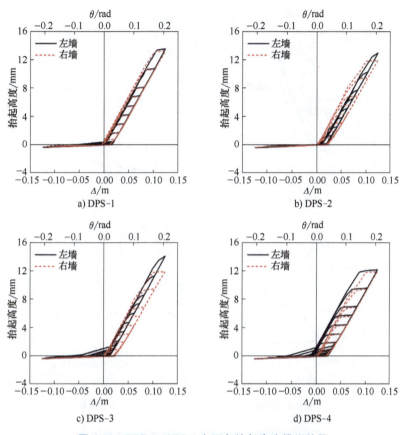

图 6-14 DPS-1~DPS-4 左下角抬起高度模拟结果

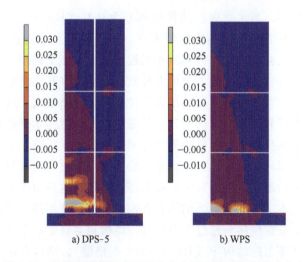

a) DPS-5　　　　　　　　　　b) WPS

图 6-15 刚性连接装配式混凝土夹心剪力墙结构主应变分布

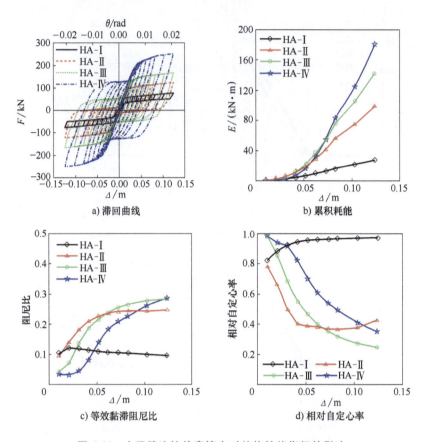

图 6-16　水平缝连接件摩擦力对结构性能指标的影响

比的影响也十分显著，当水平缝连接件摩擦力为 0 时（HA-Ⅰ模型），随结构顶点位移的变化，等效黏滞阻尼比基本保持不变。但是随着水平缝连接件摩擦力的增大，等效黏滞阻尼比在结构顶点位移较小时逐渐减小，在结构顶点位移较大时逐渐增大。且由于水平缝连接件摩擦力的增大导致水平缝的张开刚度增大，等效黏滞阻尼比随着结构顶点位移的增大而开始增大的位移起点逐渐增大。这表明，水平缝连接件摩擦力的增大可有效提高结构的等效黏滞阻尼比，但是水平缝连接件摩擦力过大，可能导致结构在弹性受力阶段的等效黏滞阻尼比不增反降。水平缝连接件摩擦力对结构的自定心能力影响也较大。当水平缝连接件摩擦力为 0 时（HA-Ⅰ模型），随着结构顶点位移的增大，结构自定心能力越来越强，这是由于结构在不同顶点位移下的残余位移基本保持不变。当结构存在水平缝连接件摩擦力时，结构自定心能力大幅降低，特别是在位移角超过 1/100 时，结构相对自定心率都在 0.4 以下。存在水平缝连接件摩擦力的结构中（HA-Ⅱ～HA-Ⅳ模型），结构自定心能力都随着结构顶点位移的增大而迅速降低，这对大震后恢复结构功能是极为不利的。

　　图 6-17 所示为各结构左、右墙体的左下角抬起高度随顶点位移的变化曲线。

各模型中，左、右墙体的左下角基本上保持同步变化，可能是由于竖缝连接件摩擦力较小的缘故。随着水平缝连接件摩擦力的增大，可以明显看到墙肢的最大抬起高度降低，且结构由正向最大位移处反向运动时，墙角保持最大抬起高度的平台段显著增长，这正是结构的水平缝开合刚度增大导致的。当结构的水平缝连接件摩擦力较大（HA-Ⅲ模型和HA-Ⅳ模型），结构顶点位移从正向最大值恢复为0时，墙体左墙下角仍存在不可忽视的残余抬起高度，这是导致结构自定心能力变差的重要原因。

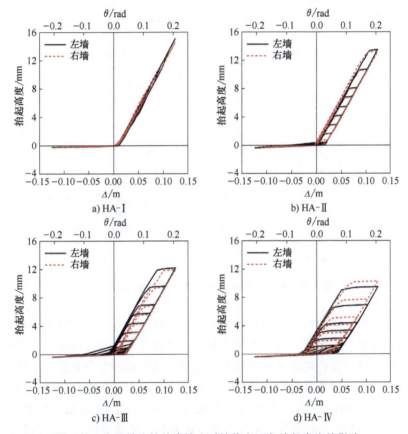

图 6-17　水平缝连接件摩擦力对墙体左下角抬起高度的影响

2. 竖缝连接件摩擦力

从试验结果可知，竖缝连接件的摩擦力对装配式混凝土夹心剪力墙结构的抗震性能也有显著的影响。本节以试验模型 DPS-3 为原型结构，将其竖缝连接件的摩擦力缩放 n 倍，保持其他条件不变，得到 VA-Ⅰ 模型（$n=0$）、VA-Ⅱ 模型（$n=0.5$）、VA-Ⅲ 模型（$n=1$）和 VA-Ⅳ 模型（$n=2$）。同样对各模型进行低周往复加载分析，得到结构的性能指标如图 6-18 所示。

从图 6-18 可知，竖缝连接件摩擦力对结构的刚度和承载力影响很大，竖缝连

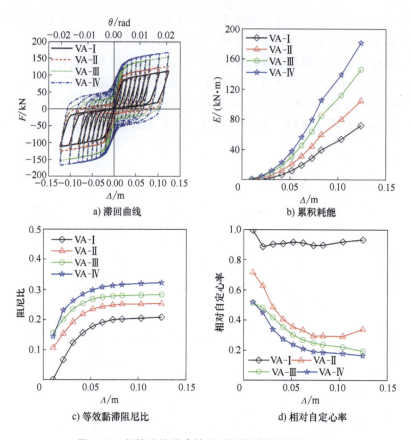

a) 滞回曲线

b) 累积耗能

c) 等效黏滞阻尼比

d) 相对自定心率

图 6-18 竖缝连接件摩擦力对结构性能指标的影响

接件摩擦力越大，结构的刚度和承载力越大。竖缝连接件摩擦力对滞回圈累积耗能的影响也十分显著，竖缝连接件摩擦力越大，竖缝连接件的耗能越多，结构累积耗能也越大。竖缝连接件摩擦力对等效黏滞阻尼比的影响也十分显著，随着竖缝连接件摩擦力的提高，等效黏滞阻尼比增大。在结构顶点位移较小时等效黏滞阻尼比较小，随着顶点位移的增大，等效黏滞阻尼比逐渐增大，但是结构在位移角超过1/100时等效黏滞阻尼比基本上保持不变。这表明，竖缝连接件摩擦力的增大可有效增大结构的等效黏滞阻尼比。竖缝连接件摩擦力对结构的自定心能力影响也较大。当竖缝连接件摩擦力为0时（VA-Ⅰ模型），随着结构顶点位移的增大，结构自定心能力基本保持不变。当结构存在竖缝连接件摩擦力时，结构自定心能力大幅降低，特别是在位移角超过1/100时，结构相对自定心率都在0.3以下。在存在竖缝连接件摩擦力的结构中（VA-Ⅱ～VA-Ⅳ模型），结构自定心能力都随着结构顶点位移的增大而迅速降低，这对大震后恢复结构功能是极为不利的。

图 6-19 所示为各结构左、右墙体的左下角抬起高度随顶点位移的变化曲线。竖缝连接件摩擦力越大，左、右墙体的左下角抬起高度差异越大。随着水平缝连接

件摩擦力的增大，可以明显看到右墙体的左下角最大抬起高度降低，且结构由正向最大位移状态反向运动时，右墙体的左下角保持最大抬起高度的平台段显著增长，而左墙体的左下角变化规律相反。当结构的水平缝连接件摩擦力较大时（VA-Ⅲ模型和VA-Ⅳ模型），结构顶点位移从反向最大位移恢复为0的过程中，左墙体的左下角会受到右墙的牵连作用，较早发生竖向抬起，而右墙由于左墙的牵连，左下角发生竖向抬起的顶点侧移被向后推迟，这也反映出结构自定心能力变差。

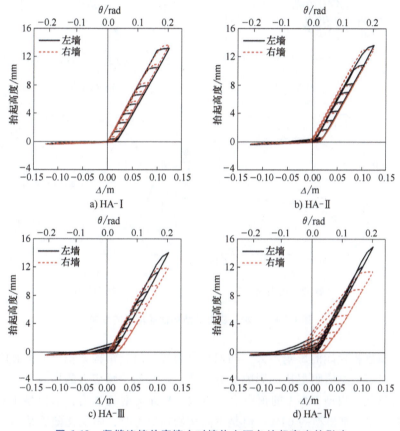

图 6-19 竖缝连接件摩擦力对墙体左下角抬起高度的影响

3. 初始预应力

从试验结果可知，预应力对装配式混凝土夹心剪力墙结构的抗震性能也有显著的影响。本节以试验模型 DPS-3 为原型结构，将其预应力筋的初始预应力缩放 n 倍，保持其他条件不变，得到 PA-Ⅰ模型（$n=3$）、PA-Ⅱ模型（$n=2$）、PA-Ⅲ模型（$n=1$）和 PA-Ⅳ模型（$n=0$）。同样对各模型进行低周往复加载分析，得到结构的性能指标如图 6-20 所示。

从图 6-20 可知，初始预应力对结构的初始刚度影响不大，但是对承载力和残余变形影响很大，初始预应力越大，结构的承载力越大，残余变形越小。初始预应

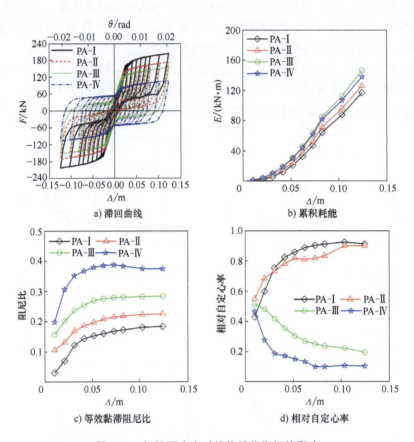

图 6-20　初始预应力对结构性能指标的影响

力对滞回圈累积耗能的影响不大，初始预应力较大时，结构累积耗能稍有降低。初始预应力对等效黏滞阻尼比的影响十分显著，随着初始预应力的提高，等效黏滞阻尼比显著降低，模型 PA-Ⅰ 的预应力为模型 PA-Ⅲ 模型的 3 倍，而模型 PA-Ⅰ 的阻尼比为模型 PA-Ⅲ 模型的 64%。但是不同初始预应力时，阻尼比随着结构顶点位移的变化趋势相同，在结构顶点位移较小时等效黏滞阻尼比较小，随着顶点位移的增大，等效黏滞阻尼比逐渐增大；在结构在位移角超过 1/100 时等效黏滞阻尼比基本上保持不变。这表明，增大初始预应力会降低结构的等效黏滞阻尼比。初始预应力对结构的自定心能力影响也较大。对比初始预应力较大的结构（模型 PA-Ⅰ 和模型 PA-Ⅱ）与初始预应力较小的结构（模型 PA-Ⅲ 和模型 PA-Ⅳ），自定心能力存在显著差异，随着顶点位移的增大，前者的自定心能力逐渐增大，后者的自定心能力逐渐降低。从滞回曲线可以看到，由于初始预应力主要影响了耗能旗帜曲线的升降，因此存在一个合理的初始预应力值可提供结构足够的自复位能力，同时可使得结构的黏滞阻尼比保持较高的水平。

图 6-21 所示为各结构左、右墙体的左下角抬起高度随顶点位移的变化曲线。初始预应力越大，左墙下角最大抬起高度越小。随着初始预应力的增大，可以明显看到，在结构由正向最大位移处反向运动时，右墙体的左下角保持最大抬起高度的平台段显著增长。当结构的初始预应力较小时（模型 PA-Ⅲ 和模型 PA-Ⅳ），结构顶点位移从反向最大位移恢复为零的过程中，左墙体的左下角会受到右墙的牵连作用，较早发生竖向抬起；结构顶点位移从正向最大位移恢复为零的过程中，右墙体会受到左墙的抵抗作用，右墙体的左下角抬起高度会较晚恢复，这也反映出结构残余位移增大。

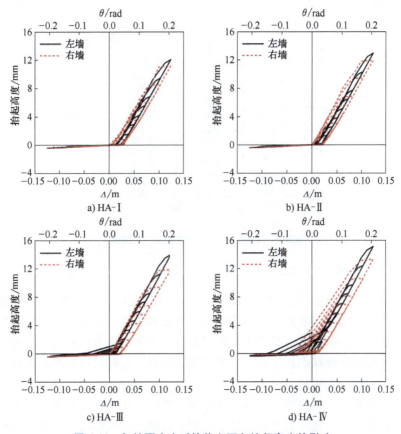

图 6-21　初始预应力对墙体左下角抬起高度的影响

6.3　摩擦耗能连接装配式结构力学性能评估

以上试验结果表明，摩擦耗能连接装配式混凝土夹心剪力墙结构连接体系不同于传统装配式剪力墙结构，具有较为显著的特点，因此有必要对该结构进行力学分析，掌握其力学性能，为进一步提出设计方法奠定基础。

6.3.1 受力分析

典型摩擦耗能连接装配式混凝土夹心剪力墙结构如图 6-22 所示。结构由多个相互连接的墙体组成，主要用于承受竖向荷载和水平荷载。该结构与常规装配式剪力墙结构[7] 相比，在接缝处附加了摩擦耗能连接件，并采用了无粘结后张预应力筋。摩擦耗能连接件提供主要的耗能能力，实现结构在侧向荷载作用下接缝处发生相对位移时摩擦耗能的效果，保护主体结构免受塑性损伤；附加无约束后张预应力筋提供结构的自复位能力，保证结构在设计地震动作用下仍具有较小的残余变形和较强的复位能力。

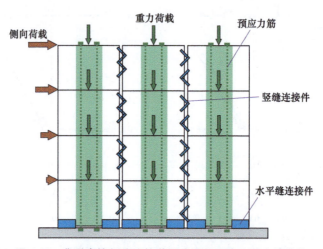

图 6-22　典型摩擦耗能连接装配式混凝土夹心剪力墙结构

取任意一列单夹心剪力墙为例进行力学分析，如图 6-23a 所示。采用以下假定：①墙体只产生面内变形，而不产生面外变形和失稳；②水平地震作用只由楼板上的质量源产生，即水平力只产生于楼层高度处；③预应力筋的应力不超过屈服应力，即始终保持弹性状态；④预应力两端锚固可靠，在受载过程中不失效；⑤墙体下部基础为刚体，无变形。

在较小的侧向荷载作用下，墙底缝隙和竖缝均无相对位移产生，结构只产生弹性变形，此时认为预应力筋无伸长量。在较大的侧向荷载作用下，墙体底部水平缝张开，认为水平缝和竖缝处的连接件同步发生摩擦滑移，此状态为刚度软化点，基础和左右墙体对该墙体产生了摩擦力，同时预应力筋变形伸长提供了恢复力。无粘结预应力墙体的典型基底弯矩和顶点位移滞回曲线如图 6-23d 所示，为旗帜形。水平缝张开时的结构顶点位移为 Δ_f，此时结构的连接件未发生摩擦滑移，该变形为结构的弹性变形，此时的结构抗弯承载力为 M_s，并定义旗帜形的滞回曲线第一段卸载路径中的承载力下降值为 βM_s，其中 β 为能量耗散系数[8]。该结构可分解为纯摩擦连接的装配式结构和无耗能能力的非线性弹性摇摆结构，如图 6-23b 和

图 6-23c 所示。在纯摩擦连接的结构中，水平缝未张开时的结构连接件不发生摩擦滑移，结构只产生弹性变形；由于摩擦连接的特点，结构在发生摩擦滑移后，承载力几乎不发生变化，为 M_f；在卸载过程中，结构自身的弹性变形恢复，摩擦滑移导致的结构刚体侧移无法恢复，滞回曲线如图 6-23e 所示。在无耗能连接的非线性弹性摇摆结构中，水平缝未张开时的连接件不发生摩擦滑移，结构只产生弹性变形；当水平缝即将张开时，初始预应力提供的结构承载力为 M_p，此后认为预应力筋的长度随水平缝的扩展而增长，预应力不断提高，因此结构承载力仍不断增大；当结构卸载时，由摩擦变形导致的刚体位移和结构的弹性变形都恢复，滞回曲线如图 6-23f 所示。由此分析可知，图 6-23e 和图 6-23f 所示的滞回曲线叠加即可得到图 6-23d，则

$$M_s = M_f + M_p \tag{6-1}$$

$$\beta M_s = 2M_f \tag{6-2}$$

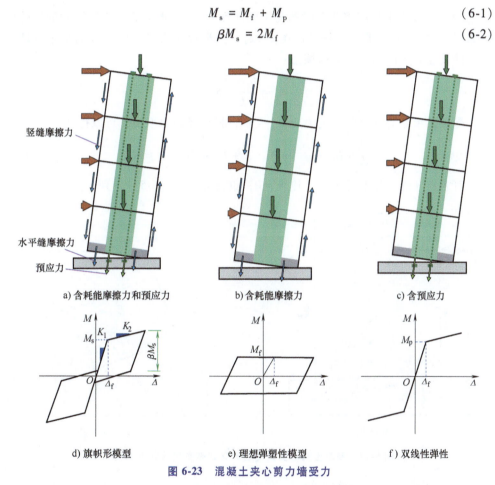

a) 含耗能摩擦力和预应力　　b) 含耗能摩擦力　　c) 含预应力

d) 旗帜形模型　　e) 理想弹塑性模型　　f) 双线性弹性

图 6-23　混凝土夹心剪力墙受力

通过以上力学分析可知，墙体的滞回性能可由初始刚度 K_1、软化后刚度 K_2、软化点承载力 M_s 和能量耗散系数 β 完全确定。假定该墙体为单夹心墙体，且夹心板居中布置，则力学分析滞回曲线所需的各参数计算步骤总结如下：

（1）明确材料属性、结构和连接件的尺寸等。墙体混凝土材料抗压强度 f_c，弹性模量 E_c，墙体总高度 H_w，共 m 层，墙长 L_w，墙厚 t_w，端柱长度均为 L_c，夹心厚度 t_s，第 i 层左、右竖缝的连接件摩擦力 v_i 和 v_i'，水平缝左、右角部连接件的摩擦力分别为 h 和 h'，预应力筋的弹性模量 E_p，预应力筋的无约束长度 L_p，共 n 束预应力筋，其中第 k 束预应力筋的横截面面积 $A_{p,k}$，该束预应力筋的初始预应力为 $p_{0,k}$。

（2）计算结构的竖向和侧向荷载等。第 i 层的重力荷载 G_i，第 i 楼层距离基础顶面的高度 H_i。依据规范[9] 计算第 i 层侧向荷载 F_i 与总基底剪力的比值系数为

$$r_{F_i} = \frac{G_i H_i}{\sum_{j=1}^{m} G_j H_j} \tag{6-3}$$

（3）计算水平缝即将张开时的受压区高度 c [10]。水平缝即将张开时的墙体受力如图 6-24a 所示。假定受压区高度 $c \leqslant L_c$，则近似认为受压区附近的水平缝摩擦连接件仅在非受压部位产生摩擦力：

$$h' = \frac{L_c - c}{L_c} h \tag{6-4}$$

受压区承受的支座竖向反力用 N_c 表示，根据竖向力平衡，可以得到：

$$\sum_{i=1}^{m} (G_i + v_i - v_i') + h + h' + \sum_{k=1}^{n} p_{0,k} = N_c \tag{6-5}$$

可求得 c 值。若求得 $c > L_c$，则 $h' = 0$，重新计算式（6-5）得到 c。

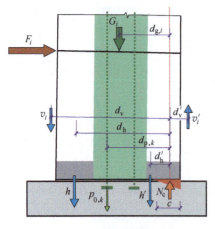
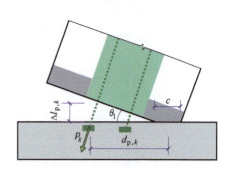

a) 软化状态 b) 极限状态

图 6-24 混凝土夹心剪力墙在软化状态和极限状态的受力

（4）计算软化点的抗弯承载力 M_s 和相应的顶点位移 Δ_f。根据 c 可计算各力到受压区中心的距离，如图 6-24a 所示。对受压区中点力矩平衡，可根据式（6-6）求得抗弯承载力 M_s。由于抗弯承载力与外荷载产生的弯矩平衡，可得式（6-7）。

$$M_s = \sum_{i=1}^{m} (v_i d_v + v_i' d_v') + h d_h + h' d_h' + \sum_{k=1}^{n} p_{0,k} d_{p,k} \tag{6-6}$$

$$M_s = \sum_{i=1}^{m} (F_i H_i - G_i d_{g,i}) \tag{6-7}$$

代入式（6-8）可求得此时的基底剪力 V_s。

$$F_i = r_{F_i} V_s \tag{6-8}$$

根据不同的侧向荷载布置形式（一般采用倒三角荷载分布较为符合实际），由基底剪力 V_s 可求得 Δ_f。

（5）求得能量耗散系数 β。根据力学分析可知，式（6-6）的抗弯承载力由摩擦连接件和预应力筋两部分组成，其中

$$M_f = \sum_{i=1}^{m} (v_i d_v + v_i' d_v') + h d_h + h' d_h' \tag{6-9}$$

由 M_s 和 M_f 根据式（6-2）计算得到 β。

（6）计算软化点后的刚度。依据规范采用顶点位移角 1/50 时为极限状态，即顶点位移 $\Delta_u = 0.02 H_w$。可由式（6-10）得到此时的结构由于刚体转动产生的顶点位移角 θ_1（即除去弹性变形 Δ_f）。此时水平缝附近的受力如图 6-24b 所示。

$$\theta_1 = 0.02 - \frac{\Delta_f}{H_w} \tag{6-10}$$

假定受压区高度 c，则此时的第 k 束预应力筋的伸长量为

$$\Delta l_{p,k} = \theta_1 (d_{p,k} - 0.5c) \tag{6-11}$$

据此预应力筋的长度 L_p 和弹性模量 E_p 可知该束预应力筋的应变和相应的应力，进而得到该束预应力筋的总预应力 p_k。p_k 代替式（6-5）中的 $p_{0,k}$ 即可求得 c。

此时根据式（6-6）可计算抗弯承载力 M_u。由软化点和极限点的抗弯承载力和相应的位移，可由式（6-12）求得其软化点后的刚度 K_2，即

$$K_2 = \frac{M_u - M_s}{\Delta_u - \Delta_f} \tag{6-12}$$

6.3.2　试验对比分析

摩擦耗能连接结构得到的试验曲线较为光滑，要与力学分析的结果比较，并得到定量化的规律以利于结构设计，需要对试验得到的滞回曲线进行简化。分析以上试验结果可知，骨架线和卸载路径都存在较为明显的二折线规律，因此提出如下的方法计算滞回曲线。

1. 求取简化二折线骨架线

采用等能量原理[11]（图 6-25a），由承载力曲线可知初始刚度 K_1，根据简化二折线与实际骨架线上下分别包含的面积 S_1 和 S_2 相等的原则可求得屈服点（Δ_y，

V_y）。本章同样采用该方法简化二折线，简化二折线的初始刚度 K_1，软化点（Δ_f, M_s），软化后的刚度为 K_2。

2. 求 β 值

由上一节分析知，卸载路径刚度同样采用加载二折线刚度。简化卸载曲线第一段的刚度为 $-K_1$，简化卸载曲线第二段的刚度 $-K_2$。如图 6-25b 所示，由于试验得到的每个滞回圈求得的能量耗散系数 β 存在一定的离散性，因此此处也根据等能量原理，取所有滞回曲线包络总面积相等，求取 β 值。

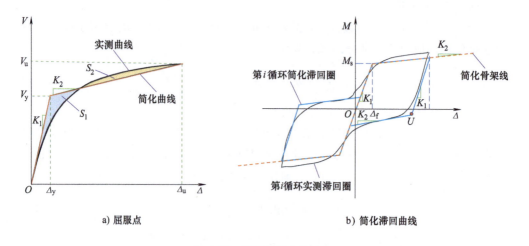

a) 屈服点　　　　　　　　　　　b) 简化滞回曲线

图 6-25　简化滞回曲线求解

3. 求得滞回曲线

得到求取滞回曲线所需的所有参数，即可求得滞回曲线。

将试验结构采用上一节的力学分析方法进行计算，可得到力学分析滞回曲线。试验滞回曲线、简化试验滞回曲线和力学分析滞回曲线汇总如图 6-26 所示。总体来讲，试验滞回曲线与简化试验滞回曲线拟合较好，可较为有效地反映出各结构的加卸载路径，可用于定量化研究试验结构的各项参数指标。力学分析得到的滞回曲线与试验简化存在一定的误差，但是也能反映出结构的受力特点，对于初步估算和设计结构仍具有较好的作用。

表 6-1 汇总了力学分析和简化试验曲线得到的主要参数。从中可以看出，力学分析得到的初始刚度平均误差偏小，而力学分析和简化曲线的初始刚度从图 6-26 来看均偏小。力学分析的软化点后的刚度平均误差偏大。力学分析的软化点承载力均偏大，经分析可知，这是由于试验过程存在预应力损失和混凝土塑性发展导致承载力偏低，能量耗散系数和总耗能的平均误差较小。总体来看，各项参数平均误差都在 15% 以内，表明力学分析方法可有效地反映出结构加卸载过程中的受力和变形特点。

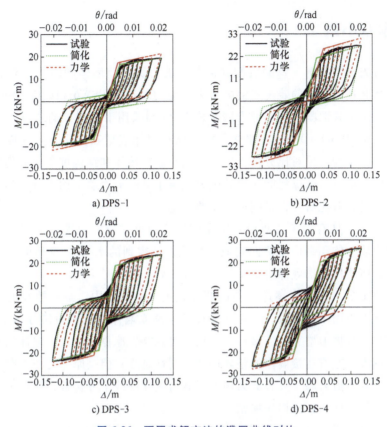

图 6-26 不同求解方法的滞回曲线对比

表 6-1 不同求解方法的主要参数结果对比

参数		模型				平均误差
		DPS-1	DPS-2	DPS-3	DPS-4	
$K_1/(\text{kN/m})$	简化	554.3	963.4	1015.9	673.8	
	力学	685.5	685.5	685.5	685.5	-9.0%
$K_2/(\text{kN/m})$	简化	28.5	57.0	44.3	63.3	
	力学	40.4	59.6	48.5	52.5	9.7%
$M_s/\text{kN}\cdot\text{m}$	简化	16.6	21.2	18.8	20.2	
	力学	17.4	25.7	20.9	22.6	12.4%
β	简化	1.20	1.14	1.28	1.23	
	力学	1.06	0.99	1.22	1.28	-6.4%
总耗能/kN·m	试验(简化)	77.3	111.8	121.0	91.8	
	力学	78.8	79.6	96.5	101.8	-9.3%

6.4　本章小结

本章首先分别对第 5 章的装配式混凝土夹心剪力墙墙体和结构（包括采用干式刚性连接和耗能连接的装配式混凝土夹心剪力墙试件 CSW6 和试件 CSW7、采用湿式连接的装配式混凝土夹心剪力墙结构 WPS 和采用干式连接的装配式混凝土夹心剪力墙结构 DPS-1~DPS-5）建立了精细化有限元模型和简化有限元模型，并进行数值模拟和试验结果对比分析；然后分别对影响墙体和结构抗震性能的因素进行了参数分析；最后对摩擦耗能连接装配式混凝土夹心剪力墙结构进行力学分析，并与试验结果进行对比研究，得到如下主要结论：

（1）三维实体有限元模型和分层壳模型分别可以较好地模拟新型装配式混凝土夹心剪力墙墙体和结构的侧向响应，数值模拟得到的水平力-位移曲线、墙角抬起高度、墙体塑性损伤等都与试验结果匹配较好。

（2）在竖缝处采用摩擦连接件的装配式夹心剪力墙中，当摩擦片的摩擦力很小时，连接件作用十分有限，左右墙体接近于独立墙体，拉伸损伤分布基本一致；随着摩擦片的摩擦力增大，连接件的作用不可忽略，摩擦力越大，墙体的承载力和初始刚度越大，左右连接墙体的整体性和协同性越强；但是摩擦力较大时，墙体已比较接近于普通剪力墙，夹心剪力墙的承载力变化曲线十分接近，摩擦力的影响已不再显著，但试件的塑性损伤加剧。

（3）在水平缝采用耗能钢筋连接件的装配式夹心剪力墙中，当耗能钢筋承载力较小时，上部墙体基本保持弹性，变形和塑性发展主要集中于耗能钢筋连接件，墙体承载力曲线呈现出明显的二折线分布；随着耗能钢筋承载力的增大，墙体承载力和初始刚度不断增大；当耗能钢筋的承载力较大时，耗能钢筋不屈服或屈服位移较大，墙体承载力主要受上部墙体的影响，耗能钢筋的承载力越大，墙体的受压区高度越大，塑性发展越严重。

（4）对于摩擦耗能连接装配式混凝土夹心剪力墙结构，合理增大竖缝处连接件的摩擦力，可提高左右相邻墙体的整体性和协同性；合理增大竖缝处连接件的摩擦力或水平缝处连接件的摩擦力，可以提高结构的耗能、阻尼比和承载力；合理增大初始预应力可以提高结构的承载力和自复位能力，但是结构的阻尼比降低。

（5）力学分析表明，本章的摩擦耗能连接装配式混凝土夹心剪力墙结构结合了摩擦耗能连接结构和无粘结预应力装配式结构的特点，滞回曲线呈旗帜形；调整摩擦力和预应力可以获得具有不同滞回性能的结构，与试验对比分析结果表明，提出的力学分析方法预测结构滞回响应的误差不超过 15%，满足工程设计分析需求。

本章参考文献

［1］ MSC Analysis Research Corporation MSC. MARC Theory and user information ［Z］. Santa Ana, CA：MSC. Software Corporation，2008.

［2］ MIAO Z, YE L, GUAN H, et al. Evaluation of modal and traditional pushover analyses in frame-shear-wall structures ［J］. Advances in Structural Engineering，2011，14（5）：815-836.

［3］ LU X, GUAN H, et al. Collapse simulation of reinforced concrete high-rise building induced by extreme earthquakes ［J］. Earthquake Engineering & Structural Dynamics，2013，42（5）：705-723.

［4］ KENT D C, PARK R. Flexural members with confined concrete ［J］. Journal of the Structural Division，1971，97（7）：1969-90.

［5］ JI X, SUN Y, QIAN J, et al. Seismic behavior and modeling of steel reinforced concrete（SRC）walls ［J］. Earthquake Engineering & Structural Dynamics，2015，44（6）：955-972.

［6］ SAATCIOGLU M, RAZVI S R. Strength and ductility of confined concrete ［J］. Journal of Structural engineering，1992，118（6）：1590-1607.

［7］ 王维，李爱群，贾洪，等. 预制混凝土剪力墙结构振动台试验研究 ［J］. 华中科技大学学报（自然科学版），2015，43（8）：12-17.

［8］ GUO T, WANG L, XU Z, et al. Experimental and numerical investigation of jointed self-centering concrete walls with friction connectors ［J］. Engineering Structures，2018，161：192-206.

［9］ 中华人民共和国住房和城乡建设部. 建筑抗震设计规范：GB 50011—2010 ［S］. 北京：中国建筑工业出版社，2010.

［10］ 中华人民共和国住房和城乡建设部. 混凝土结构设计规范：GB 50010—2010 ［S］. 北京：中国建筑工业出版社，2010.

［11］ Federal Emergency Management Agency. Prestandard and commentary for the seismic rehabilitation of buildings ［R］. Washington，DC：Report FEMA-356，2000.

第7章 装配式混凝土夹心剪力墙结构的抗震设计方法研究

我国现行《建筑抗震设计规范》[1] 采用"三水准设防,两阶段设计"的方法,即通过小震弹性设计、大震弹塑性验算来保证达到"小震不坏、中震可修、大震不倒"的目标。混凝土夹心剪力墙结构作为新型结构,有必要提出与规范相衔接的抗震设计方法,因此本章对普通混凝土夹心剪力墙结构和摩擦耗能连接装配式混凝土夹心剪力墙结构分别提出了相应的抗震设计方法;另外,摩擦耗能连接装配式混凝土夹心剪力墙结构在地震作用后可能产生残余变形,因此还研究了适用于该结构的非线性位移比谱和残余位移比谱,并提出了基于震后可修复性的抗震设计方法。

7.1 基于位移的抗震设计方法

试验结果表明,在装配式混凝土夹心剪力墙结构的水平缝和竖缝中引入摩擦耗能连接件可有效耗散能量,并保护主体结构免受塑性损伤。基于第6.3节的力学分析提出适用于该类结构的基于位移的抗震设计方法。

7.1.1 性能目标

在摩擦耗能连接装配式混凝土夹心剪力墙结构中,由于无粘结后张预应力筋的存在,结构存在不同程度的复位能力。因此,参照自复位结构惯例[2],也采用两种抗震性能水准,设计地震水准的水平地震影响系数定义为罕遇地震水准对应的水平地震系数的 0.5 倍。

在设计地震水准下满足立即使用水准(IO)和在最大地震水准下满足生命安全水准(LS),设计目标如图 7-1 所示。在设计地震水准下,结构的最大位移角 θ_{dle} 和残余位移角 θ_{dr} 需满足 IO 水准。

在罕遇地震水准下,结构的最大位移角 θ_{sle} 和残余位移角 θ_{sr} 需满足 LS 水准,同时还应保证结构不失效,失效包括角部混凝土压溃、预应力筋的屈服、接缝因抗剪承载力不足而出现剪切滑移等。

根据规范[1] 和文献［3］，取设计地震水准下最大位移角限值 $[\theta_{dle}]=1/100$，取罕遇地震水准下最大位移角限值 $[\theta_{sle}]=1/50$，取设计地震水准下最大残余位移角限值 $[\theta_{dr}]=1/500$，取罕遇地震水准下最大残余位移角限值 $[\theta_{sr}]=1/200$。

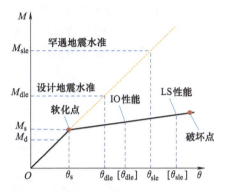

图 7-1　摩擦耗能连接装配式混凝土夹心剪力墙结构的设计目标

7.1.2　设计步骤

摩擦连接装配式混凝土夹心剪力墙结构的详细设计步骤如下：

（1）初步确定结构布置、构件截面尺寸和预应力筋布置等。计算设计水准下的基底剪力 $V_{dle}=\alpha_d G_{eq}$ 和罕遇水准下的基底剪力 $V_{sle}=\alpha_s G_{eq}$，其中 α_d 和 α_s 分别是相应水准的水平地震影响系数[1]。根据式（6-8）可计算不同地震水准下每层的侧向荷载 F_i。弹塑性位移响应可根据等位移假定[2] 由弹性位移响应进行估算。最后验算是否满足相应水准的位移限值，若不满足则调整结构初步设计。

（2）计算设计基底剪力 V_d 和设计基底弯矩 M_d。对设计水准的地震动进行折减，使得结构进入软化阶段，可得到设计基底剪力为

$$V_d = \frac{\alpha_d G_{eq}}{R} \tag{7-1}$$

式中，G_{eq} 为结构等效总重力荷载；R 为结构强度折减系数，按文献［4］取5.5。可由式（7-2）求得基底弯矩 M_d

$$M_d = \sum_{i=1}^{m} r_{Fi} H_i V_d \tag{7-2}$$

（3）初步确定各连接件的耗能摩擦力和各束预应力筋的初始预应力。

（4）根据第6章的力学分析计算软化点抗弯承载力 M_s 和能量耗散系数 β。验算是否满足 $M_s \geqslant M_d$，验算 β 是否在合适范围内（与结构复位能力相关）。若不满足则调整步骤（3）的初始预应力。

（5）设计预应力筋和墙体截面配筋。根据初始预应力、预应力筋安全储备系数（预应力筋的初始预应力与屈服应力的比值）、罕遇水准下预应力不屈服等条件设计各束预应力筋截面。其中，罕遇水准下预应力筋不屈服的估算方法如下：假定在罕遇水准的极限层间位移角时刻最远离受压区的一束预应力筋刚好屈服，根据式（6-12）可计算该束预应力筋伸长量，然后可由式（6-11）得到此时的受压区高度 c，进一步可由式（6-11）求其他各束预应力筋的预应力，即估算出了所有预应力筋应满足的最小屈服荷载。

根据设计基底剪力 V_d 和设计基底弯矩 M_d 对墙体分别进行截面配筋设计，若截面设计无法满足规范，调整步骤（1）。

（6）动力时程分析验算。在设计地震和罕遇地震水准下分别对结构进行动力时程分析，检验结构的各项设计目标是否满足，若不满足则调整步骤（4）。

上述设计步骤的流程图如图 7-2 所示。

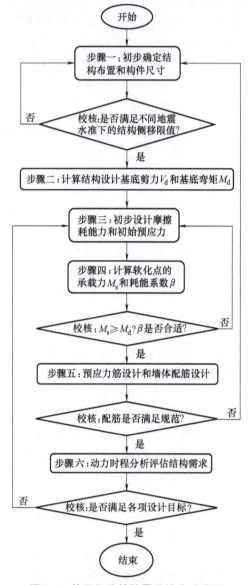

图 7-2　基于位移的抗震设计方法流程

7.1.3　设计算例

本节首先运用试验结果对数值模型进行检验，并进一步设计了多层结构进行动力时程分析。采用 OpenSees 建立数值模型，摩擦耗能连接装配式混凝土夹心剪力墙结构的数值模型如图 7-3 所示。由于试验结构为单向加载，且结构抗侧力构件为两组一字形墙体布置，因此为简化计算，数值模型仅对一组墙体进行模拟，则数值分析得到的承载力加倍即试验结构的整体承载力。

对于混凝土夹心剪力墙，采用分层壳模型[5] 分别对混凝土和钢筋分层进行模拟。混凝土层为多向受力材料，因此采用 nDMaterial Plate From Plane Stress 材料本构模拟。钢筋为单向受力，因此水平向和竖向的分布钢筋分别采用单向钢筋层模拟，均采用 nDmaterial Plate Rebar 材料本构模拟。对暗柱内的受力纵筋，采用材料为 Steel02 的 Truss 单元单独模拟。采用材料为 Steel02 的 Truss 单元模拟预应力钢绞线，并可在该材料中施加初始预应力。在结构顶部添加刚度较大的梁，以利于竖向荷载和水平荷载的均匀施加，对于加载梁和结构自重的模拟，直接在结构顶部施加相应的竖向荷载，水平向的循环往复荷载施加于顶部刚性梁上。与文献［6］中竖缝摩擦连接件的原理相同，对于竖缝和水平缝的摩擦连接件，采用材料为 Steel01 的 Truss 单元模拟，其连接件滑移摩擦耗能的滞回性能可通过控制 Steel01 材料的初始刚度、屈服强度和屈服后刚度实现。

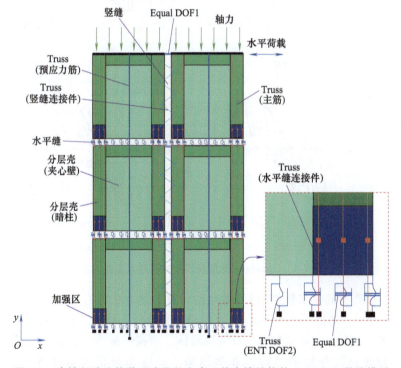

图 7-3　摩擦耗能连接装配式混凝土夹心剪力墙结构的 OpenSees 数值模型

对于水平缝，上下层墙体之间、基础和底层墙体之间加入材料属性为 Elastic-No Tension Material（ENT DOF2）的 Truss 单元实现基础对墙体的竖向反力。限制每层水平缝处连接件的上下层相邻节点的水平向位移相等（Equal DOF1），以避免水平缝产生相对水平滑移。为模拟每层的刚性隔板假定，在每层竖缝的楼板高度处限制相邻接点的水平向位移相等（Equal DOF1）。

　　试验和数值模拟分析可得到各工况下的结构抗弯承载力与顶点位移曲线，如图 7-4 所示。从图中可以看出，数值模拟分析滞回曲线的初始刚度和卸载刚度比试验结果大，这是由于试验构件的接缝不可避免地存在一定的滑移过程，以及结构施工差异，导致整体刚度偏小。但是从整体来看，数值模拟可以较为准确地模拟结构的承载力随位移的发展变化。

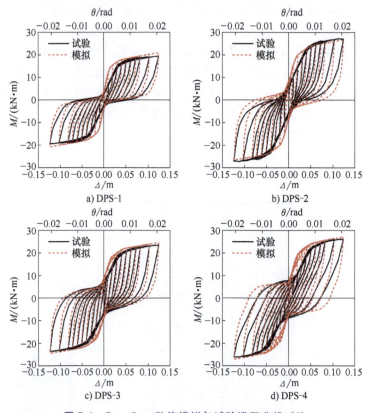

a) DPS-1　　　　　　　b) DPS-2

c) DPS-3　　　　　　　d) DPS-4

图 7-4　OpenSees 数值模拟与试验滞回曲线对比

　　设计一栋典型的 6 层框架-剪力墙结构验算上述方法的有效性。该结构平面布置如图 7-5 所示，每层层高 3.0m。在 x 向仍为普通抗弯框架结构，在 y 向所有框架为重力框架，对其在 y 向增加 6 个自复位墙体。依据规范[1]，设防地震烈度为 8 度（0.2g），设计地震分组第二组，Ⅱ类场地，每层楼面布置恒载 5kN/m²，活载 2kN/m²。经计算，y 向第一周期为 0.728s，y 向总设计基底弯矩为 15150kN·m。单个设计墙体的设计基底弯矩 M_d 为 1/6 倍总设计基底弯矩，即 2525kN·m。设计的墙体仍采用试验中的单组墙体布置形式，左右墙体拼接，含有底部水平缝和中部竖缝，左右墙体分别在中间布置一束预应力筋，预应力筋的屈服强度为 1600MPa。

按规范混凝土采用 C40，钢筋 HRB400 级，按上述步骤设计该结构，设计结果见表 7-1。

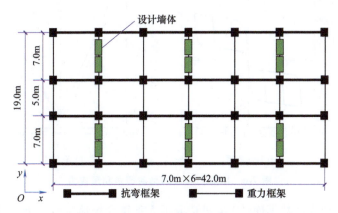

图 7-5　框架-剪力墙结构平面布置图

表 7-1　摩擦耗能连接装配式混凝土夹心剪力墙结构设计结果

参数			设计结果
几何尺寸/m	墙体	长度	3.00
		厚度	0.30
	夹心板	长度	1.50
		厚度	0.15
钢筋	分布钢筋	竖向	Φ 8@ 120
		水平	Φ 8@ 120
	箍筋	加密区布置	Φ 8@ 50
		加密区高度/m	1.20
		其他部位	Φ 8@ 150
单束预应力筋		初始预应力/kN	556
		预应力筋面积/mm^2	695
连接件摩擦力/kN		竖缝连接件	4.5
		外暗柱水平缝	120
		内暗柱水平缝	80

采用 OpenSees 对上述结构建立模型，验证各项指标是否符合要求。另外，由于重力框架不承担侧向荷载，因此梁和柱均采用端部铰接的弹性单元。首先对该设计结构采用倒三角荷载进行低周反复加载，基底弯矩与位移响应关系如图 7-6a 所示，该结构具有完全自复位能力，且 $M_s > M_d$。预应力滞回关系如图 7-6b 所示，由于结构对称，因此左右墙体中的预应力筋响应对称，随着侧移增大，预应力逐渐增大，在层间位移角为 1/50rad 时，预应力约为 1160MPa，仍为弹性，满足设计目标。

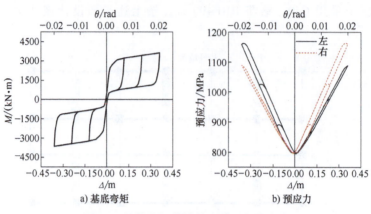

a) 基底弯矩　　　　　　　　b) 预应力

图 7-6　拟静力加载的基底弯矩和预应力

从 PEER 地震波数据库[7] 随机选取了 5 条符合场地条件的天然地震动，以及采用 SeismoArtif 软件[8] 生成 2 条人造地震动，如表 7-2 所示。设计水准下的地震动反应谱如图 7-7 所示，阻尼比取 0.05，在主要周期段的平均反应谱与目标反应谱误差不超过 20%，符合规范[1] 要求。

表 7-2　选取的地震动

编号	地震动名称	时间	震级	站名	分量	PGA/g
GM1	帝王谷地震（Imperial Valley-02）	1940	6.95	El Centro Array #9	ELC180	0.28
GM2	旧金山地震（San Fernando）	1971	6.61	Maricopa Array #2	MA2220	0.10
GM3	迷信山地震（Superstition Hills-02）	1987	6.54	Parachute Test Site	PTS315	0.38
GM4	迷信山地震（Superstition Hills-02）	1987	6.54	Poe Road（temp）	POE360	0.29
GM5	北岭地震（Northridge-01）	1994	6.69	N Hollywood-Coldwater Can	CWC270	0.25
GM6	人造地震（Artificial motion）	—	—			0.40
GM7	人造地震（Artificial motion）	—	—			0.40

采用上述地震动和数值模型对每条地震动进行设计水准和罕遇水准下的动力弹塑性时程分析。结构在各条地震动的设计水准和罕遇水准下得到的最大层间位移角分别如图 7-8a 和图 7-8b 所示，预应力筋在罕遇水准下的预应力最大值如图 7-8c 所示。可以看到，设计水准和罕遇水准下的层间位移角均小于控制值，满足规范要求；需要说明的是，由于设计结构为完全自复位结构，时程分析的

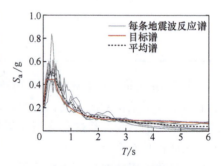

图 7-7　地震动反应谱

残余位移角极小，因此未列出。由上述设计可知，预应力筋的初始预应力为 0.5 倍屈服值，但是罕遇水准下的预应力约为初始预应力的 1.5 倍，仍在弹性范围，因此满足设计要求。

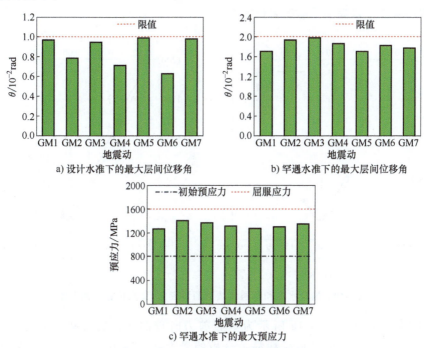

a) 设计水准下的最大层间位移角   b) 罕遇水准下的最大层间位移角

c) 罕遇水准下的最大预应力

图7-8 动力弹塑性时程分析的最大响应

以 GM1 地震动为例，图 7-9 所示为结构在设计和罕遇地震下的各层位移时程曲线。从中可以看出，结构在两水准下的上层侧移响应都大于下层，但各层变化规律一致，这是由于底部张开后，变形主要来源于墙体的转动。罕遇水准下的结构各层最大响应大于设计水准，但是罕遇水准下的各响应峰值均有所延迟，这是由于结构在罕遇水准下刚度有所降低。

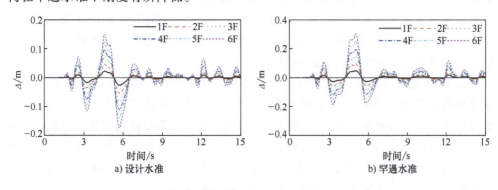

a) 设计水准   b) 罕遇水准

图7-9 各层侧移时程曲线

以 GM2 地震动为例，图 7-10 所示为结构在设计和罕遇地震下的预应力随顶点位移的时程曲线。预应力响应与拟静力响应接近。当结构产生侧移时，预应力增大，基本呈线性增加。可见预应力筋的设计十分关键，应能充分保证结构在大震下仍能保持弹性，以提供足够的复位能力。

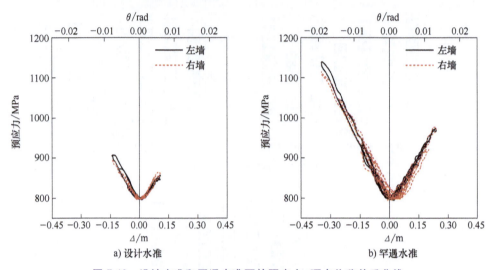

a) 设计水准　　　　　　　　　　b) 罕遇水准

图 7-10　设计水准和罕遇水准下的预应力-顶点位移关系曲线

以 GM3 为例，图 7-11a 所示为基底剪力时程曲线，最大基底剪力在 D1 点（804.5kN），而采用倒三角荷载静力分析的最大基底剪力为 256kN，两者相差极大。图 7-11a 中标出了前五个最大值，分析动力响应的基底剪力产生机理，分别取相应时刻的各层加速度与楼层质量的乘积作为侧向力分析，如图 7-11b 所示。可见静力分布基本为第一模态，而动力作用下的侧向力分布差异巨大。每个侧向力合力作用点如图中实心圆点所示，动力分析的作用力作用点在一二层之间（高度 H_b），而静力分布在四五层之间（高度 H_a）。结构抗弯承载力 M_b 一定，采用静力分析时基底剪力 M_a/H_a，采用动力分析时基底剪力为 M_b/H_b，可见静力分析的基底剪力远小于动力分析，这是不安全的。由于结构进入非线性状态后，刚度降低，周期增长，且高阶模态的影响较大，因此两者的侧向力分布显著不同，导致基底剪力差异较大，这是在设计中需要注意的问题。

以 GM5 地震动为例，图 7-12 所示为结构在设计和罕遇地震下的基底弯矩 M 与顶点侧移 Δ 的关系曲线。从中可以看出，设计和罕遇水准下结构均达到软化点，底部均张开，罕遇水准下的最大侧移和基底弯矩较大，但整体仍满足设计目标。动力分析过程中的荷载分布与静力荷载存在差异，且存在阻尼，因此与静力分析得到的滞回曲线有差异。但是总体来看，两者较为相近，验证了动力分析与静力分析的有效性，这进一步说明了采用基底弯矩进行设计的合理性。

以上动力和静力分析结果表明模型各项响应指标满足设计目标，说明了设计方法的合理和有效性。

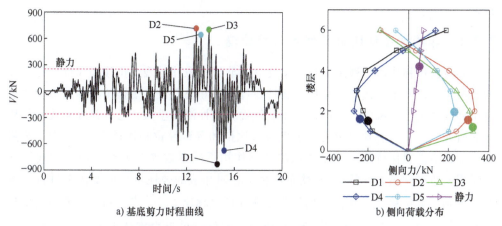

a) 基底剪力时程曲线

b) 侧向荷载分布

图 7-11 基底剪力时程曲线和侧向荷载分布

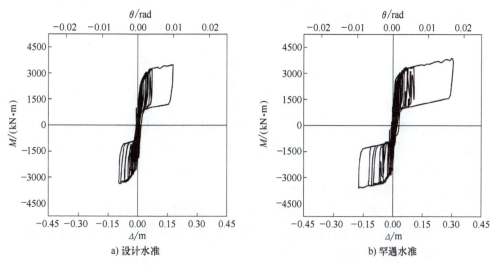

a) 设计水准

b) 罕遇水准

图 7-12 设计水准和罕遇水准下基底弯矩-顶点位移关系曲线

7.2 直接基于震后可修复性的抗震设计方法

从试验和数值模拟研究可知，对于不具有完全自复位能力的摩擦连接装配式混凝土夹心剪力墙结构，残余变形是不可避免的，但针对该类结构未见相应的研究。本节采用利用 OpenSees 软件建立具有完全或非完全自复位能力的双线性摩擦耗能单自由度模型，研究该模型在不同场地类别下的各主要参数对单自由度体系非线性位移比、残余位移比、绝对峰值加速度和耗散能量的影响；然后回归得到了非线性位移比谱和残余位移比谱计算公式；最后提出适用于摩擦耗能连接装配式混凝土夹心剪力墙结构的基于震后可修复性的抗震设计方法，并通过设计算例对该方法进行验证。

7.2.1 非线性位移比谱与残余位移比谱

非线性位移比谱与残余位移比谱建立了非线性位移与残余位移和弹性位移之间的转换关系，便于直接基于结构的弹性设计参数和弹性位移谱预测结构的最大非线性位移或残余位移响应。目前，关于双线性弹塑性滞回模型，已有很多非线性位移比的研究[9-12]。位移比谱分为等强度位移比谱和等延性位移比谱[12]。其中，等强度位移比谱需要保持单自由度体系的地震作用折减系数 R 为常数，通过非线性动力时程分析得到最大位移 x_{ie} 和残余位移 x_r，对相应的弹性单自由度体系进行时程分析得到最大位移 x_e，从而得到等强度非线性位移比 C_{Rie}[13-14] 和等强度残余位移比 C_{Rr}[12]，如式（7-3）和式（7-4）所示。若保持单自由度体系的延性系数 μ 为常数，则可通过动力时程分析，同样采用式（7-3）和式（7-4）得到等延性非线性位移比 $C_{\mu ie}$ 和等延性残余位移比 $C_{\mu r}$。

$$C_{Rie} = \frac{x_{ie}}{x_e} \tag{7-3}$$

$$C_{Rr} = \frac{x_r}{x_e} \tag{7-4}$$

位移比反映出单自由度体系的非线性位移响应或残余位移响应与线性位移响应的比值。等延性位移比计算中，延性既是条件又是结果，所以需要不断迭代计算[15]。目前，抗震规范基本采用基于地震作用折减系数 R 的抗震设计方法，为便于衔接，本节采用等强度位移比谱。

等强度非线性位移比谱与等强度残余位移比谱的计算过程如下：

（1）对周期为 T 的单自由度体系进行弹性动力时程分析，得到弹性最大位移响应 x_e 和最大基底剪力 F_e。

（2）选定强度折减系数 R，根据式（7-5）求得结构屈服力 F_y。

$$F_y = \frac{F_e}{R} \tag{7-5}$$

（3）选定单自由度体系的滞回参数，建立非线性单自由度模型并进行非线性动力时程分析，得到模型的最大位移 x_{ie} 和残余位移 x_r。

（4）根据式（7-3）和式（7-4）求得等强度非线性位移比 C_{Rie} 和等强度残余位移比 C_{Rr}。

（5）对不同周期 T 的单自由度体系分别重复步骤（1）~步骤（4），得到不同 T 对应的 C_{Rie} 和 C_{Rr}，绘制成图，如图 7-13b 和图 7-13c 所示，即等强度非线性位移比谱与等强度残余位移比谱。

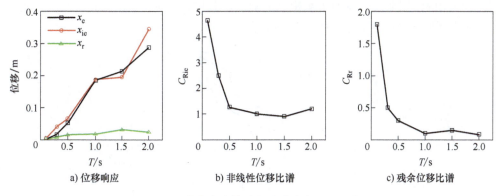

a) 位移响应　　　　　b) 非线性位移比谱　　　　　c) 残余位移比谱

图 7-13　单自由度体系位移响应及位移比谱

以上过程可计算出单自由度体系在单条地震动作用下的位移比谱。另外，由于地震动的不确定性，通常需要选取多条地震动进行计算和统计，从而得到满足工程需求的具有相应超越概率的位移比谱曲线。

1. 计算模型

由单自由度体系的周期 T 和阻尼比 ξ 即可确定其最大弹性位移 x_e。而具有完全或非完全自复位能力的双线性摩擦耗能单自由度体系的最大非线性位移和残余位移需要由强度折减系数 R、屈服刚度比 α、耗能系数 β、周期 T 和阻尼比 ξ 共同确定。对于混凝土结构，阻尼比 ξ 通常取 0.05，因此此处不作为变量。而为了综合考虑其他参数对具有完全或非完全自复位能力的双线性摩擦耗能单自由度体系的最大非线性位移和残余位移的影响，需要考虑这些参数的各种取值。为减小计算量，仅在常用的参数取值范围内间隔选取了若干值，各参数取值如表 7-3 所示。需要说明的是，已知具有完全自复位能力的双线性摩擦耗能单自由度模型的滞回曲线为旗帜形[16]，如图 7-14d 所示；本节还考虑了具有非完全复位能力的单自由度模型，即 $\beta \geqslant 1$，虽然非完全复位的单自由度模型在设计时即存在残余位移，但是实际结构通常难以实现完全自复位功能，且非完全自复位结构在往复地震作用下仍可能具有可控的残余变形，因此对该类体系的研究也是必要的。

表 7-3　单自由度模型各参数取值

T/s	R	α	β（完全复位）	β（非完全复位）
0.1	1（弹性）	0.02	0.1	1.1
0.3	2	0.1	0.3	1.3
0.5	3	0.2	0.5	1.5
1.0	4	0.3	0.7	1.7
1.5	5	0.4	0.9	1.9
2	6			

参数强度折减系数 R、屈服刚度比 α、耗能系数 β、周期 T 和阻尼比 ξ 共同确

定了模型的滞回曲线，从而影响模型的响应。其中，参数 R、α 和 β 对单自由度体系的滞回曲线的影响示意图如图 7-14 所示。

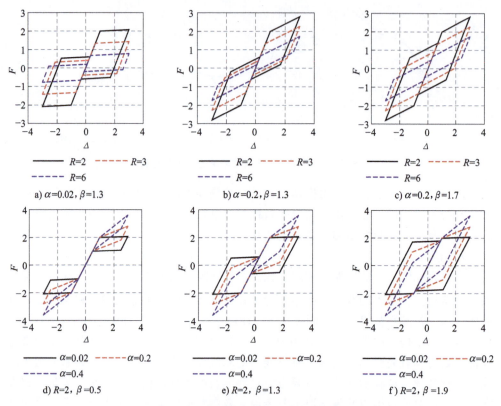

图 7-14　参数选取对滞回曲线的影响

为了与规范相适应，更好地反映场地条件对位移比谱的影响，按不同场地类别分别选取不同的地震动记录。地震动记录的选取和场地分类方法参考了文献 [17-18]，较为充分地反映了地震动的多样性，在 PEER 网站下载了 80 条地震动记录。这些地震记录分别对应于我国规范的 I、II、III 和 IV 类场地各 20 条，相关信息见附录 A。

图 7-15 所示为各地震动记录的动力放大系数，其中规范值是指按抗震设计规范规定的设计地震分组第二组相应的地震动记录的动力放大系数，I、II、III 和 IV 类场地的特征周期分别为 0.3s、0.4s、0.55s 和 0.75s。可以看出，在周期为 2.0s 以内时，各地震动记录的动力放大系数均值与规范值较为接近。自复位体系主要适用于中低层结构[19]，因此地震动选取较为合理。

采用 OpenSees 软件建立具有上述滞回性能的单自由度模型。采用 Truss 单元，并将材料赋予该 Truss 单元形成刚度弹簧，单元一端固定，另一端设置质量元。特别地，在弹性单自由度模型中，Truss 单元采用 Elastic Uniaxial 材料；具有完全复位能力的非线性单自由度模型中，Truss 单元采用 Self Centering 材料，滞回曲线示

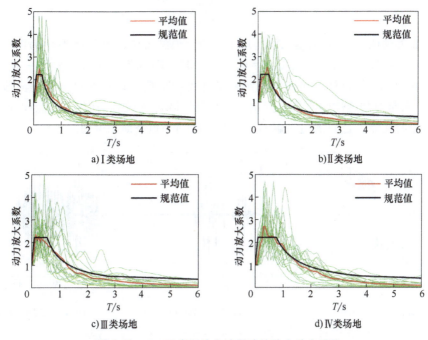

图 7-15 Ⅰ~Ⅳ类场地各地震动的动力放大系数

意图如图 7-16a 所示；对于具有非完全复位能力的模型，由于 OpenSees 无直接可用的单元或材料，因此此处将 Self Centering 材料和 Steel01 材料并联组合近似模拟其滞回性能，滞回曲线示意图如图 7-16e 所示。

由研究[14-15] 可知，地震动幅值对结构位移比谱没有影响，因此无须调幅。但为便于下文直接统计各关键参数对模型响应的影响，在动力时程计算时对以上各地震动记录的峰值加速度（PGA）取 $0.4g$（8 度罕遇地震）为目标幅值进行调幅。

综合表 7-3 所有参数以及上述的地震动数量和场地类别可知，共需计算 120480 个单自由度模型，其中包括：$6×20×4 = 480$ 个弹性模型、$6×5×5×5×20×4 = 60000$ 个具有完全复位能力的非线性模型和 $6×5×5×5×20×4 = 60000$ 个具有非完全复位能力的非线性模型。

2. 响应规律分析

对所有具有完全或非完全自复位能力的双线性摩擦耗能单自由度模型进行动力时程分析，得到各响应结果，从而按式（7-3）和式（7-4）可求得非线性位移比和残余位移比。另外，下文还总结了各参数对单自由度模型的绝对加速度响应最大值 $a_{\max}$ 和总滞回耗能 E_{abs} 的影响。为便于不同模型进行比较，对绝对加速度响应最大值 $a_{\max}$ 和总滞回耗能 E_{abs} 分别进行了归一化处理，如式（7-6）和式（7-7）所示。为提高效率，以下关于模型计算结果的汇总和处理均通过编程实现。

$$N_{\mathrm{a}} = \frac{a_{\max}}{\mathrm{PGA}} \tag{7-6}$$

$$N_E = \frac{E_{abs}}{F_y x_y} \tag{7-7}$$

以Ⅱ类场地编号 36 的地震波作用下的两个模型为例，图 7-16 所示为两个典型模型的响应结果。两个模型参数 $R = 6$，$\alpha = 0.02$，$T = 0.5 \text{s}$。另外，模型一 $\beta = 0.5$，模型二 $\beta = 1.5$。从位移响应曲线和绝对加速度响应曲线即可获得位移响应最大值 x_{ie} 或 x_e 及绝对加速度响应最大值 a_{max}，残余位移 x_r 为位移响应曲线终点时的位移量，总滞回耗能 E_{abs} 可通过求解滞回曲线的滞回环包络面积得到。

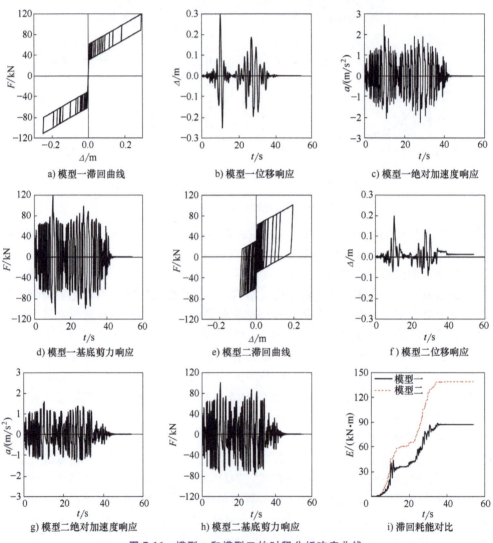

a) 模型一滞回曲线 b) 模型一位移响应 c) 模型一绝对加速度响应

d) 模型一基底剪力响应 e) 模型二滞回曲线 f) 模型二位移响应

g) 模型二绝对加速度响应 h) 模型二基底剪力响应 i) 滞回耗能对比

图 7-16　模型一和模型二的时程分析响应曲线

分析所有模型并汇总结果，统计得到不同场地类别的各模型动力响应箱形图[20]，图 7-17 所示为Ⅱ类场地的模型响应 C_{Rie}、C_{Rr}、N_a 和 N_E 箱形图，其他各

类场地的模型响应 C_{Rie}、C_{Rr}、N_a 和 N_E 箱形图见附录 B。其中，C_{Rie}、N_a 和 N_E 汇总了相应场地类别下的所有具有完全和非完全复位能力的非线性模型结果；由于具有完全复位能力的模型没有残余位移，因此 C_{Rr} 汇总了相应场地类别下的所有具有非完全复位能力的非线性模型结果。

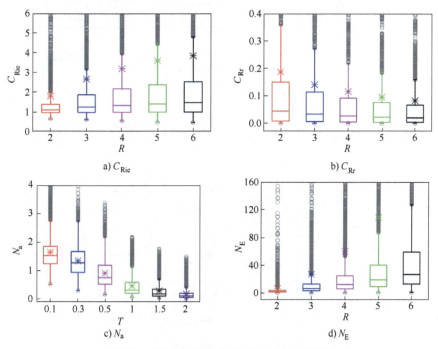

a) C_{Rie}　　　　　　　　　　　　　　　b) C_{Rr}

c) N_a　　　　　　　　　　　　　　　d) N_E

图 7-17　Ⅱ类场地的单自由度模型响应箱形图

从图 7-17 和附录 B 可以看出，不同场地类别的模型响应呈现出相似的趋势，总体响应分布主要集中在较小的范围内，下限值为所有模型结果最小值，下限值外侧无异常值，但是有较多异常值分布在上限值外侧，即分布呈现右偏态。具体地，对于不同 R 的模型，C_{Rie} 和 C_{Rr} 呈现出较为离散的分布结果，C_{Rie} 的上、下四分位数及中位数和平均数都随着 R 增大而增大，C_{Rr} 的上、下四分位数及中位数和平均数都随着 R 增大而减小。对于不同 T 的模型，N_a 呈现出的离散程度较小，总体来看，N_a 的上、下四分位数及中位数和平均数都随着 R 增大而减小。对于不同 R 的模型，N_E 呈现出的离散程度较大，总体来看，N_E 的上、下四分位数及中位数和平均数都随着 R 增大而增大。上述分析结果只能大致反映出模型响应的变化规律，但是各参数对响应结果的具体影响需要进一步分析。

为减少选取地震动的不确定性带来的影响，下面分别对相同场地类别的每个模型在不同地震动作用下的响应指标取平均值。

（1）非线性位移比。图 7-18 所示为Ⅱ类场地下各参数模型对应的平均非线性位移比响应，其他场地类别下的平均非线性位移比响应见附录 C。

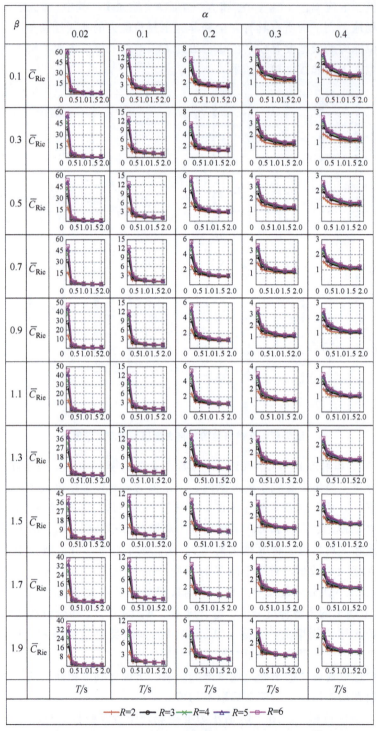

图 7-18　Ⅱ类场地的单自由度模型平均非线性位移比 $\overline{C}_{\mathrm{Rie}}$

观察对比图 7-18 和附录 C，可得到以下规律：

1）当所有模型除周期 T 外的其他参数保持相同时，平均非线性位移比随 T 增大而减小；且在较长周期段（$T \geq 1.0s$）时，不同 R 的所有模型平均非线性位移比都趋近于 1，符合等位移原则[21]，即弹塑性模型与弹性模型在相同地震动作用下具有相同的最大位移响应。

2）当所有模型除强度折减系数 R 外的其他参数保持相同时，在较短周期段（$T < 1.0s$），平均非线性位移比随 R 增大而增大，且影响显著；在较长周期段（$T \geq 1.0s$）时，所有模型平均非线性位移比受 R 影响不大。

3）当所有模型除屈服刚度比 α 外的其他参数保持相同时，平均非线性位移比随 α 增大而逐渐减小。

4）当所有模型除耗能系数 β 外的其他参数保持相同时，平均非线性位移比随 β 增大而逐渐减小。

5）当所有模型除场地类别外的其他参数保持相同时，平均非线性位移比随场地类别从 Ⅰ~Ⅳ 类变化而逐渐增大。

（2）残余位移比。图 7-19 所示为 Ⅱ 类场地下各参数模型对应的平均残余位移比响应，其他场地类别下的平均残余位移比响应见附录 D。

观察对比图 7-19 和附录 D，可得到以下规律：

1）当所有模型除周期 T 外的其他参数保持相同时，平均残余位移比随 T 增大而减小；且在较长周期段（$T \geq 0.5s$）时，不同 R 的所有模型平均残余位移比都趋近于 0。

2）当所有模型除强度折减系数 R 外的其他参数保持相同时，在较短周期段（$T < 0.5s$），平均残余位移比随 R 增大而增大，且影响显著；在较长周期段（$T \geq 0.5s$）时，所有模型平均残余位移比受 R 影响不大。

3）当所有模型除屈服刚度比 α 外的其他参数保持相同时，平均非线性位移比随 α 增大而逐渐减小。

4）当所有模型除耗能系数 β 外的其他参数保持相同时，平均残余位移比随 β 增大而增大；需要特别说明的是，由于参数 R 和 β 对滞回曲线的相互影响，如图 7-14 所示，导致 R 与残余位移比的影响与双线性滞回模型的规律存在显著不同，即两者无显著关系。

5）当所有模型除场地类别外的其他参数保持相同时，平均残余位移比随场地类别从 Ⅰ~Ⅳ 类变化而逐渐增大。

（3）最大绝对加速度。图 7-20 所示为 Ⅱ 类场地下各参数模型对应的平均归一化最大绝对加速度响应，其他场地类别下的平均归一化最大绝对加速度响应见附录 E。

观察对比图 7-20 和附录 E，可得到以下规律：

1）当所有模型除周期 T 外的其他参数保持相同时，平均归一化最大绝对加速

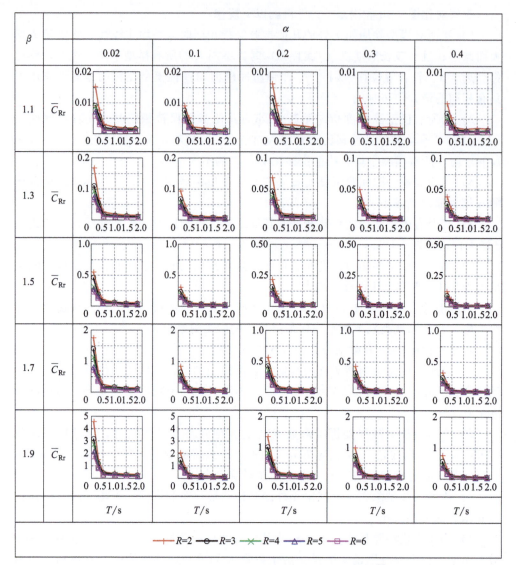

图 7-19　Ⅱ类场地的单自由度模型平均残余位移比 $\overline{C}_{Rr}$

度在较长周期段（$T \geqslant 0.5$s）时随 T 增大而减小；当 T 较短时，平均最大绝对加速度响应大于地震动峰值加速度 PGA，当 T 较长时，平均最大绝对加速度响应小于 PGA。

　　2）当所有模型除强度折减系数 R 外的其他参数保持相同时，平均归一化最大绝对加速度随 R 增大而减小；当 $R=2$ 时，平均归一化最大绝对加速度曲线形状与弹性反应谱相似，反映出强度折减系数较小时的模型与弹性模型接近，非线性响应也较为接近弹性响应；但从总体来看，α 越大，R 对平均归一化最大绝对加速度的影响越小。

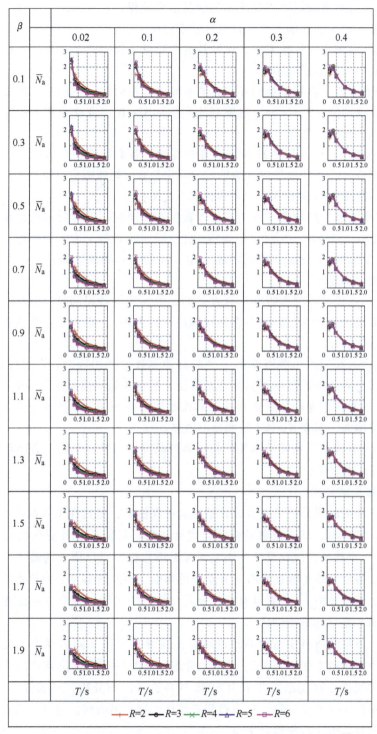

图 7-20　Ⅱ类场地的单自由度模型平均归一化最大绝对加速度 $\overline{N}_{\mathrm{a}}$

3）当所有模型除屈服刚度比 α 外的其他参数保持相同时，平均归一化最大绝对加速度随 α 增大而逐渐增大，且更接近于弹性反应谱。

4）当所有模型除耗能系数 β 外的其他参数保持相同时，平均归一化最大绝对加速度随 β 增大而逐渐减小。

5）当所有模型除场地类别外的其他参数保持相同时，平均归一化最大绝对加速度在较长周期段（$T \geqslant 0.5s$）时随场地类别从 I ~ IV 类变化而增大；在其他周期段较为波动，无明显规律。

（4）总滞回耗能。图 7-21 所示为 II 类场地下各参数模型对应的平均归一化总滞回耗能响应，其他场地类别下的平均归一化总滞回耗能响应见附录 F。

观察对比图 7-21 和附录 F，可得到以下规律：

1）当所有模型除周期 T 外的其他参数保持相同时，平均归一化总滞回耗能随 T 增大而减小；当 $T \geqslant 1.0s$ 时，平均归一化总滞回耗能随 T 增大而缓慢下降，且不同 R 模型的平均归一化总滞回耗能随 T 增大而趋于不同的稳定值，即呈现出与等位移原理相似的规律。

2）当所有模型除强度折减系数 R 外的其他参数保持相同时，平均归一化总滞回耗能随 R 增大而增大，特别是在短周期段（$T<1.0s$），平均归一化总滞回耗能随 R 增大而迅速增大。

3）当所有模型除屈服刚度比 α 外的其他参数保持相同时，在短周期段（$T<1.0s$）平均总滞回耗能随 α 增大而逐渐降低，但在其他周期段变化不明显。

4）当所有模型除耗能系数 β 外的其他参数保持相同时，平均总滞回耗能随 β 增大而逐渐增大，但在 $\beta \geqslant 0.7$ 时变化不明显。

5）当所有模型除场地类别外的其他参数保持相同时，平均总滞回耗能随场地类别从 I ~ IV 类变化而增大。

3. 位移比谱公式

非线性动力时程分析可以有效评估结构抗震性能，但是在工程设计中需要较高的时间和计算成本，基于位移的性能化设计方法是目前抗震性能化设计的重要方法[22]。基于位移的性能化设计方法主要考虑结构在地震作用下的最大变形，而残余变形对震后修复难易程度具有十分重要的影响，因此许多学者建议将残余变形纳入结构性能化设计中[23]。对具有非完全复位能力的结构，残余变形也有必要作为一项重要的考量目标进行设计。

从上一节可知所有模型的非线性位移比曲线呈现出相同的规律，按参考文献[24-25] 中的归纳方法，采用式（7-8）考虑各参数与非线性位移比的关系。汇总所有模型非线性位移比结果并采用 SPSS 软件进行回归分析，可求得式（7-8）中所有待定常数 $a \sim f$（表 7-4），从而得到非线性位移比谱曲线。另外，为考虑不同场地类别的差异，引入特征周期 T_g。

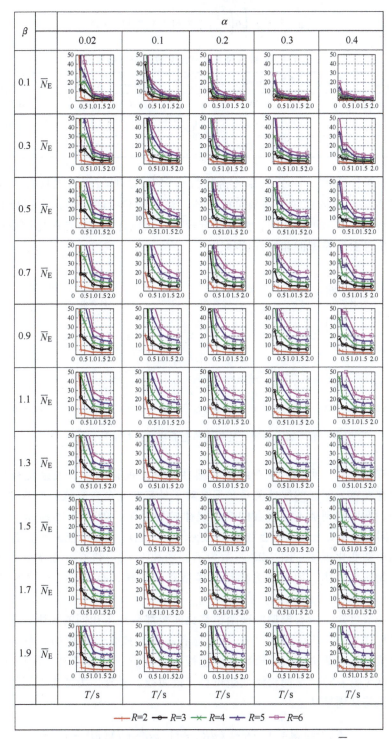

图 7-21　Ⅱ类场地的单自由度模型平均归一化总滞回耗能 $\overline{N}_{\mathrm{E}}$

$$C_{\mathrm{Rie}} = 1 + \left[a \left(\frac{T_{\mathrm{g}}}{T} \right)^{b} + c \right] (R - 1)^{d} \alpha^{e} \beta^{f} \tag{7-8}$$

表 7-4　非线性位移比待定常数回归分析结果

参数	回归值	参数	回归值
a	0.037	d	0.577
b	1.418	e	−1.013
c	−0.009	f	−0.234

回归分析得到式（7-8）的相关指数为 0.957，表明回归公式具有较好的拟合精度。图 7-22 所示为以四个典型模型为例，对比了非线性位移比的拟合曲线与计算曲线。从对比结果可以看出，曲线吻合较好，该拟合非线性位移比谱曲线可以较好地预测单自由度模型的非线性位移比。

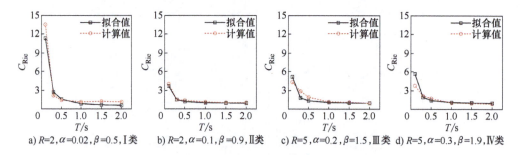

a) $R=2,\alpha=0.02,\beta=0.5$，Ⅰ类　　b) $R=2,\alpha=0.1,\beta=0.9$，Ⅱ类　　c) $R=5,\alpha=0.2,\beta=1.5$，Ⅲ类　　d) $R=5,\alpha=0.3,\beta=1.9$，Ⅳ类

图 7-22　非线性位移比拟合曲线与计算曲线对比

由已有研究[12]可知，在双线性弹塑性单自由度模型中，残余位移比与非线性位移比存在较为明显的线性关系。但是对于具有非完全自复位能力的弹塑性单自由度模型，滞回规则随不同参数的变化规律较为复杂，如图 7-14 所示，对于相同 C_{Rie} 的不同模型，C_{Rr} 随不同参数变化而变化，可能增大也可能减小，各参数相互影响，非单调变化规律。图 7-23 所示为不同场地下 C_{Rie} 和 C_{Rr} 的分布关系，可以看出两者无明显规律，因此为方便计算模型残余位移，有必要另行研究残余位移比谱。

从上一节可知，所有模型的残余位移比曲线都呈现出相同的规律，参考非线性位移比计算式（7-8），采用式（7-9）考虑各参数与残余位移比的关系。汇总所有模型残余位移比结果并采用 SPSS 软件进行回归分析，可求得式（7-9）中所有待定常数 $a \sim l$（表 7-5），从而得到残余位移比谱曲线。另外，为考虑不同场地类别的差异，引入特征周期 T_{g}。

$$C_{\mathrm{Rr}} = \left[a \left(\frac{T_{\mathrm{g}}}{T} \right)^{b} + c \right] (dR^{e} + f)(g\alpha^{h} + i)(j\beta^{k} + l) \tag{7-9}$$

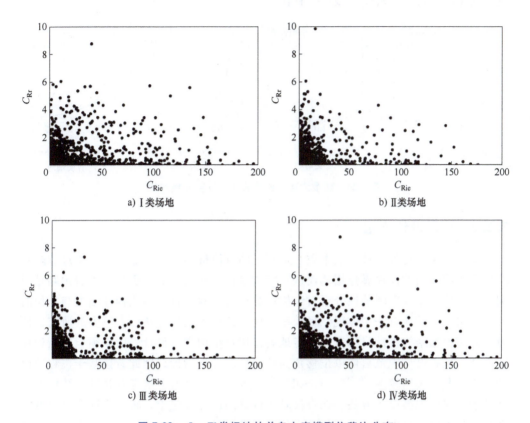

图 7-23 Ⅰ～Ⅳ类场地的单自由度模型位移比分布

表 7-5 残余位移比待定常数回归分析结果

参数	回归值	参数	回归值
a	4.207	g	1.49
b	0.728	h	0.003
c	−0.784	i	−1.489
d	−0.605	j	−4.784
e	0.023	k	7.855
f	0.643	l	7.335

　　回归分析得到式（7-9）的相关指数为 0.947，表明回归公式具有较好的拟合精度。图 7-24 所示为以四个典型模型为例，对比了残余位移比的拟合曲线与计算曲线。从对比结果可以看出，曲线大部分吻合较好，该拟合残余位移比谱曲线可以

较好地预测单自由度模型的残余位移比。

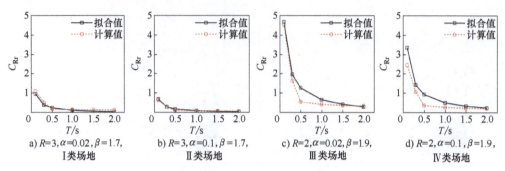

a) $R=3, \alpha=0.02, \beta=1.7,$ Ⅰ类场地   b) $R=3, \alpha=0.1, \beta=1.7,$ Ⅱ类场地   c) $R=2, \alpha=0.02, \beta=1.9,$ Ⅲ类场地   d) $R=2, \alpha=0.1, \beta=1.9,$ Ⅳ类场地

图 7-24 残余位移比拟合曲线与计算曲线对比

7.2.2 抗震设计方法

基于位移的抗震设计方法本质上仍属于两阶段抗震设计方法，需要通过折减弹性地震作用得到设计地震作用从而进行结构设计，而结构的大震响应无法预判是否满足，需要采用大震弹塑性分析对结构性能进行检验，且结构或构件强度与损伤的关系无法在该设计方法中体现。目前基于性能的抗震设计方法已有较多的研究，该设计方法根据结构设计目标直接确定地震作用对结构进行设计，而无须检验结构性能水准。抗震设计规范目前以位移角为结构性能评估指标，因此直接基于位移的设计方法研究和应用较多[26-28]。Priestley[29] 还提出了适用于预应力混凝土结构的直接基于位移的抗震设计方法。在直接基于位移的设计方法中，将非线性多自由度体系转化为等效单自由度体系，从而由位移谱求得最大位移，进而得到基底剪力，该方法重点在于对结构进行等效及求位移谱。

由于直接基于位移的设计方法仅以最大位移为控制指标，最大位移影响了结构的损伤，残余变形是影响结构可修复性的重要指标。Christopoulos 等[30-31] 在单自由度体系和多自由度体系中考虑了残余变形，结果表明滞回规则和地震动强度都对残余变形影响较大，提出了综合考虑最大位移和残余位移的抗震设计方法。Ramirez 等[32] 研究了残余变形对经济损失的影响，结果表明，在罕遇地震作用下当层间位移角超过 2% 时，结构被拆除的可能性很高。刘璐[15] 在自复位防屈曲支撑结构中回归分析得到了非线性位移比公式，并提出了直接基于位移的设计方法，可较为方便地对自复位结构进行抗震设计。谢钦[25] 对新型预拉杆式自定心支撑结构回归分析得到了非线性位移比和残余位移比公式，并提出了综合考虑最大位移和残余位移的设计方法。

在传统结构中，通常根据 $R\text{-}\mu\text{-}T$ 关系得到延性系数与屈服强度的关系，但是在自复位结构中，屈服状态并不是由于结构构件材料屈服而产生的，采用延性系数并不能反映结构的变形破坏状态，因此本节采用位移比求解强度折减系数 R 得到自复位结构的屈服点（软化状态），结合摩擦耗能连接装配式混凝土夹心剪力墙结构的力学分析和位移比计算公式，提出综合考虑最大位移和残余位移的基于震后可修复性的抗震设计方法。需要特别说明的是，上节得到的位移比谱计算公式基于旗帜形滞回规则的单自由度模型（$T \leqslant 2.0\mathrm{s}$），因此以下设计方法不限于摩擦耗能连接装配式混凝土夹心剪力墙结构，只需调整设计性能目标和墙体弹性刚度的计算，即可广泛应用于具有旗帜形滞回规则的完全自复位或非完全自复位结构。

根据摩擦耗能连接装配式混凝土夹心剪力墙结构的特点，设计性能目标确定为在多遇地震水准（FLE）作用下结构保持弹性，弹性位移角限值取 1/550。罕遇地震水准（SLE）下最大位移和残余位移响应满足 LS 性能水准，性能目标与上一节相同。设计流程如图 7-25 所示。

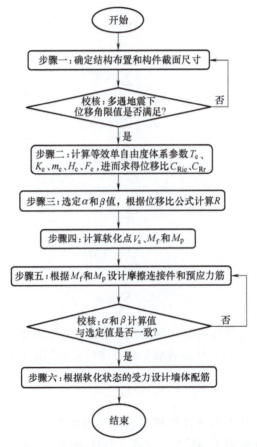

图 7-25　基于震后可修复性的抗震设计方法流程

具体设计步骤如下：

（1）选定结构布置和构件截面尺寸等基本信息。初步选定结构布置和构件截面尺寸，计算多遇地震水准下的基底剪力 $V_{\mathrm{fle}} = \alpha_f G_{\mathrm{eq}}$，其中 α_f 是多遇地震水准的水平地震影响系数。根据式（6-8）可计算多遇地震水准下的每层侧向荷载 F_i，即可得到结构侧移响应。验算结构侧移响应是否满足弹性位移角限值，若不满足则调整结构布置或墙体尺寸。

（2）建立等效单自由度体系。罕遇地震水准下结构第 i 层的目标位移为 δ_i，第 i 层的目标残余位移为 r_i，则等效单自由度体系的质量 m_e 如式（7-10）所示，等效单自由度体系的非线性位移 x_{ie} 和残余位移 x_r 分别如式（7-11）和式（7-12）所示。等效单自由度体系的高度 H_e 如式（7-13）所示，可用于等效单自由度体系的位移和位移角转换。

$$m_e = \frac{\left(\sum_{i=1}^{n} m_i \delta_i\right)^2}{\sum_{i=1}^{n} m_i \delta_i^2} \tag{7-10}$$

$$x_{ie} = \frac{\sum_{i=1}^{n} m_i \delta_i^2}{\sum_{i=1}^{n} m_i \delta_i} \tag{7-11}$$

$$x_r = \frac{\sum_{i=1}^{n} m_i r_i^2}{\sum_{i=1}^{n} m_i r_i} \tag{7-12}$$

$$H_e = \frac{\sum_{i=1}^{n} m_i \delta_i H_i}{\sum_{i=1}^{n} m_i \delta_i} \tag{7-13}$$

根据弹性位移角和单自由度体系在多遇地震水准下的弹性位移谱确定等效单自由度体系的周期 T_e，进而可计算等效单自由度体系的刚度 k_e，见式（7-14）。

$$k_e = m_e \frac{4\pi^2}{T_e^2} \tag{7-14}$$

根据罕遇地震水准下的弹性位移谱确定罕遇地震下的弹性位移 x_e，则罕遇地震水准下的弹性基底剪力 $F_e = k_e x_e$。按式（7-3）和式（7-4）计算得非线性位移比 C_{Rie} 和残余位移比 C_{Rr}。

（3）选择屈服刚度比 α 和耗能系数 β 的取值，根据式（7-15）和式（7-16）计算强度折减系数，取两式较小值为 R 最终值。需要说明的是，R 应在位移谱公式归纳计算范围内（$R = 2 \sim 6$）。式（7-15）和式（7-16）分别由位移比谱计算式（7-7）和式（7-9）变换得到，各参数分别按表 7-4 和表 7-5 取值。

$$R = 1 + \sqrt[d]{\dfrac{C_{\mathrm{Rie}} - 1}{\left[a\left(\dfrac{T_g}{T}\right)^b + c\right]\alpha^e \beta^f}} \tag{7-15}$$

$$R = \sqrt[e]{\dfrac{C_{\mathrm{Rr}}}{d\left[a\left(\dfrac{T_g}{T}\right)^b + c\right](g\alpha^h + i)(j\beta^k + l)}} - \dfrac{f}{d} \tag{7-16}$$

（4）将弹性基底剪力 F_e 和强度折减系数 R 代入式（7-5）可计算软化点基底剪力 V_s。由式（6-7）和式（6-8）可计算软化点基底弯矩 M_s，从而由式（6-1）和式（6-2）求得摩擦耗能连接件提供的基底弯矩 M_f 和初始预应力提供的基底弯矩 M_p。

（5）根据 M_f 和 M_p 分别设计摩擦耗能连接件和预应力筋。预应力筋的设计需要考虑初始预应力、预应力筋安全储备系数（即预应力筋的初始预应力与屈服应力的比值）、罕遇水准下预应力筋不屈服等条件。其中，罕遇水准下预应力筋不屈服的估算方法如下：假定在罕遇水准的极限层间位移角时刻最远离受压区的一束预应力筋刚好屈服，根据式（6-12）可计算该束预应力筋伸长量，然后可由式（6-11）得到此时的受压区高度 c，进一步可求其他各束预应力筋的预应力，即各束预应力筋应满足的最小屈服荷载。然后由第6.4节重新计算 α（K_2 与 K_1 的比值）和 β，检验其与上述步骤（3）的 α 和 β 选定值是否一致。若不一致，则调整摩擦连接件和初始预应力并重新计算。

（6）计算软化状态各层墙体受到的竖向和侧向荷载，设计墙体配筋。需要特别说明的是，墙体角部加强区的设计还需要保证在罕遇地震水准下不发生混凝土压溃失效。

7.2.3　设计算例

设计一栋典型的 9 层框架-剪力墙结构来验算上述设计方法的有效性，该结构每层层高 3.0m。在 x 向为普通抗弯框架结构，在 y 向所有框架为重力框架，对其在 y 向增加 6 个摩擦耗能连接装配式混凝土夹心剪力墙。依据规范[1]，选定设防地震烈度为 8 度（0.2g），设计地震分组第二组，Ⅱ类场地，每层楼面布置恒载 5kN/m²，活载 2kN/m²。设计的墙体仍采用试验中的单组墙体布置形式，左右墙体拼接，含有底部水平缝和中部竖缝，左右墙体分别在中间布置一束预应力筋，预应力筋的屈服强度为 1600MPa。按规范混凝土采用 C40，钢筋 HRB400 级，预应力筋安全储备系数取 0.5，按上述步骤设计该结构，设计结果见表 7-6。经计算，y 向第一周期 $T_1 = 1.19\mathrm{s}$，强度折减系数 $R = 6$，屈服刚度比 $\alpha = 0.02$，耗能系数 $\beta = 1.2$。

表 7-6 摩擦耗能连接装配式混凝土夹心剪力墙结构设计结果

参数				设计结果
几何尺寸/m	墙体		长度	3.00
			厚度	0.30
	夹心板		长度	1.50
			厚度	0.15
钢筋	分布钢筋		竖向	Φ 8@ 100
			水平	Φ 8@ 100
	箍筋		加密区布置	Φ 8@ 50
			加密区高度/m	1.50
			其他部位	Φ 8@ 100
单束预应力筋			初始预应力/kN	890
			预应力筋截面面积/mm²	1110
连接件摩擦力/kN			竖缝连接件	12
			外暗柱水平缝	360
			内暗柱水平缝	240

仍采用 OpenSees 软件对上述设计的单个墙体建立模型，验证各项指标是否符合要求。首先进行模态分析，只研究 Y 向抗震性能，因此约束墙体面外自由度。各振型周期见表 7-7，各振型形状如图 7-26 所示。可以看到，第一振型的周期远大于其他振型周期，且第一振型的上部墙体变形较为均匀。经分析可知，墙体的动力响应由第一振型控制。

对该设计结构采用第一振型进行低周反复加载，基底弯矩与位移响应关系如图 7-27a 所示，该结构具有非完全自复位能力。预应力滞回关系如图 7-27b 所示，在层间位移角为 1/50 时，预应力约为 1160MPa，仍为弹性，满足设计目标。

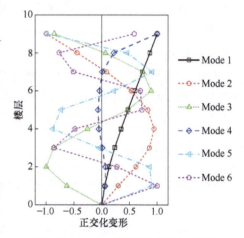

图 7-26 摩擦耗能连接装配式混凝土夹心剪力墙结构振型

表 7-7 摩擦耗能连接装配式混凝土夹心剪力墙结构各振型周期

振型	1	2	3	4	5	6
周期/s	1.195	0.233	0.099	0.062	0.058	0.039

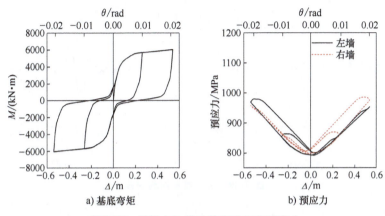

a) 基底弯矩　　　　　　　　b) 预应力

图 7-27　拟静力加载的基底弯矩和预应力

仍取表 7-2 的地震动对设计的结构进行罕遇水准下的动力弹塑性时程分析。结构在各条地震动作用下的最大位移角如图 7-28a 所示，时程分析得到的残余位移角如图 7-28b 所示，预应力筋在动力弹塑性时程分析过程中的预应力最大值如图 7-28c 所示。从图中可以看出，最大位移角和残余位移角满足规范要求，预应力筋仍在弹性范围内，因此满足设计要求。

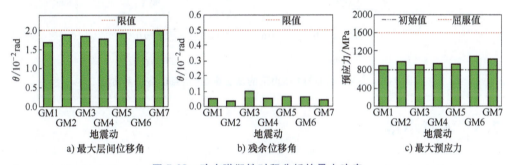

a) 最大层间位移角　　　　　b) 残余位移角　　　　　c) 最大预应力

图 7-28　动力弹塑性时程分析的最大响应

以 GM1 和 GM3 地震动为例，图 7-29 所示为动力弹塑性时程分析得到第 5 层（5F）和顶层（9F）位移时程曲线。两个楼层的位移时程变化一致，相位差很小，表明结构变形主要集中于底部水平缝；虽然结构不具有完全复位能力，但结构在时程分析结束时的残余位移都很小。

以 GM2 和 GM4 地震动为例，图 7-30 所示为动力弹塑性时程分析得到的基底弯矩 M 与顶点位移 Δ 的关系曲线。从中可以看出，在各条地震动作用下结构均达到软化点，底部均张开，但整体仍满足设计目标。由于动力分析中高阶振型和阻尼的影响，动力分析与静力分析得到的滞回曲线有一定的差异。但由于摩擦耗能连接装配式混凝土夹心剪力墙结构的变形主要由底部水平缝张开引起，第一振型的影响较大，因此静力分析仍然具有较好的精度。

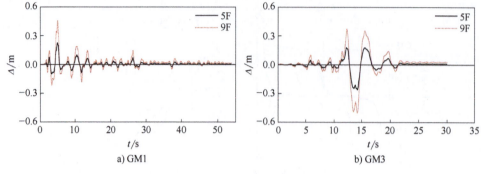

图 7-29　各层侧移时程曲线

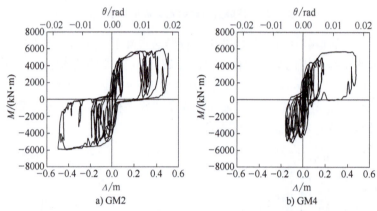

图 7-30　GM2 和 GM4 作用下的基底弯矩-顶点位移关系曲线

7.3　本章小结

以力学性能分析为基础，对摩擦耗能连接装配式混凝土夹心剪力墙结构提出了基于位移的抗震设计方法；根据非线性位移比谱和残余位移比谱，对摩擦耗能连接装配式混凝土夹心剪力墙结构提出了基于震后可修复性的抗震设计方法；并分别针对各抗震设计方法设计算例进行了有效性验证，得到如下主要结论：

（1）针对摩擦耗能连接装配式混凝土夹心剪力墙结构，提出了基于位移的抗震设计方法，可用于设计具有不同复位能力、承载力和耗能能力的结构；设计算例分析结果表明，该设计方法可满足设计水准和罕遇水准下的设计目标。

（2）采用 OpenSees 软件建立了具有完全或非完全自复位能力的双线性摩擦耗能滞回规则的单自由度模型，都得到较好的滞回模拟效果。对于具有完全复位能力的非线性单自由度模型，采用 Truss 单元和 Self Centering 材料结合；对于具有非完全复位能力的非线性单自由度模型，采用 Self Centering 材料和 Steel01 材料并联组合。

（3）通过对 120480 个双线性摩擦耗能单自由度模型进行动力时程分析并对分

析结果进行处理，结果表明非线性位移比、残余位移比、最大绝对加速度和总滞回耗能都与强度折减系数 R、屈服刚度比 α、耗能系数 β 和周期 T 存在显著规律，在较长的周期段都趋于稳定值；相同模型在不同场地类别的地震动作用下具有相似的响应规律；回归分析建立了非线性位移比谱和残余位移比谱计算公式，相关指数分别为 0.957 和 0.947，表明回归分析结果具有较好的精度。

（4）根据摩擦耗能连接装配式混凝土夹心剪力墙结构的力学分析和位移比谱计算公式，提出了考虑最大位移和残余位移的基于震后可修复性的抗震设计方法；采用该方法设计了摩擦耗能连接装配式混凝土夹心剪力墙结构，分析结果表明，结构各项响应满足抗震设计目标。

本章参考文献

[1]　中华人民共和国住房和城乡建设部. 建筑抗震设计规范（2016 年版）：GB 50011—2010 [S]. 北京：中国建筑工业出版社，2016.

[2]　KURAMA Y, PESSIKI S, SAUSE R, et al. Seismic behavior and design of unbonded post-tensioned precast concrete walls [J]. PCI Journal, 1999, 44 (3)：72-89.

[3]　MCCORMICK J, ABURANO H, IKENAGA M, et al. Permissible residual deformation levels for building structures considering both safety and human elements [C] //Proceedings of the 14th world conference on earthquake engineering, 2008：12-17.

[4]　Federal Emergency Management Agency. NEHRP recommended provisions for seismic regulations for new buildings and other structures [M]. New York：FEMA, 2003.

[5]　LU X, XIE L, GUAN H, et al. A shear wall element for nonlinear seismic analysis of super-tall buildings using OpenSees [J]. Finite Elements in Analysis and Design, 2015, 98：14-25.

[6]　XU G, LI A. Seismic performance of a new type precast concrete sandwich wall based on experimental and numerical investigation [J]. Soil Dynamics and Earthquake Engineering, 2019, 122：116-131.

[7]　Pacific Earthquake Engineering Research Center. PEER NGA-West2strong-motion database [DB/OL]. https：//ngawest2. berkeley. edu/

[8]　SeismoArtif. A new tool for artificial accelerograms generation. 2013. http：//www. seismosoft. com

[9]　RUIZ-GARCÍA J, MIRANDA E. Inelastic displacement ratios for evaluation of existing structures [J]. Earthquake Engineering & Structural Dynamics, 2003, 32 (8)：1237-1258.

[10]　RUIZ-GARCÍA J, MIRANDA E. Residual displacement ratios for assessment of existing structures [J]. Earthquake Engineering & Structural Dynamics, 2006, 35 (3)：315-336.

[11]　MIRANDA E. Estimation of inelastic deformation demands of SDOF systems [J]. Journal of Structural Engineering (ASCE), 2001, 127 (9)：1005-1012.

[12]　胡晓斌，贺慧高. 等强残余位移系数谱研究 [J]. 工程力学，2015, 32 (1)：163-167.

[13]　韦承基. 弹塑性结构的位移比谱 [J]. 建筑结构学报，1983, 4 (2)：40-48.

[14]　翟长海，谢礼立，张敏政. 工程结构等强度位移比谱研究 [J]. 哈尔滨工业大学学报，

2005, 37（1）：45-48.

[15] 刘璐. 自复位防屈曲支撑结构抗震性能及设计方法 [D]. 哈尔滨：哈尔滨工业大学, 2013.

[16] CHRISTOPOULOS C, ANDRÉ F, FOLZ B. Seismic response of self-centring hysteretic SDOF systems [J]. Earthquake Engineering & Structural Dynamics, 2010, 31（5）：1131-1150.

[17] 李洪达. 基于 NGA-West2 数据的场地系数研究 [D]. 哈尔滨：哈尔滨工业大学, 2015.

[18] 郝建兵. 损伤可控结构的地震反应分析及设计方法研究 [D]. 南京：东南大学, 2015.

[19] 周颖, 顾安琪. 自复位剪力墙结构四水准抗震设防下基于位移抗震设计方法 [J]. 建筑结构学报, 2019, 40（3）：122-130.

[20] 贾俊平. 统计学 [M]. 北京：中国人民大学出版社, 2010.

[21] 白绍良, 李刚强, 李英民, 等. 从 $R\text{-}\mu\text{-}T$ 关系研究成果看我国钢筋混凝土结构的抗震措施 [J]. 地震工程与工程振动, 2006, 26（5）：149-156.

[22] CHOPRA A K, GOEL R K. Direct Displacement-Based Design：Use of Inelastic vs. Elastic Design Spectra [J]. Earthquake Spectra, 2001, 17（1）：47-64.

[23] CHRISTOPOULOS C, PAMPANIN S. Towards performance-based design of MDOF structures with explicit consideration of residual deformations [J]. ISET Journal of Earthquake Technology, 2004, 41（1）：53-73.

[24] LI P. Seismic Response Evaluation of Self-centering Structural Systems [D]. Palo Alto：Stanford University, 2005.

[25] 谢钦. 新型预拉杆式自定心 BRB 结构的抗震性能与设计方法 [D]. 南京：东南大学, 2018.

[26] PRIESTLEY M J N. Concepts and procedures for direct displacement-based design and assesment [C] //Proceedings of the international workshop on seismic design methodologies for the next generation of code, 1997：171-182.

[27] PRIESTLEY M J N. Displacement-based approaches to rational limit states design of new structures [C] //Proc. 11th Eur. Conf. Earthquake Eng. , 1999：317-335.

[28] PRIESTLEY M J N. Direct displacement-based seismic design of concrete buildings [J]. Bulletin of the New Zealand Society for Earthquake Engineering, 2000, 33（4）：421-444.

[29] PRIESTLEY M J N. Direct displacement-based design of precast/prestressed concrete buildings [J]. PCI journal, 2002, 47（6）：66-79.

[30] CHRISTOPOULOS C, PAMPANIN S, NIGEL P M J. Performance-based seismic response of frame structures including residual deformations part I：Single-degree of freedom systems [J]. Journal of Earthquake Engineering, 2003, 7（1）：97-118.

[31] PAMPANIN S, CHRISTOPOULOS C, NIGEL P M J. Performance-based seismic response of frame structures including residual deformations part II：Multi-degree of freedom systems [J]. Journal of Earthquake Engineering, 2003, 7（1）：119-147.

[32] RAMIREZ C M, MIRANDA E. Significance of residual drifts in building earthquake loss estimation [J]. Earthquake Engineering & Structural Dynamics, 2012, 41（11）：1477-1493.

下篇　抗震韧性框架结构

第8章 绪 论

8.1 研究背景

传统抗震设计的核心理念在于实现延性设计，即通过控制配筋、高宽比和材料强度等一系列措施实现构件的延性破坏模式，以实现大震不倒的抗震设计目标。但是延性设计以结构构件的弹塑性损伤为代价，震后结构虽然没有倒塌，但也基本不能使用或修复费用昂贵，结构震后功能恢复曲线如图8-1路径1所示。

为了减轻传统结构的地震损伤，消能减震技术被引入到结构抗震领域中。在建筑结构中设置阻尼器装置，通过局部变形提供附加阻尼，以消耗输入上部

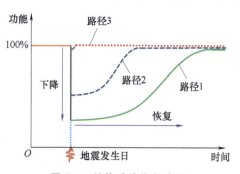

图 8-1 结构功能恢复路径

结构的地震能量，达到预期设防要求。具体来说，就是在结构某些部位（如层间空间、节点、接缝等）安装消能阻尼器，在小震作用下，阻尼器与结构共同工作，结构本身处于弹性状态并满足正常使用要求；在大震下，随着结构侧移变形的增大，阻尼器产生较大阻尼，大量消耗输入结构的地震能量，使结构的动能或者变形能率先转化为热能等形式耗散掉，迅速衰减结构的地震反应，使主结构避免出现显著的非弹性变形，结构仍处于弹性或弹塑性状态，但不至于产生危及生命和丧失使用功能的破坏。

从能量转化的角度可分析其工作原理[1]，典型单质点结构的动力平衡方程为式（8-1），加阻尼器之后的平衡方程为式（8-2），其中，m、c、k分别为单质点的质量、阻尼系数和刚度系数，$F(t)$为动力荷载，f_d为阻尼器的作用力，x为质点的相对位移。将式（8-1）和式（8-2）积分可以得到式（8-3）和式（8-4），进一步可简写为式（8-5）和式（8-6）。式（8-3）的左端分别为动能E_v、固有阻尼耗能E_c和结构弹性和塑性应变能E_k，式右端为结构输入能量E_i。对比式（8-4）可知，等

式左侧多了第 4 项 E_d，即阻尼器耗能。从能量转化的角度可以看到，结构固有阻尼耗散能量有限（较小的 E_c），阻尼器的主要作用是通过吸收或耗散运动能量（增大 E_d）来减小建筑物的振动幅度（降低 E_v），减小结构塑性损伤（降低 E_k），保证结构在地震下的安全。根据有关振动台试验数据，消能减震结构的地震反应比传统抗震结构降低 40%～60%，且结构越高、越柔，消能减震效果越显著。阻尼器减震的结构可以减少抗侧力构件的设置，减少结构截面和配筋，并提高结构的抗震性能，一般可节约造价 5%～10%，对于既有建筑物的抗震加固，则可节约造价 10%～60%。

$$m\ddot{x} + c\dot{x} + kx = F(t) \tag{8-1}$$

$$m\ddot{x} + c\dot{x} + kx + f_d = F(t) \tag{8-2}$$

$$\int m\ddot{x}dx + \int c\dot{x}dx + \int kxdx = \int F(t)dx \tag{8-3}$$

$$\int m\ddot{x}dx + \int c\dot{x}dx + \int kxdx + \int f_d dx = \int F(t)dx \tag{8-4}$$

$$E_v + E_c + E_k = E_i \tag{8-5}$$

$$E_v + E_c + E_k + E_d = E_i \tag{8-6}$$

按消能部位的不同形式，阻尼器可以分为消能支撑、消能剪力墙、消能节点、消能连接等。根据耗能材料的类型，近几十年来发展起来的阻尼器装置可分为金属阻尼器、摩擦阻尼器、黏弹性阻尼器、黏滞阻尼器等。金属阻尼器利用金属屈服后发生塑性变形耗散地震能量；摩擦阻尼器利用材料之间的相对摩擦耗散地震能量；黏弹性阻尼器主要依靠黏弹性材料产生的剪切变形或拉压变形来耗散能量的减震装置；黏滞阻尼器一般利用活塞与钢筒之间相对运动时所产生的压力差挤压迫使黏滞流体耗散能量。

这些阻尼器用于增加建筑物的稳定性和抗震能力，降低结构疲劳和损伤的风险。但是，采用消能减震设计的结构，还不能完全做到结构在设防烈度地震下上部结构不受损伤或者主体结构处于弹性状态，但是与非消能减震结构相比，结构在震后功能损失降低，抗震韧性有所提升，结构震后功能恢复曲线如图 8-1 路径 2 所示。很多已经得到广泛的工程应用，如日本、中国、美国等高层建筑中大量使用了防屈曲耗能支撑 BRB[2]。但是传统阻尼器只有耗能能力，而复位能力不显著，典型滞回曲线如图 8-2a 所示，阻尼器变形耗能使得结构震后存在不可避免的残余变形，对结构产生不利的影响并且修复代价昂贵，而且阻尼器自身修复困难。研究[3] 表明，当最大残余应变超过 0.5% 时，结构将无法修复或修复成本大于重建成本。

因此，基于以上原因，有学者设计了兼具耗能和自复位性能的自复位耗能装置，利用装置的耗能和自复位性能构建抗震韧性结构[4]，这类具有耗能和自修复功能的阻尼器滞回曲线如图 8-2b 所示。即在建筑结构中引入自复位耗能装置，使装置特性与结构相融合，地震时利用装置的耗能性能消耗地震能量，震后利用装置的自复位性能使结构的变形自动恢复或采取某种简单措施后恢复仅能够避免装置的更换，震后基本上无残余变形，可以显著减小结构的残余变形，使得结构震后无损伤或轻微损伤，减少灾后的修复工作，还能在短时间内使建筑重新投入使用。这种阻尼器大幅度提高了结构的可修复性，结构震后功能恢复曲线如图8-1路径3所示。

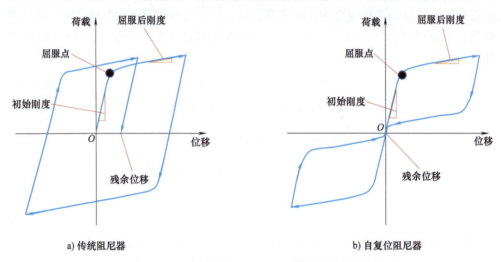

a) 传统阻尼器   b) 自复位阻尼器

图8-2 传统阻尼器和自复位阻尼器的滞回曲线

8.2 自复位装置研究现状

常规阻尼器在震后所经历的过大的残余变形会加大整体结构的震后残余变形。自复位阻尼器是在阻尼器的基础上发展而来的，是将复位装置和耗能装置通过传力装置并联在一起，可以分解为复位装置的双线性弹性滞回和耗能装置的双线性弹塑性滞回曲线。以 Christopoulos 等[5-6] 提出的自复位支撑为例，受拉过程如图 8-3a 所示，在外力作用下支撑首先发生传力装置的弹性变形，整体刚度为传力装置的串联刚度。当外力超过复位装置的预应力和耗能装置的屈服力之和后，支撑开始发生相对位移，整体刚度变为复位装置的刚度。支撑在加载到最大轴向变形后进入卸载阶段，屈服力反向使支撑力减小，随后支撑的相对位移逐渐减小，最终恢复原有状态，消除残余变形。需要说明的是，预应力系统提供的复位力必须大于耗能系统的阻力，否则支撑将不能实现完全的自复位。支撑在受压时工作机制与受拉时相同，滞回曲线如图 8-3b 所示，滞回响应具有良好的对称性能，且无残余变形。因此，自复位阻尼器的核心机制是自复位装置和耗能装置，耗能装置可采用各种形式的阻尼器，众多研究者主要对自复位装置进行了大量的研究，以适应不同结构功能的需要。自复位阻尼器具有响应速度快、能量消耗少、可重复使用等优点，在建筑结构的减震和抗震方面具有广阔的应用前景。关于自复位阻尼器的研究，耗能装置方面仍多采用常规的金属阻尼器、摩擦阻尼器、黏弹性阻尼器和黏滞阻尼器等，目前主要研发的自复位装置主要有预应力筋材、记忆合金和机械弹簧等。

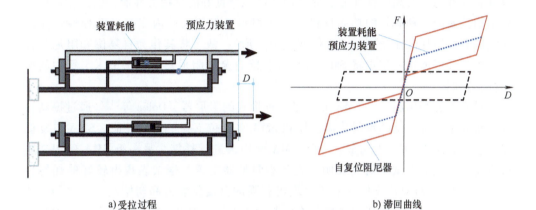

a) 受拉过程   b) 滞回曲线

图 8-3   自复位支撑的受力性能

目前的自复位支撑根据自复位恢复力产生的原理主要包括以下 3 种类型：SMA 线材或棒材产生自复位能力；预应力筋通过某种方式集成在一起产生恢复力使阻尼器复位，通常预应力筋为高强钢绞线、各种高性能纤维材丝（束），预应力筋需要具有较大的可恢复应变和承载力；通过机械弹簧来产生自复位能力。另外，还有其他的新型自复位装置，如压缩流体等[7-9]。

8.2.1   形状记忆合金类

形状记忆合金（SMA）是一种对形状有记忆功能的机敏材料，其在奥氏体相表现出超弹性[10]。如图 8-4 所示，承载并卸载后的可恢复应变高达 8% ~ 10%，屈服应力与钢材相当，极限强度超过 1000MPa，具有较好的阻尼特性。利用这种材料制成的阻尼器，能够克服前述阻尼器的弊端，而且可恢复变形大，驱动力高，耐腐蚀、抗疲劳性好，性能稳定，是结构振动被动控制的理想选择。

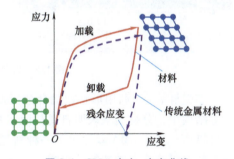

图 8-4   SMA 应力-应变曲线

超弹性效应是指处于奥氏体相的 SMA 在外力作用下发生变形，卸载后又恢复原始形状的现象。SMA 超弹性可恢复应变是普通金属的 12 倍，且其极限强度也远超一般金属。要使 SMA 材料发生超弹性效应，环境温度应高于奥氏体相变结束温度并低于临界温度。

SMA 可按基材分类，如 Ni-Ti 基合金、Fe-Mn-Si 基合金、Cu 基合金等。Ni-Ti

基合金的关注度较高，其材料特性被不断改进，其可恢复应变达 9%。在材料形态上，Ni-Ti 基合金已突破原有的丝材形式，实现了棒材、管材和板材的制造。目前，在众多 SMA 种类中，Ni-Ti 基合金拥有着最长且最成熟的发展历史。由于 SMA 材料具有独特的相变超弹性性能、形状记忆性能及良好的抗疲劳性能，因此它可以作为结构控制的一种有效的功能材料。SMA 材料具有很大的内摩擦（超弹性性能保证它能有效地耗散能量而不产生任何残余变形），故可将其作为自复位和阻尼装置来分析，并根据这一特点将 SMA 设计成智能自复位阻尼器，用于土木工程中的振动被动控制。

科研人员利用超弹性 SMA 开发了各种形式的阻尼器。Dolce 等[11] 通过振动台试验研究了设置传统的钢阻尼器支撑和 SMA 自复位支撑的抗震性能。SMA 自复位支撑主要由两组 SMA 丝组成，一组 SMA 丝用来进行耗能，另一组 SMA 丝用来进行自复位。振动台试验研究表明，安装钢阻尼器支撑的框架表现出较好的耗能性能；安装 SMA 自复位支撑的框架表现出较强的自复位能力和初始刚度。两种支撑在控制结构的加速度和层间位移角方面都表现突出。Miller 等[12] 提出了一种自复位屈曲约束支撑（SC-BRB）。这种支撑采用大直径的形状记忆合金杆提供自恢复力，在满足支撑大变形需求的同时还可以提供一定的耗能能力，支撑的配置如图 8-5 所示。研究结果表明，测试的 SC-BRB 结构在卸载后残余变约为最大支撑变形的一半，这种支撑的滞回性能可以帮助框架体系在大震后将残余侧移降低到较低的水平；形状记忆合金杆中的预张力会在加载过程中有所损失；残余变形量可以由 SMA 的预压力与支撑屈服力的比值控制。

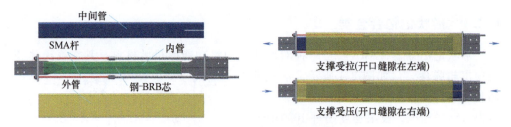

图 8-5 自复位屈曲约束支撑

李爱群等[1] 利用形状记忆合金研发了多种自复位阻尼器，将阻尼器布设于框架等结构中，分析结果表明自复位阻尼器对残余变形表现出了良好的控制效果。李宏男等[13] 基于 SMA 丝提出了一种新型 SMA 阻尼器，并通过试验探究了加载频率等参数对阻尼器力学性能的影响，结果表明，正常工作状态下该阻尼器能形成稳定的滞回曲线，不同加载频率下对阻尼器的耗能能力影响不大，而调整 SMA 丝的预应变可影响阻尼器的工作性能，从而满足不同工程的需要。Qian 等[14-15] 提出一种自复位黏弹性连梁阻尼器，采用 SMA 作为自复位装置，采用黏弹性材料作为耗能装置，提出了构造详细措施，并将其应用于一个 10 层的联肢剪力墙结构中，动力时程分析表明相比较传统黏弹性连梁，该自复位连梁可以耗散更多的能量，具有更大的初始刚度，结构具有更小的残余变形，剪力墙的塑性损伤可以被有效地避免。参数分析表明，SMA 的初始应变和截面面积、黏弹材料抗剪面积显著影响阻尼器的耗能和自复位能力。

8.2.2 预应力丝束类

如前所述，钢绞线和钢丝束常用于自复位框架结构[16-18]和自复位剪力墙结构[19-20]中，为结构提供自复位能力，相关研究也取得了大量成果。

2008 年，Christopoulos 等[5-6]首次提出自复位耗能支撑（SCEDB）的概念。SCEDB 不依赖形状记忆合金材料自复位，同时能够为结构主体提供支撑承载力和刚度，这为自复位耗能支撑的研究工作创造了良好的开端。为研究 SCEDB 构造的工作性能，Christopoulos 团队主要完成了如下试验：

（1）SCEDB 的拟静力轴向加载试验。试验对象为 2.17m 的支撑，结果表明，在循环荷载作用下支撑呈现饱满的旗帜形滞回曲线；加载至最大幅值时，支撑轴向伸长率（支撑轴向伸长量与支撑总长度之比）为 1.3%，卸载后残余变形很小，复位效果良好。

（2）单层框架的动力试验。对一榀 9×3.75m 的框架输入 7 组不同的层间位移角时程曲线，发现 SCEDB 耗能良好，卸载后能顺利实现自复位并消除框架的残余变形；大部分侧向力由 SCEDB 承担，降低了框架主体的损伤程度。

（3）三层框架结构的振动台试验。试验对象取自洛杉矶某三层钢结构办公楼的一榀单跨三层框架。为防止试验框架发生平面外失稳，大型约束框架安置在振动台四周并与试验框架相连接。试验结果表明，SCEDB 在经历 12 条地震波作用后性能依然良好，刚度无明显退化；每次加载结束后，支撑能够消除框架的残余层间位移角，实现结构的自复位。

Chou 等[21-22]提出一种双核心筒式自复位支撑（DC-SCB）。在 SCEDB 的基础上增加一个内筒，即第一核心筒与第二核心筒、第二核心筒与外筒之间都可产生相对位移，用于分担支撑的整体变形量。在预应力筋弹性变形能力不变的情况下，这种"多筒式"构造可以显著提高支撑的伸长能力。拟静力循环加载试验表明，当目标位移角为 2% 时，DC-SCB 滞回性能良好，卸载后完全实现自复位；当目标位移角相同时，DC-SCB 中预应力筋的应变（约为 1%）是 SCEDB 中的 1/2，即前者的伸长能力是后者的 2 倍。类似的"多筒式"支撑。2014 年 Erochko 等[23]为解决预应力筋材料对普通自复位支撑变形的限制，提出了一种增强伸长式摩擦自复位支撑（T-SCEDB），该支撑可以实现自复位并且变形能力显著提高。通过对该支撑足尺结构的拟静力和动力试验，验证了该支撑具有良好的变形能力，在达到 4% 的层间位移角前未发生破坏，降低了支撑对预应力筋弹性延伸率的需求。

周臻等[24]提出了双套筒式自复位防屈曲支撑（DT-SCBRB）。采用玄武岩纤维筋提供复位力，其优点是具有比钢绞线更低的弹性模量、更高的弹性变形能力。

拟静力试验结果表明，DT-SCBRB 呈现典型的旗帜形滞回曲线，支撑轴向伸长率达到 1.3%，低周往复加载 15 次后支撑仍具有较好的耗能能力和自复位能力。王海深等[25] 提出了一种交叉锚固型 SCBRB，该支撑采用了两套预应力筋进行交叉锚固，改善了预应力钢绞线的变形能力，进而将该 SCBRB 的变形能力提升了一倍。基于 ABAQUS 数值模拟，研究了初始预应力的大小、芯板横截面积对构件耗能能力及复位能力的影响，结果表明，预应力筋初始预应力的大小和芯板横截面积这两个参数对构件耗能能力及复位能力有着显著的影响，当选取的参数合适时，SCBRB 表现出良好的耗能水平，自复位能力达到支撑长度的 1%。

池沛等[26-27] 提出了一种新型的自复位拉索支撑，主要由耗能模块、复位模块和拉索模块组成。在复位模块中通过运用滑轮可以将预应力复位筋的长度增加一倍，从而提高了该支撑的复位能力。理论和与模拟分析表明，当结构层间位移角达到 2% 时，支撑仍然能够完全自复位。张蕴文等[28] 提出了一种仅单向受拉的摩擦耗能式自复位拉索，如图 8-6 所示。将其与 BRB 支撑进行比较，并通过地震易损性评估方法，验证了该支撑的良好减震性能。研究表明，该支撑充分利用了受拉筋材的高强度特性，不仅能够显著地减小结构的地震响应，还大幅度提高了自复位耗能支撑的经济性和适用性。

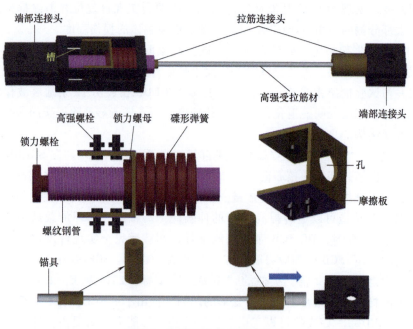

图 8-6 摩擦耗能式自复位拉索

8.2.3 机械弹簧类

自复位技术中采用了各种机械弹簧，如碟簧、环簧、螺旋弹簧等。徐龙河等[29-30] 提出了一种由摩擦垫构成耗能装置，碟形弹簧构成自复位装置的装配式自复位耗能支撑。作为自复位装置和耗能装置的附属支撑构件，中间支撑构件和引导支撑构件起到了组装作用。由摩擦垫组成的耗能装置在两个支撑构件的接触表面上相互接触，自复位装置由碟形弹簧、限位板和支承板组成。两个支撑构件为自复位装置和耗能装置提供支撑，并指导自复位装置的运动。该自复位耗能支撑具有明确的装配方式，保证了复位和耗能装置发挥其优良的复位和耗能能力。此外，通过循环加载试验表明，该耗能装置在提供稳定摩擦力的同时不会使摩擦垫退化或高强螺栓松动，试验中也观察到了稳定且可重复的旗帜形滞回响应。试验表明，在循环加载条件下，不同加载阶段间的过渡是平稳的，轴向强度是稳定的。

Ding 等[31] 提出了一种新型的自复位屈曲约束支撑，旨在用自复位系统帮助屈曲约束支撑在卸载后恢复到初始长度，并期望压缩碟簧能提供额外的耗能能力。分析结果表明，自复位屈曲约束支撑的自复位比对于自复位屈曲约束支撑的滞回性能的影响大；随着自复位比的增大，支撑的自复位能力提高，并且自复位系统提供一定的能量耗散能力；自复位系统的良好弹性变形能力保证了自复位屈曲约束支撑中钢芯被拉断后仍具有一定的承载能力。Veismoradi 等[32] 对旋转摩擦阻尼器进行了优化，设计出了一种既能提供耗能又能自复位的新型抗震装置——自复位旋转摩擦阻尼器。该阻尼器通过旋转摩擦滑动达到耗散地震能量的效果，同时提供了稳定的自复位特性，不需要事后维修，经济实用。严鑫等[33] 提出了一种预压碟簧自复位黏滞阻尼器。该阻尼器主要由黏滞耗能系统和碟簧自复位系统两大部分组成，具有典型的旗帜形滞回响应特性，随着加载频率和加载幅值的增大，其滞回曲线变得逐渐丰满，表现出明显的速度相关型耗能特征。阻尼器的绝对耗能能力仅与黏滞耗能系统有关，在低频小位移加载时也能提供较为满意的耗能。当阻尼器自复位系统的初始预压力大于黏滞耗能系统的最大内摩擦力时，即可完全实现阻尼器在加载结束后的自复位性能。

Zhu 等[34] 提出了一种自复位黏滞阻尼器，预紧环簧提供自动定心能力，流体黏滞阻尼器耗散能量。试验结果表明，该阻尼器具有位移依赖和速度依赖的滞后响应，具有自定心能力。疲劳试验进一步表明，该阻尼器在循环加载下保持了稳定的滞回响应。徐龙河等[29-30] 利用磁流变液耗能原理研发了新型自复位阻尼耗能支撑。支撑受力时，内管和导向轴发生相对运动，碟簧受压并提供复位能力。磁流变液在永恒磁场中"固化"，产生剪切屈服应力，从而达到耗能目的。拟静力试验结果表明，耗能系统性能稳定可靠，支撑卸载后无残余变形，复位能力良好，呈现良好的旗帜形滞回曲线。Jiang 等[35] 提出了一种变形放大自复位装置，该装置的自定心由一个预压组合碟簧实现，利用铅棒被放大的弹塑性滞回变形来耗散地震能量。试验结果表明，该装置具有良好的自定心和耗能能力。其滞回曲线呈旗帜形特征，卸荷后最大残余位移仅为 0.97mm。增大碟形弹簧预压可提高碟形弹簧的自定心能力，增大变形放大比、增大铅棒直径和数量可提高耗能能力。

8.3　自复位结构研究现状

很多学者将自复位阻尼器应用于结构中以提升结构的抗震性能，开展了大量的试验和理论研究，并建立了合理的抗震设计方法。

8.3.1　试验研究

试验研究是检验阻尼器和结构抗震性能的重要手段，很多学者针对新型的阻尼器和结构开展了试验研究。Salichs 等[36] 设计了一个装有 SMA 丝的交叉支撑，并将其安装在一个单层建筑结构缩尺模型上，利用振动台试验来测量这种支撑的减震性能。试验结果表明，通过支撑提供附加刚度改变结构的频率，利用其超弹性滞后效应耗散更多的能量均能有效地抑制结构的震动。Boroschek 等[37] 开发了一种用于钢框架的 SMA 支撑，钢框架振动台试验发现，这种支撑可以降低结构的峰值位移和峰值加速度。

Zhu 等[38] 提出了一种自复位黏滞阻尼器，将其安装在一个 3 层的钢框架中，研究了结构在主余震序列作用下的抗震性能。研究发现，阻尼器可以减少 30% ~ 50% 的峰值位移，以及 50% ~ 80% 的残余位移。无阻尼器的框架，主余震下的峰值位移和残余位移大于主震下的结果；有阻尼器的框架，主余震后和主震后的结果相差不大。这表明，自复位阻尼器对于主余震序列型地震具有较好的抗震能力。Erochko 等[23] 对新提出的自复位支撑进一步开展振动台研究，将其安装于一个 3 层的钢框架中，如图 8-7 所示。研究表明该支撑即使在 12 条地震动输入完成后，结构的最大层间位移角可以达到 2% ~ 4%，仍然没有损伤，摩擦力损失较小，在设计水准和最大地震水准下结构仍然具有足够的自复位能力和较小的残余变形。另外，著者采用了 OpenSees 和简化的 SAP 2000 模型对试验过程进行了模拟，取得了较好的预测效果，可以为工程师模拟该类结构提供参考。

张蕴文等[28] 提出了自复位拉索，设计并加工了两个自复位拉索试件并对其进行了往复加载试验，然后以一缩尺的钢筋混凝土框架作为数值子结构、以两根自复位拉索试件作为试验子结构，开展了双作动器的实时混合模拟试验。试验结果显示，自复位拉索在往复加载后呈现出饱满、稳定的旗帜形滞回曲线，且其滞回环面积没有明显减小，表明该自复位拉索具有良好的复位能力和稳定的耗能能力；试验选用的受拉筋材具有较好的承载力，能够满足自复位拉索的承载力、变形和复位需求；碟形弹簧具有良好且稳定的复位能力，在往复加载后基本没有残余变形；自复位拉索可以大幅度减小结构的层间位移角、顶点位移等地震响应和震后残余变形，能够显著地提高结构的抗震性能，进而从结构层面验证了自复位拉索体系的减震有效性。

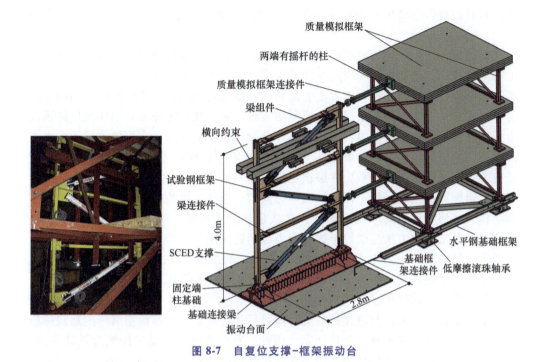

质量模拟框架

两端有摇杆的柱

质量模拟框架连接件

梁组件

横向约束

试验钢框架

梁连接件

SCED支撑

固定端柱基础

基础连接梁

振动台面

4.0m

水平钢基础框架

基础框架连接件　低摩擦滚珠轴承

2.8m

图 8-7　自复位支撑−框架振动台

8.3.2　抗震分析与设计

具有自复位阻尼器的结构作为一种特殊的减震结构，其抗震设计方法也随着建筑结构抗震设计方法的发展而不断进步。结构设计需要解决的一个关键问题是，设计人员需要准确有效地预测结构在特定地震作用下的预期性能。

Paulay 等[39-40] 提出的"能力设计法"在静力抗震设计和基于承载力和延性保证的抗震设计的基础上，第一次明确提出了对结构损伤机制的控制。在 Paulay 教授的影响下，新西兰规范最先采用了这种抗震设计方法。新西兰混凝土设计规范[41] 将能力设计法概括为："在地震作用下，结构体系应通过合理构造的主要抗侧构件的严重变形来耗散地震能量，而其他结构构件应具有足够的承载力以保证结构体系实现并保持预期的耗能机制。"结构体系中的各个构件被明确区分为"耗散地震能量"的构件（预期损伤构件）和"保证结构体系实现并保持预期的耗能机制"的构件（非预期损伤构件）。这种设计思想被广泛接受，通过建议的承载力级差系数（如基于梁柱节点弯矩平衡提出的"强柱弱梁系数"）对构件的弹性内力进行调整以确定其承载力需求的方法，至今仍是各国抗震设计规范中的基本方法。能力设计法的主要思想是，通过控制不同构件之间或同一构件的不同受力状态之间的承载力级差，避免结构出现不合理的损伤机制，使结构具有足够的塑性变形能力和耗能能力，防止结构倒塌。目前流行的"强柱弱梁、强剪弱弯、强连接弱构件"就是该设计思想的具体体现。能力设计法的关键在于将控制的概念引入结构抗震设计，有目的地引导结构损伤向合理的预期模式发展，是一种主动的结构抗震设计思想。

能力设计法以线弹性地震响应分析为基础，通过加速度反应谱得到作用在结构上的地震作用，然后进行相应的构件截面设计，最后验算结构的位移响应，便于在实际工程设计中应用。然而该方法无法直接定量地评价结构在非线性阶段的响应状态，这使它往往不能保证预期损伤机制的实现。除了在确定非预期损伤部位的承载力需求方面的问题外，能力设计法在估计结构的位移响应和各个构件的延性需求方面也有明显的不足。以能力设计法为基础，叶等[42] 提出了"体系能力设计法"，将能力设计法的基本理念从构件层次提升到结构体系层次，通过对整体结构的不同部分设定能力级差，采用不同的抗震能力要求，保证主结构在大震下能够提供足够的结构整体屈服后刚度（通过保持弹性或损伤程度很低），并明确预期损伤部位，使结构的弹塑性动力响应受控于抗震能力较高的主结构，避免变形和能量集中。很多学者在结构设计中采用了该设计思想[43-44]。如张磊[43] 以钢混组合柱、钢梁组成主结构，以耗能支撑作为次结构构件，形成框架-支撑筒，以替代普通的钢筋混凝土核心筒，大幅提高了筒体的弹性变形能力。

上述设计方法无法与直接的抗震性能目标相对应，无法准确把握结构地震弹塑性响应，设计过程需要反复迭代计算。因此，有学者提出了基于性能的设计方法。与结构和非结构构件损伤状态密切相关的层间位移角是重要的性能指标之一。随着基于性能的抗震设计方法的逐渐发展，层间位移角变得越发重要。准确预测结构变形是基于性能的抗震设计方法中的关键步骤之一，它能为建筑物的抗震性能评估和决策提供有力依据。

2000 年，Priestley[45-46] 首次提出了基于位移的设计方法，虽然此方法以等效线性化为理论基础，但不需要迭代。基于位移的抗震设计从结构在设计水准下的目标位移开始，通过位移反应谱及结构的有效阻尼比得到结构的有效周期，然后对结构进行设计。现代抗震设计的概念就是使结构在地震过程中进入非线性阶段，从而耗散地震能量。因此，结构的抗震性能指标大都与位移相关，如屈服位移、极限位移、延性系数等。该方法包括以下几个部分：确定结构的目标位移；确定屈服位移及延性比需求；确定有效阻尼比；确定有效周期及有效刚度并计算结构屈服力。在Priestley 提出以上方法之后，欧美国家及新西兰等国深入地研究了这种方法在各种结构体系上的应用[47-51]。

基于位移的设计方法的基础是获得结构非线性位移，可基于非线性位移谱（比）和等效弹性位移谱两种途径，很多学者对此进行了研究。非弹性位移比定义为当经受相同的地震作用时，非弹性结构与相应弹性结构的最大位移之比。由于结构的弹性变形可以较容易地从设计谱中获得，因此用非线性位移比可快速评估结构的地震位移响应。含有自复位阻尼器的结构与传统结构存在显著不同，其滞回曲线呈现典型的旗帜形。由于旗帜形滞回模型的地震响应与双线性弹塑性模型不同[52-54]，因此将适用于双线性弹塑性模型的非线性位移比公式直接应用于旗帜形模型中，可能会使得结构的非弹性变形预测不准确。为此，学者们对具有旗帜形滞回行为的自复位结构提出了很多特殊分析和设计方法。如武大洋和吕西林[55]提出了一种复合自复位结构，复合自复位结构体系由基本功能分区（主结构）和损伤控制分区（次结构）组成：对于基本功能分区，可实现结构的正常使用功能，承担大部分的地震作用和全部的重力荷载，由传统的框架结构实现；对于损伤控制分区，可实现自复位和耗能，分担剩余的地震作用和降低结构的层间位移集中程度，可由自复位耗能框架实现。基于刚度需求的设计方法分别设计了无耗能机制、以 BRB 作为耗能机制和以自复位阻尼器作为耗能机制的三种复合自复位结构。采用联合概率密度函数对三种复合自复位结构和无控结构进行性能评估。试验结果表明，复合自复位结构可以有效降低结构最大层间位移角和残余层间位移角的均值和离散性。其中，以自复位阻尼器作为耗能机制的复合自复位结构具有最好的控制效果；复合自复位结构可以有效降低残余位移对结构损伤概率的影响；复合自复位结构可以较好地控制结构层间位移集中系数，降低薄弱层出现的可能性。

8.4　本篇研究内容

由于自复位技术的卓越优势，目前学者们已开展了大量的研究工作，并取得了一系列成果。但是，目前自复位技术还存在一些问题，限制了其进一步发展和工程应用。例如：为了实现摇摆机制，自复位混凝土结构的各个构件在节点处一般通过预应力筋和耗能元件连接，节点数量较多，构造较为复杂；自复位混凝土结构主体需要与大量的非结构构件（如楼板、填充墙和楼梯等）可靠连接，以保证安全工作，结构摇摆过程中接缝反复张开和闭合会对非结构构件造成严重损坏；很多非结构构件传力不明确，会改变结构的耗能能力和自复位能力；自复位结构体系比普通抗震结构体系更复杂，存在更多的抗震设计参数和设防目标，需要特定的设计方法。这些问题都在一定程度上限制了自复位混凝土结构的发展和应用。针对这些问题，本篇从构造形式、抗震性能及设计方法等方面进行研究。这对于丰富我国抗震结构体系、提高自复位技术的经济性和实用性均有积极意义，具有重要的社会意义和科学研究价值。本篇主要研究工作如下：

（1）提出了一种新型旋转自复位节点，通过预应力提供该新型自复位节点的自复位能力，正螺旋面的摩擦力提供节点的耗能能力，且旋转耗能过程中，其压应力增大，进而增大其承载和耗能能力，自复位节点可以有效耗散地震能量，避免了结构在罕遇地震下的塑性变形及由此导致的残余变形。从机理上分析了新型节点的受力特点，并通过试验研究了其滞回性能；另外，设计了一个含有自复位节点的钢框架，对比验证了其优良的抗震性能。该新型节点可用于设计变刚度自复位节点，试验验证了该种节点的弯矩滞回曲线具有变刚度特征，且强弱碟簧组刚度比越大，加载初期弱刚度碟簧变形所占比例越大，越容易被压平，因此其刚度转折点的位移越小，这为限制超大震下的结构位移、增强自复位结构的抗震性能提供了新思路。

（2）提出了一种新型的自复位支撑，对该支撑进行了理论分析和试验研究，研究了其力学性能和影响因素，并对采用该支撑的框架结构进行了动力非线性分析，结果与普通支撑和自复位支撑框架进行了对比，验证了其效果。其滞回曲线与传统支撑和自复位支撑具有显著区别。该支撑在较小的荷载作用下，其滞回曲线与自复位支撑相同，呈现出旗帜形，而在较大的荷载作用下，支撑会进入强化阶段，刚度迅速增大，限制结构的位移响应，保护结构大震和超大震下不倒。

（3）对比分析了几种已有的等效线性化方法；建立了不同滞回参数的非线性模型，以及不同周期比和阻尼比的线性模型，进行了大量的非线性动力时程分析，深入掌握各种方法的精度。精度评估表明传统等线性化方法对于预测旗帜形滞回行为的非线性响应误差较大，且大部分误差均值为负值，这意味着等价模型的预测位移小于实际非线性模型的位移，这是偏于不安全的。提出了一种适用于预测旗帜形滞回行为的非线性响应的等效线性化方法，通过对大量的非线性系统和线性系统进行动力时程分析，找出与每个非线性系统响应最接近的线性化系统，将结果进行统计分析，回归出可以考虑非线性系统各参数的等效线性化计算方法，该方法可以考虑自复位旗帜形滞回行为的滞回参数影响，预测结果优于已有方法，且离散性与现有模型基本在同一水平上。

本章参考文献

［1］ LI A Q. Vibration control for building structures：Theory and application ［M］. Heidelberg：Springer International Publishing，2020.

［2］ YANG C M，TOSHIO M，LI H N. Research progress and its engineering application of buckling restrained braces ［J］. Journal of Architecture and Civil Engineering，2011，28（4）：75-85.

［3］ MCCORMICK J，ABURANO H，IKENAGA M，et al. Permissible residual deformation levels for building structures considering both safety and human elements ［C］//Proceedings of the 14th World Conference on Earthquake Engineering，2008.

［4］ CHOU C C，CHEN Y C，PHAM D H，et al. Steel braced frames with dual-core SCBs and sandwiched BRBs：Mechanics，modeling and seismic demands ［J］. Engineering Structures，2014，72（8）：26-40.

［5］ CHRISTOPOULOS C，TREMBLAY R，KIM H J，et al. Self-centering energy dissipative bracing system for the seismic resistance of structures：development and validation ［J］. Journal of Structural Engineering，2008，134（1）：96-107.

［6］ TREMBLAY R，LACERTE M，CHRISTOPOULOS C. Seismic response of multistory buildings with selfcentering energy dissipative steel braces ［J］. Journal of Structural Engineering，2008，134（1）：108-121.

［7］ KITAYAMA S，CONSTANTINOU M C. Design and analysis of buildings with fluidic selfcentering systems [J]. Journal of Structural Engineering, 2016, 142 (11): 04016105.

[8] KITAYAMA S, CONSTANTINOU M C. Probabilistic collapse resistance and residual drift assessment of buildings with fluidic self-centering systems [J]. Earthquake Engineering & Structural Dynamics, 2016, 45 (12): 1935-1953.

[9] KITAYAMA S, CONSTANTINOU M C. Fluidic self-centering devices as elements of seismically resistant structures: Description, testing, modeling, and model validation [J]. Journal of Structural Engineering, 2017, 143 (7): 04017050.

[10] SAVAGE S J. Engineering aspects of shape memory alloys [J]. Metallurgical Reviews, 2014, 36 (1): 273-273.

[11] DOLCE M, CARDONE D, MARNETTO R. Implementation and testing of passive control devices based on shape memory alloys [J]. Earthquake Engineering & Structural Dynamics, 2000, 29 (7): 945-968.

[12] MILLER D J, FAHNESTOCK L A, EATHERTON M R. Self-centering buckling-restrained braces for advanced seismic performance [C] //Structures Congress,Las Vegas, Nevada, 2011.

[13] LI H, MAO C X, OU J P. Experimental and theoretical study on two types of shape memory alloy devices [J]. Earthquake Engineering & Structural Dynamic, 2008, 37 (3): 407-426.

[14] QIAN H, LI H N, REN W X, et al. Experimental investigation of an innovative hybrid shape memory alloys friction damper [J]. Journal of Building Structures, 2011, 32 (9): 58-64.

[15] QIAN H, FAN C L, SHI Y F, et al. Development and investigation of an innovative shape memory alloy cable-controlled self-centering viscoelastic coupling beam damper for seismic mitigation in coupled shear wall structures [J]. Earthquake Engineering & Structural Dynamics. 2023, 52: 370-393.

[16] GUO T, SONG L L, CAO Z L, et al. Large-scale tests on cyclic behavior of self-centering prestressed concrete frames [J]. ACI Structural Journal, 2016, 113: 1263-1274.

[17] XU G, GUO T, LI A, et al. Self-centering beam-column joints with variable stiffness for steel moment resisting frame [J]. Engineering Structures, 2023, 278: 115526.

[18] XU G, GUO T, LI A. Self-centering rotational joints for seismic resilient steel moment resisting frame [J]. Journal of Structural Engineering, 2023, 149 (2): 04022245.

[19] XU G, GUO T, LI A. Equivalent linearization method for seismic analysis and design of self-centering structures [J]. Engineering Structures, 2022, 271: 114900.

[20] XU G, LI A. Seismic performance and design approach of unbonded post-tensioned precast sandwich wall structures with friction devices [J]. Engineering Structures. 2020, 204: 110037.

[21] CHOU C, CHEN Y. Development and seismic tests of steel dual-core self-centering braces: fiber-reinforced polymer composites as post-tensioning tendons [J]. China Civil Engineering Journal, 2012, 45 (2): 202-206.

[22] CHOU C C, CHEN Y C, PHAM D H, et al. Steel braced frames with dual-core SCBs and sandwiched BRBs: mechanics, modeling and seismic demands [J]. Engineering Structures, 2014, 72: 26-40.

[23] EROCHKO J, CHRISTOPOULOS C, TREMBLAY R. Design and testing of an enhanced-elon-

gation telescoping self-centering energy-dissipative brace [J]. Journal of Structural Engineering, 2014, 141 (6): 04014163.

[24] ZHOU Z, XIE Q, LEI X C, et al. Experimental investigation of the hysteretic performance of dual-tube self-centering buckling-restrained braces with composite tendons [J]. Journal of Composites for Construction, 2015, 19 (6): 04015011.

[25] WANG H, NIE X, PAN P. Development of a self-centering buckling restrained brace using cross-anchored pre-stressed steel strands [J]. Journal of Constructional Steel Research, 2017, 138: 621-632.

[26] CHI P, DONG J, PENG Y, et al. Theoretical analysis and numerical simulation for an innovative self-centering energy-dissipative tension-brace system [J]. Journal of Vibration and Shock, 2016, 35 (21): 171-176.

[27] CHI P, GUO T, PENG Y, et al. Development of a self-centering tension-only brace for seismic protection of frame structures [J]. Steel and Composite Structures, 2018, 26 (5): 573-582.

[28] ZHANG Y W. Study on seismic mitigation of large-span terminal structure based on friction-damped self-centering tension braces [D]. Nanjing: Southeast University, 2021.

[29] XU L H, XIE X S, LI Z X. Development and experimental study of a self-centering variable damping energy dissipation brace [J]. Engineering Structures, 2018, 160: 270-280.

[30] XIE X S, XU L H, LI Z X. Hysteretic model and experimental validation of a variable damping self-centering brace [J]. Journal of Constructional Steel Research, 2020, 167: 105965.

[31] DING Y, LIU Y. Cyclic tests of assembled self-centering buckling-restrained braces with pre-compressed disc springs [J]. Journal of Constructional Steel Research, 2020, 172: 106229.

[32] VEISMORADI S, YOUSEF-BEIK S M M, ZARNANI P, et al. Development and parametric study of a new self-centering rotational friction damper [J]. Engineering Structures, 2021, 235: 112097.

[33] YAN X, SHU H P, LIU W J, et al. Development and experimental investigation of a self-centering viscous damper with pre-pressed disc springs [J]. Journal of Building Structures, 2022. https: //kns.cnki.net/kcms/detail/11.1931.TU.20221017.1654.001.html

[34] ZHU R Z, GUO T, MWANGILWA F. Development and test of a self-centering fluidic viscous damper [J]. Advances in Structural Engineering, 2020, 23 (13): 2835-2849.

[35] JIANG H, SONG G S, HUANG L, et al. development and application of a deformation-amplified self-centering energy dissipation device [J]. Engineering Structures, 2023, 275: 115228.

[36] SALICHS J, HOU Z, NOORI M. Vibration suppression of structures using passive shape memory alloy energy dissipation devices [J]. Journal of Intelligent Material Systems and Structures, 2001, (12): 671-680.

[37] BOROSCHEK R, FARIAS G, MORONI O, et al. Effect of SMA braces in a steel frame building [J]. Journal of Earthquake Engineering, 2007, 11 (3): 326-342.

[38] ZHU RZ, GUO T, TESFAMARIAM S, et al. Shake-table tests and numerical analysis of steel frames with self-centering viscous-hysteretic devices under the main shock-aftershock sequences [J]. Journal of Structural Engineering, 2022, 148 (4): 4022024.

［39］ PAULAY T. Deterministic seismic design procedures for reinforced concrete buildings ［J］. Engineering Structures, 1983, 5 (1): 79-86.

［40］ PAULAY T, PRIESTLEY M J N. Seismic design of reinforced concrete and masonry buildings ［M］. New York: John Wiley & Sons, Inc, 1992.

［41］ New Zealand Standards Council. Concrete structures standard: Part I: The design of Concrete Structure NZS 3101.1 ［S］. Wellington: New Zealand Standards Council, 2004.

［42］ YE L P, JIN X L, TIAN Y, et al. "System capacity design method" for the seismic design of building structures: a review ［J］. Engineering Mechanics, 2022, 39 (5): 1-12.

［43］ ZHANG L. Study of seismic and progressive collapse resilient frame-braced tube-outrigger system ［D］. Beijing: Tsinghua University, 2019.

［44］ KIGGINS S, UANG C M. Reducing residual drift of buckling-restrained braced frames as a dual system ［J］. Engineering Structures, 2006, 28 (11): 1525-1532.

［45］ PRIESTLEY M J N. Performance-based seismic design ［C］ //Proceedings of 12th World Conference on Earthquake Engineering, 2000, Auckland.

［46］ PRIESTLEY M J N. Direct displacement-based design of precast/prestressed concrete buildings ［J］. PCI Journal, 2002, 47: 66-79.

［47］ SUAREZ V A, KOWALS M. Direct displacement-based design as an alternative method for seismic design of bridges ［M］. ACI Special Publication, 2010, 271: 63-78.

［48］ SULLIVAN T, PRIESTLEY M J N, CALVI G M. Introduction to a model code for displacement-based seismic design ［J］. Geological and Earthquake Engineering, 2010, 13 (2): 137-148.

［49］ SUAREZ V A, KOWALS M. A stability-based target displacement for direct displacement-based design of bridge piers ［J］. Journal of Earthquake Engineering, 2011, 15 (5): 754-774.

［50］ CARDONE D, DOLCE M, PALERMO G. Direct displacement-based design of seismically isolated bridges ［J］. Bulletin of Earthquake Engineering, 2009, 7: 391-410.

［51］ MALEY T J, SULLIVAN T J, CORTEC G D. Development of a displacement-based design method for steel dual systems with buckling-restrained braces and moment-resisting frames ［J］. Journal of Earthquake Engineering, 2010, 14 (1): 106-140.

［52］ CHRISTOPOULOS C, FILIATRAULT A, FOLZ B. Seismic response of self-centering hysteretic SDOF systems ［J］. Earthquake Engineering & Structural Dynamics, 2002, 31 (5): 1131-1150.

［53］ SEO C Y, SAUSE R. Ductility demands on self-centering systems under earthquake loading ［J］. ACI Structural Journal, 2005, 102 (2): 275-285.

［54］ QIU C X, ZHU S. High-mode effects on seismic performance of multi-story self-centering braced steel frames ［J］. Journal of Constructional Steel Research, 2016, 119: 133-143.

［55］ 武大洋, 吕西林. 基于广义层间位移角谱的复合自复位结构体系的参数分析 ［J］. 振动工程学报, 2018, 31 (2): 255-264.

第9章　自复位节点的力学性能研究

9.1　引言

近年来，地震工程的研究和开发已从抗震、减震和隔震转向抗震韧性[1-2]。关于抗震韧性的研究有很多，如自复位结构、隔震结构等。自复位结构是典型的抗震韧性结构体系，阻尼器和自复位装置常被用于耗散地震能量，并为结构提供足够的自复位能力。目前已有很多技术可以实现结构自复位，如自复位支撑、摇摆体系、自复位节点等。Ricles等[3]对9个大型自复位钢框架节点进行了试验研究，结果表明，钢框架的性能可以在早期加载阶段达到与焊接钢框架相似的性能，并且测试后在自复位节点中未发现残余变形。Rojas等[4]在钢框架的梁柱节点中引入了摩擦板，不仅允许节点旋转，还可以通过摩擦力消散能量。在强震下对6层自复位钢框架结构进行了分析，结果显示其具有良好的耗能能力、自复位能力和足够的强度，其抗震性能优于传统焊接钢框架结构。Garlock等[5]描述了后张预应力框架的力学行为，并概述了后张预应力框架结构基于性能的抗震设计方法。Khoo等[6-7]提出了一种滑动铰节点，可以在损伤较小的情况下实现更大的旋转，将环形弹簧安装在梁下翼缘作为自复位组件，并减少节点的强度退化。试验结果表明，自复位节点表现出了理想的旗帜形滞回行为。在上述连接中，后张预应力筋、弹簧或其他弹性设备常用于梁柱节点，以提供自复位能力。

因此，自复位框架结构与传统框架结构在抗震设计概念和具体构造措施上有很大的不同。在设计传统钢框架结构时，传统梁端不可避免出现塑性铰，著者提出了一种新型自复位旋转节点。基于"强柱弱梁"的设计原则，自复位旋转节点可用在框架结构的梁端，如图9-1所示。带有自复位旋转节点的框架结构不需要采用复杂的后张预应力进行组装，除了自复位旋转节点部位，结构其他部分与传统结构相同，可进一步简化现场施工。通过自复位旋转节点的几何非线性旋转可以避免梁端的塑性损伤。自复位旋转节点的工作原理是，铰接销轴设置在梁端，并在铰接销轴上增加由碟簧和正螺旋面组合而成的自复位和耗能装置。当节点两侧发生相对旋转时，与正螺旋面接触的盖板被提起，增加正螺旋面的预应力和摩擦力，从而实现节点的耗能、承载和自复位能力。

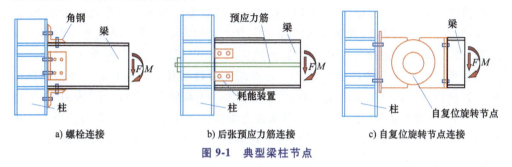

a) 螺栓连接   b) 后张预应力筋连接   c) 自复位旋转节点连接

图 9-1 典型梁柱节点

9.2 受力分析

9.2.1 工作原理

新型旋转自复位节点的各组成部分如图 9-2a 所示，两个旋转端侧面有摩擦面 FS-RP，两个盖板布置于 FS-RP 外侧，盖板的摩擦面 FS-CP 布置于 FS-RP 外侧，转轴将各部件连接起来，两旋转端可绕转轴转动，两盖板外侧布置可产生预压应力的部件，如弹簧、碟簧、环簧等。盖板和旋转部分的摩擦面均为圆环形布置，内部为销栓孔。摩擦面为多个等分角度的正螺旋面坡度反向交替而组成，其峰值高度为 H，内环处螺旋面的坡度为 α_{in}，外环处螺旋面的坡度为 α_{out}，该面可保证盖板与旋转端之间产生相对的正反向任意角度时，FS-CP 和 FS-RP 能紧密贴合。

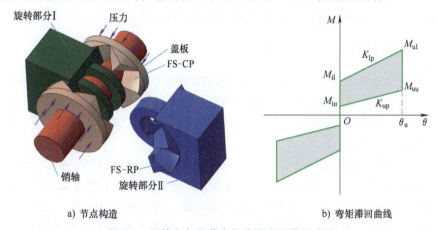

a) 节点构造   b) 弯矩滞回曲线

图 9-2 旋转自复位节点构造及弯矩滞回曲线

节点的抗弯承载力 M 为盖板对左右两侧旋转端的摩擦面产生的抵抗弯矩之和。初始状态时，左右两侧旋转端外荷载 F 为 0，碟簧施加预压力 P 传递至 FS-CP，FS-CP 对 FS-RP 产生正压力 σ_n，当对左右两侧旋转端施加 $F \neq 0$ 时（未运动），

FS-CP 对 FS-RP 除了产生正压力 σ_n 外，还产生摩擦力 σ_f，此时 σ_f 为静摩擦力，沿摩擦面环向分布，静摩擦力和正应力对左右两侧旋转端分别产生反向弯矩 $M/2$，继续增大外荷载至 F_{il}，当静摩擦力和正应力产生的弯矩不足以抵抗外荷载即产生旋转，即将旋转时的抗弯承载力为初始预应力 P_p 可抵抗的最大弯矩 M_{il}，即启动点。当继续增大外荷载 F 至大于 F_{il}，左右两侧旋转端开始旋转并通过摩擦面挤压带动盖板抬升，此时碟簧因受挤压而压力增大，从而导致 FS-CP 对 FS-RP 产生的正压力 σ_n 和摩擦力 σ_f 增大，即抗弯承载力增大，此时 σ_f 为动摩擦力；当旋转角达到最大值 θ_u 时，碟簧对盖板的压应力达到最大值 P_u，抗弯承载力为 M_{ul}，即极限点。

当从最大值 θ_u 开始卸载时（未运动），由于从正向运动即将转为反向，摩擦力也从动摩擦力转为反向静摩擦力，此时外荷载逐渐降低，反向静摩擦力逐渐增大，此时外荷载和反向静摩擦力与正压力 σ_n 保持平衡，当反向静摩擦力达到最大值时，处于临界状态，即反向启动点，碟簧对盖板的压力仍为最大值 P_u，此时抗弯承载力为 M_{uu}。继续卸载，反向静摩擦力不再增大，此时外荷载和反向静摩擦力无法与正压力 σ_n 保持平衡，则左右两侧旋转端开始反向旋转，产生反向动摩擦力。此时左右两侧旋转端摩擦面减小了对盖板的挤压，盖板逐渐降低高度，碟簧压力减小，直至左右两侧旋转端恢复原位时停止运动，碟簧压力恢复至初始预应力 P_p，达到反向动摩擦力转为反向静摩擦力的临界状态，即止动点，外荷载和反向静摩擦力与正压力 σ_n 再次保持平衡，此时抗弯承载力为 M_{iu}。反向继续卸载可恢复初始荷载 $F=0$ 的状态，由于静摩擦力的存在，不产生运动。

以上为半个循环运动状态，受力过程如图 9-3 所示。当左右两侧旋转端受反向荷载作用时，受力机理相同，不再赘述，滞回曲线如图 9-2b 所示。

9.2.2　理论分析

以上定性分析了节点受力原理，可知两端的弯矩荷载通过盖板和旋转端的接触面进行传递，两个盖板的摩擦面与旋转部件 Ⅰ 和 Ⅱ 两侧摩擦面上的正应力和剪应力分别为相互作用力，对摩擦面进行受力分析即可掌握节点抗弯承载力。下面定量求解节点的抗弯承载力。

首先，假定盖板摩擦面上的压应力沿其接触面的投影面均匀分布，忽略旋转部件开口部位的螺旋面面积减小。如图 9-4 所示，将盖板的每个螺旋面沿径向均分为 m 个条带，在抗弯状态下，螺旋面间隔对称承载。同样地，旋转端的摩擦面也对称均匀承载。条带水平投影面的竖向应力为 σ_v，条带水平投影面的水平施加应力为 σ_h。

两旋转部件分别与盖板摩擦面相对转动 $\theta/2$，半径 r 处的宽度 Δr 弧形条带受到的竖向合力为 $\dfrac{\pi}{\beta}\left(\beta-\dfrac{\theta}{2}\right)r\Delta r\sigma_v$，水平合力为 $\dfrac{\pi}{\beta}\left(\beta-\dfrac{\theta}{2}\right)r\Delta r\sigma_h$。摩擦面的总弯矩 M 和

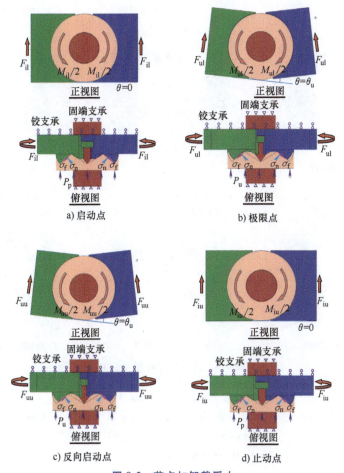

图 9-3　节点加卸载受力

总轴力 P 分别为

$$M = \sum_r \frac{\pi}{\beta}\left(\beta - \frac{\theta}{2}\right) r^2 \Delta r \sigma_h \tag{9-1}$$

$$P = \sum_r \frac{\pi}{\beta}\left(\beta - \frac{\theta}{2}\right) r \Delta r \sigma_v \tag{9-2}$$

假定碟簧施加的轴向压力刚度 K_p，则由于摩擦面旋转导致的盖板抬升，必然使得预应力发生变化，此时预应力为

$$P = P_p + K_p H_\theta = P_p + K_p H \frac{\theta}{2\beta} \tag{9-3}$$

σ_v 和 σ_h 在 FS-RP 上的剪应力分量 σ_{vs} 和 σ_{hs} 是引起旋转端运动的主动应力，为

$$\sigma_s = \pm(\sigma_{hs} - \sigma_{vs}) = \pm(\sigma_h \cos\alpha - \sigma_v \sin\alpha) \tag{9-4}$$

σ_v 和 σ_h 在 FS-RP 上的正应力分量之和为

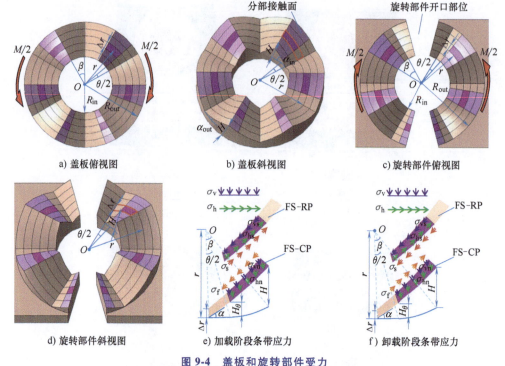

a) 盖板俯视图　　　　b) 盖板斜视图　　　　c) 旋转部件俯视图

d) 旋转部件斜视图　　e) 加载阶段条带应力　　f) 卸载阶段条带应力

图 9-4　盖板和旋转部件受力

$$\sigma_n = \sigma_{vn} + \sigma_{hn} = \sigma_v \cos\alpha + \sigma_h \sin\alpha \tag{9-5}$$

盖板对旋转部件的摩擦力为被动应力，摩擦系数为 μ，则摩擦应力为

$$\sigma_f = \mu\sigma_n = \mu(\sigma_v \cos\alpha + \sigma_h \sin\alpha)（沿运动方向的相反方向） \tag{9-6}$$

匀速加载过程中 σ_f 与 σ_s 保持平衡，因此

$$\sigma_h = \frac{\sin\alpha \pm \mu\cos\alpha}{\cos\alpha \mp \mu\sin\alpha}\sigma_v \tag{9-7}$$

代入式（9-2），并将条带细分，转化为积分形式，则

$$P = \sum_r \frac{\pi}{\beta}\left(\beta - \frac{\theta}{2}\right) r \Delta r \sigma_v = \frac{\pi}{\beta}\left(\beta - \frac{\theta}{2}\right)\sigma_v \int_{R_{in}}^{R_{out}} r\,dr = \frac{\pi}{2\beta}\left(\beta - \frac{\theta}{2}\right)\sigma_v(R_{out}^2 - R_{in}^2) \tag{9-8}$$

即

$$\sigma_v = \frac{P}{\frac{\pi}{2\beta}\left(\beta - \frac{\theta}{2}\right)(R_{out}^2 - R_{in}^2)} \tag{9-9}$$

综合式（9-1）、式（9-7）、式（9-9）可得

$$M = \frac{2P}{(R_{out}^2 - R_{in}^2)}\sum_m \frac{\sin\alpha \pm \mu\cos\alpha}{\cos\alpha \mp \mu\sin\alpha} r^2 \Delta r = \frac{2P}{R_{out}^2 - R_{in}^2}\int_{R_{in}}^{R_{out}} \frac{H \pm r\beta\mu}{r\beta \mp H\mu} r^2\,dr \tag{9-10}$$

9.2.3　数值模拟

下面建立数值模型，验证上述理论分析结果。假定材料弹性模量为 $2.05 \times 10^{11} \text{N/m}^2$，泊松比为 0.3，内半径 R_{in} 为 22.5mm，外半径为 50mm，$\beta = 30°$，坡高 $H = 15$mm，两端面耦合至两侧的加载点，摩擦系数 0.3，耦合点往复加载一个循环，峰值相对旋转角度 θ_u 为 0.01rad。两个工况进行分析，假定初始预应力为 40kN，工况 1 是预应力保持不变，即预应力刚度为 0，工况 2 是随着相对旋转角度增大，预应力均匀增大，预应力刚度为 0.28kN/mm。

节点应力分布如图 9-5a、b 所示，在相互接触摩擦面的坡峰和坡谷附近出现较大的应力分布，因此在实际设计中在该位置处设置圆角，避免出现应力集中。滞回曲线如图 9-5c 所示。由此可见，理论分析结果与数值模拟结果非常接近，数值模拟的初始刚度非常大，由静摩擦力提供抗弯承载力。当开始旋转时，由动摩擦力提供抗弯承载力，刚度出现转折，如果在转动过程中，预应力保持不变，则动摩擦力不变，抗弯承载力保持恒定直至达到峰值位移；如果在转动过程中，预应力逐渐增大，则动摩擦力增大，抗弯承载力逐渐增大直至达到峰值位移。当开始卸载时，正向摩擦力首先转为反向静摩擦力并逐渐增大，限制反向转动，当反向静摩擦力达到反向动摩擦力时，进一步卸载，则开始转动。此时，如果在回转过程中，预应力保持不变，则反向动摩擦力不变，抗弯承载力保持恒定直至达到初始位置；如果在回转过程中，预应力逐渐减小，则反向动摩擦力减小，抗弯承载力逐渐减小直至达到初始位置，此时预应力值不变，但动摩擦力转为静摩擦力，直至减为 0。这样就完成了半个循环，反向加载过程亦然。

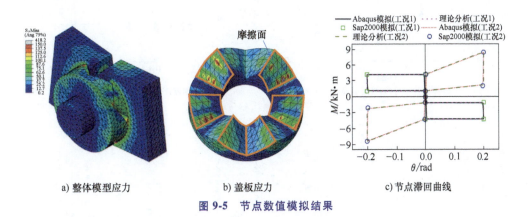

a) 整体模型应力　　　b) 盖板应力　　　c) 节点滞回曲线

图 9-5　节点数值模拟结果

9.2.4　参数分析

以上述数值模型为例，分别改变单一参数，根据理论公式求解滞回曲线，汇总主要性能参数指标如图 9-6 所示。

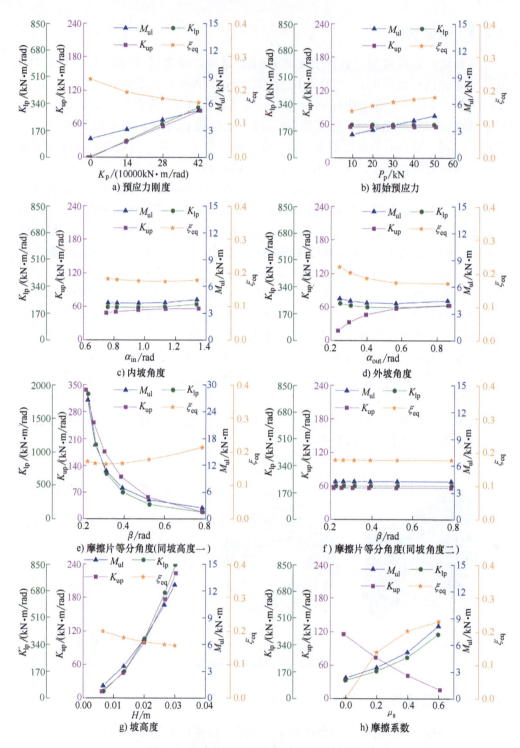

图 9-6　各摩擦片设计参数对滞回参数的影响

分析图示结果，可得到如下结果：

（1）增大预应力刚度或坡高度，可以显著提高极限弯矩承载力、加载刚度、卸载刚度，但是阻尼比逐渐降低。增大初始预应力，会增大极限弯矩承载力和阻尼比，而加载刚度、卸载刚度保持不变。

（2）增大内坡角，同时保持外坡角和外径不变，其阻尼比、极限弯矩承载力、加载刚度、卸载刚度变化不显著；增大外坡角，同时保持内坡角和内径不变，其阻尼比逐渐降低，卸载刚度逐渐增大，而极限弯矩承载力、加载刚度变化不显著。

（3）摩擦片等分角度增大，即等分数量减少，同时保持坡高度不变，其阻尼比逐渐增大，而极限弯矩承载力、加载刚度、卸载刚度迅速降低；当等分角度很大时，坡角很小，已接近于普通摩擦节点，其自复位性能较差。

（4）摩擦片等分角度增大，即等分数量减少，同时保持内外坡角不变，其阻尼比、极限弯矩承载力、加载刚度、卸载刚度不变。

（5）增大坡面摩擦系数，其卸载刚度逐渐减小，而阻尼比、极限弯矩承载力、加载刚度迅速增大。特别地，当摩擦系数为 0 时，其阻尼比为 0，而其他参数不为 0，表明其为双线性弹性滞回曲线。

以上结果表明，预应力刚度、坡高度、摩擦系数及摩擦片等分角度（同坡高度时）对滞回性能参数影响较大，可通过合理设计，使得各项参数达到理想值。

9.3 试验研究

9.3.1 碟簧试验

采用碟簧施加节点处的预应力，碟簧具有刚度大、性能稳定的特点，应用较广。为保证试验过程中碟簧组合的受力稳定，设计了上下加载端，将碟簧组合穿过下部加载端的轴，用上部加载端对碟簧进行加载。为了减少试验误差，采用多对多层碟簧串联，碟簧试验工况见表 9-1，取试验结果平均值得到碟簧的压缩滞回曲线，如图 9-7 所示。

表 9-1　碟簧压缩试验工况

工况	碟簧尺寸($D \times d \times t$) /(mm×mm×mm)	层数	对数
1	90×46×2.5	1	13
2	90×46×2.5	2	9
3	90×46×5.0	1	9
4	90×46×5.0	2	4
5	90×46×5.0	3	4

（续）

工况	碟簧尺寸（$D×d×t$）/（mm×mm×mm）	层数	对数
6	90×46×2.5	1	1
	90×46×2.5	2	8
7	90×46×2.5	1	1
	90×46×5.0	2	8

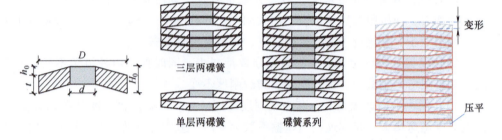

a) 碟簧尺寸参数   b) 不同碟簧组合   c) 碟簧组合变形

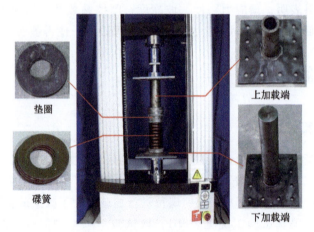

d) 试验装置

图 9-7　碟簧压缩试验

《碟形弹簧　第 1 部分：计算》（GB/T 1972.1—2023）中碟簧承载力 N 与位移 f 的理论计算公式为

$$N = \frac{4E}{1 - \lambda^2} \cdot \frac{t'^4}{K_1 D^2} \cdot K_4^2 \cdot \frac{f}{t'} \left[K_4^2 \left(\frac{h_0'}{t'} - \frac{f}{t'} \right) \left(\frac{h_0'}{t'} - \frac{f}{2t'} \right) + 1 \right] \tag{9-11}$$

其中，各系数如下

$$K_1 = \frac{1}{\pi} \cdot \frac{[(C-1)/C]^2}{(C+1)/(C-1) - 2/\ln C} \tag{9-12}$$

$$K_2 = \frac{6}{\pi} \cdot \frac{(C-1)/\ln C - 1}{\ln C} \tag{9-13}$$

$$K_3 = \frac{3}{\pi} \cdot \frac{C-1}{\ln C} \tag{9-14}$$

$$C = \frac{D}{d} \tag{9-15}$$

$$K_4 = \sqrt{-\frac{C_1}{2} + \sqrt{\left(\frac{C_1}{2}\right)^2 + C_2}} \tag{9-16}$$

$$C_1 = \frac{(t'/t)^2}{(0.25H_0/t - t'/t + 0.75)(0.625H_0/t - t'/t + 0.375)} \tag{9-17}$$

$$C_2 = \frac{C_1}{(t'/t)^3}\left[\frac{5}{32}\left(\frac{H_0}{t} - 1\right)^2 + 1\right] \tag{9-18}$$

$$h_0' = H_0 - t' \tag{9-19}$$

注：在碟簧计算应力公式中需用到参数 K_2、K_3，在此一并列出。

碟簧压缩试验滞回曲线和理论计算结果如图 9-8 所示。

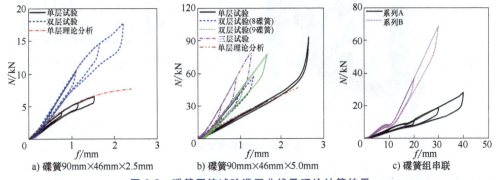

a) 碟簧90mm×46mm×2.5mm b) 碟簧90mm×46mm×5.0mm c) 碟簧组串联

图 9-8 碟簧压缩试验滞回曲线及理论计算结果

叠合层数增大，刚度成倍增大，且叠合层数增大，滞回圈耗能增大，这是碟簧之间存在摩擦力耗能导致。叠合对数增大，对刚度和耗能没有显著影响。从图 9-8 可以看出，工况 6 和工况 7 分别是 1 对 1 层的 2.5mm 碟簧与 8 对 2 层的 2.5mm 厚碟簧和 1 对 1 层的 2.5mm 厚碟簧与 8 对 2 层的 5.0mm 厚碟簧串联。由于 1 对 1 层的 2.5mm 碟簧的刚度显著低于 8 对 2 层的 2.5mm 和 8 对 2 层的 5.0mm 厚碟簧，因此在初始阶段 1 对 1 层的 2.5mm 碟簧占总变形的主要部分。当 1 对 1 层的 2.5mm 碟簧接近压平的状态，刚度几乎不增大，出现了明显的刚度平台端，当 1 对 1 层的 2.5mm 碟簧被压平，刚度无限大，此时刚度出现转折，刚度增大，此时 8 对 2 层的 2.5mm 和 8 对 2 层的 5.0mm 碟簧变形占总变形的主要部分。

由于两组串联碟簧的较小刚度均为 1 对 1 层的 2.5mm 碟簧，因此其出现平台端的荷载值相同，而较大刚度段的变形主要由 8 对 2 层的 2.5mm 和 8 对 2 层的 5.0mm

碟簧变形提供，在该段其刚度接近 4 倍，与上述单一种类碟簧试验结果相同。

9.3.2 摩擦系数测定

由以上受力分析可知，摩擦系数影响其耗能和各特征点弯矩，为了测试盖板与旋转端接触的摩擦系数，设计了摩擦系数测试装置，如图 9-9a 所示，摩擦片采用与下文试验采用的摩擦单元相同的材料 Q460 级，以及相同的加工工艺，以保证材性和材料表面粗糙度相同。内板和外板的厚度为 10mm，摩擦片厚度 4mm。施加的总初始预压力为 50kN。进行低周反复加载，滞回曲线如图 9-9b 所示，动摩擦力约为 14.6kN，可得摩擦系数约为 0.29。

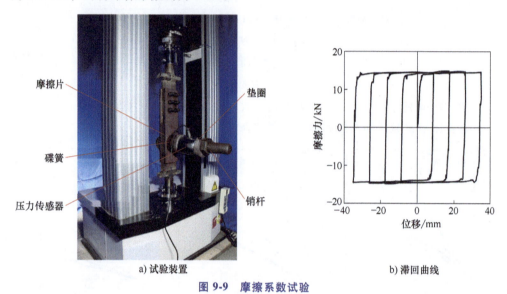

a) 试验装置　　　　　　　　　　　　　　b) 滞回曲线

图 9-9　摩擦系数试验

9.3.3 节点试验

节点试验设计了四套摩擦元件，分别命名为 E1～E4。四套摩擦元件的 R_{in} = 22.5mm，R_{out} = 50mm，其他参数见表 9-2。采用 Q460 材料线切割制作，并设计了与摩擦片配套的加载装置，尺寸图如图 9-10 所示。

四套摩擦片分别安装于加载臂上，共设计了 12 种拟静力试验工况，见表 9-2。

试验装置如图 9-11a 所示。Δ_u 是施加在加载臂端的极限位移，加载制度基于位移控制。首先，由端部螺母在销杆上施加预压力 P_p，销杆轴力 P 由压力传感器监测，然后加载臂受到垂直循环加载（F），如图 9-11b 所示。在测试过程中获得了 F 和 P。由于在加载点和接头中心之间存在力臂 L，所以在加载过程中接头上会产生弯矩 $M = FL$，L 可以用式（9-20）表示。

$$L = \sqrt{400^2 + \left(\frac{565.6 - \Delta}{2} \right)^2} \tag{9-20}$$

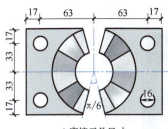

a) 摩擦元件尺寸

b) 摩擦元件照片

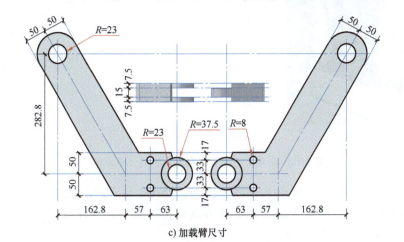

c) 加载臂尺寸

图 9-10 节点试件设计

表 9-2 自复位节点加载工况

| 工况 | 摩擦片 | | | 碟簧组合 | 初始预压力/kN | 最大位移/mm |
	组别	β	H			
1	E1	π/6	7.5	3 层×2 对合(5.0mm)	55	70
2	E2	π/12	7.5	3 层×2 对合(5.0mm)	55	40
3	E3	π/6	15	3 层×2 对合(5.0mm)	55	40
4	E4	π/6	22	3 层×2 对合(5.0mm)	55	30
5				3 层×2 对合(5.0mm)	28	45
6				3 层×2 对合(5.0mm)	85	15
7				3 层×2 对合(2.5mm)	11	30
8				6 层×2 对合(2.5mm)	22	30
9				2 层×4 对合(5.0mm)	37	60
10				2 层×2 对合(5.0mm)+2 层 2 对合(2.5mm)	4	60
11				2 层×2 对合(5.0mm)+1 层 2 对合(2.5mm)	5	60
12				1 层×2 对合(5.0mm)+1 层 2 对合(2.5mm)	2	60

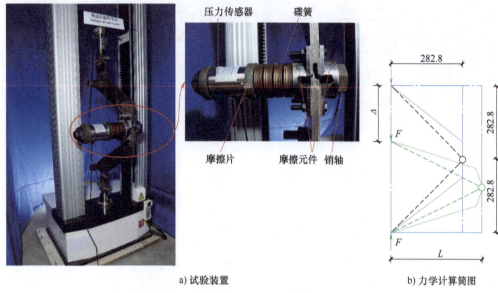

a) 试验装置   b) 力学计算简图

图 9-11 自复位节点试验装置及力学计算简图

在加载过程中，由于节点上存在弯矩 M，FS-RP 与 FS-CP 之间会发生相对旋转，导致盖板上升。如图 9-12 所示，在节点旋转过程中，盖板与旋转部件的接口处间隙产生了明显的张开和闭合。

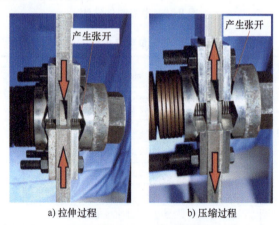

a) 拉伸过程   b) 压缩过程

图 9-12 工况 1 试验过程局部变形

汇总弯矩滞回曲线和压力传感器的压力滞回曲线，如图 9-13 和图 9-14 所示，可得到如下结论：

（1）滞回曲线与理论计算存在差异，由于试验中存在加载臂的变形、螺栓孔等部位存在误差间隙等，其初始加载刚度并非无穷大，即存在一定的弹性变形和滑移等残余变形，这也导致预应力加卸载过程并非完全线弹性，且有一定的预应力损失。

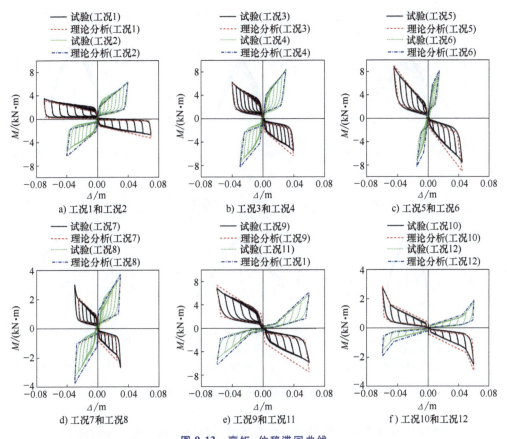

图 9-13　弯矩-位移滞回曲线

（2）比较工况 1 和工况 2，H 不变，减小 β，即正螺旋面数量增多一倍，其特征点弯矩均增大，加卸载刚度增大，而且其预应力刚度逐渐增大。比较工况 1、工况 3 和工况 4，β 不变，逐渐增大 H，坡度逐渐增大，其特征点弯矩逐渐增大，加卸载刚度增大，而且其预应力刚度逐渐增大。比较工况 2 和工况 3，α_{in} 和 α_{out} 保持不变，增大 β，即正螺旋面数量减少一半，其滞回曲线相近，这是容易理解的，由于坡度不变，节点旋转相同的位移，盖板抬升高度相同，因此预应力增幅相同，从而摩擦面承担的总应力不变，则由摩擦面提供的承载力相同。

（3）比较工况 4、工况 5 和工况 6，随着预应力增大，其特征点弯矩和加卸载刚度均增大，但是由于采用相同的碟簧组合来施加预应力，随着预应力增大，其加载旋转过程中的碟簧变形能力降低。另外，不同初始预应力下的预应力刚度基本相同。

（4）比较工况 4、工况 7 和工况 8，工况 4 的碟簧 5mm，工况 7 和工况 8 的碟簧 2.5mm，工况 7 和工况 8 的初始预应力都较小，且由碟簧试验可知，预应力刚度工况 4>工况 8>工况 7。另外，从理论上分析，工况 8 碟簧的初始预应力和刚度均为工况 7 的两倍，因此其特征点弯矩和加卸载刚度均应为两倍，但是试验结果偏差

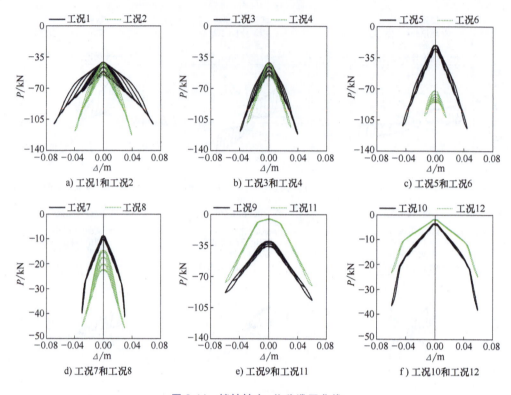

a) 工况1和工况2 b) 工况3和工况4 c) 工况5和工况6

d) 工况7和工况8 e) 工况9和工况11 f) 工况10和工况12

图9-14 销轴轴力-位移滞回曲线

较大，而且明显看到工况7在最后一个循环时，弯矩出现陡增，分析这是由于碟簧尺寸和安装的误差导致碟簧组合的变形能力降低，在最后一个循环接近被压平，因而刚度陡增导致。

（5）为了研究变刚度自复位节点，还设计了工况9、工况10、工况11和工况12，对比可知，由于碟簧组合的变刚度特性，导致了工况10、工况11和工况12的弯矩滞回曲线均具有变刚度特征，且强弱碟簧的刚度比越大，加载初期弱刚度碟簧变形所占比例越大，越容易被压平，因此其刚度转折点的位移越小。由于工况10的碟簧对数与工况12相同，仅层数为其2倍，初始预应力也为其两倍，因此其特征点弯矩和加卸载刚度也为其2倍，而转折点位移值相同。由于工况9的碟簧组合刚度大于其他组合，因此其初始刚度和第一个特征点的弯矩大于其他组合；转折点之后由于弱组合的碟簧被压平，其后期变形主要由强组合弹簧组成，因此可显著可以看到，工况10和工况11的强组合碟簧都为2对2层5.0mm碟簧，因此其转折点后加载刚度显著大于工况9的加载刚度。该研究表明，采用不同刚度的碟簧组合，可提供变刚度的预应力，从而可形成变刚度自复位结构，可限制结构在罕遇地震或极罕遇地震下的变形，为增强自复位结构的抗震性能提供了新思路。

另外，根据实测初始预应力和峰值预应力，可根据理论计算公式得到其四个特征点的弯矩承载力。由于试验滞回曲线都存在非无穷大的初始刚度，这与理论分析不符，这是由于试验过程中不可避免地存在加工、安装、测量误差等，由于每个试验工况采用了相同的试验加载装置，仅仅更换了摩擦元件和预应力碟簧等，因此可以认为在不同试验工况下存在同等量级的误差。为了考虑该误差，便于理论分析与试验结果相对比，按总滞回耗能相同的原则，对所有试验滞回曲线的加载刚度（与卸载刚度相同）进行统计分析，可求得加载和卸载阶段的平均刚度约为 $980(kN \cdot m)/m$，据此刚度可计算出弹性变形，进而得到各特征点的位移值，滞回曲线吻合良好，验证了理论分析的有效性。

9.4　本章小结

本章从机理上分析了新型旋转自复位节点的受力特点，并通过试验研究了其滞回性能，主要得到如下结论：

（1）机理分析表明，通过预应力提供该新型自复位节点的自复位能力，正螺旋面的摩擦力提供节点的耗能能力，且旋转耗能过程中，其压应力增大，进而增大其承载和耗能能力。

（2）多组不同碟簧组合的拟静力试验表明，理论计算公式具有较好的精度；碟簧具有较好的弹性和稳定性，试验达到极限变形的碟簧在结束时的残余位移较小；通过不同层数或者种类碟簧组合，可以获得变刚度的预应力加载曲线。

（3）不同组摩擦元件的自复位节点拟静力试验及参数分析结果表明，增大预应力刚度或坡高度，都可以显著提高极限弯矩承载力、加载刚度、卸载刚度。增大初始预应力，会增大极限弯矩承载力和阻尼比，而加载刚度、卸载刚度保持不变。摩擦片等分角度增大，即等分数量减少，同时保持坡高度不变，其阻尼比逐渐增大，而极限弯矩承载力、加载刚度、卸载刚度迅速降低；增大坡面摩擦系数，其卸载刚度逐渐减小，而阻尼比、极限弯矩承载力、加载刚度迅速增大。可通过合理设计，使得各项参数达到理想值。

（4）碟簧组合的试验表明，不同层数或厚度的碟簧组合具有变刚度特性，可用于设计变刚度自复位节点，试验验证了该种节点的弯矩滞回曲线具有变刚度特征，且强弱碟簧的刚度比越大，加载初期弱刚度碟簧变形所占比例越大，越容易被压平，因此其刚度转折点的位移越小，这为限制超大震下的结构位移、增强自复位结构的抗震性提供了新思路。

本章参考文献

[1] LIN Y C, SAUSE R, RICLES J. Seismic performance of a large-scale steel self-centering moment-resisting frame：MCE hybrid Simulations and quasi-static pushover tests [J]. Journal of

Structure Engineering, 2013, 139 (7): 1227-1236.

[2] CHANCELLOR N B, EATHERTON M R, ROKE D A, et al. Self-centering seismic lateral force resisting systems: high performance structures for the city of Tomorrow [J]. Buildings, 2014, 4 (3): 520-548.

[3] RICLES JM, SAUSE R, PENG SW, et al. Experimental evaluation of earthquake resistant post-tensioned steel connections [J]. Journal of Structure Engineering, 2002, 128 (7): 850-859.

[4] ROJAS P, RICLES J M, SAUSE R. Seismic performance of post-tensioned steel moment resisting frames with friction devices [J]. Journal of Structure Engineering, 2005, 131 (4): 529-540.

[5] GARLOCK M M, SAUSE R, RICLES J M. Behavior and design of post-tensioned steel frame systems [J]. Journal of Structure Engineering, 2007, 133 (3): 239-399.

[6] KHOO H H, CLIFTON C, BUTTERWORTH J, et al. Experimental study of full-scale self-centering sliding hinge joint connections with friction ring springs [J]. Journal of Earthquake Engineering, 2013, 17 (7): 972-997.

[7] KHOO H H, CLIFTON C, BUTTERWORTH J, et al. Development of the self-centering sliding hinge joint with friction ring springs [J]. Journal of Constructional Steel Research, 2012, 78: 201-211.

第10章 自复位支撑的力学性能研究

10.1 引言

传统结构依靠延性设计，通过结构构件的塑性变形耗散地震能量，期望结构在震后能够不倒塌，保护生命安全。但是结构在震后的塑性损伤和修复工作是不可避免的，近年来发生在中国、智利、新西兰和日本的地震[1-5]，都达到或者超过了典型结构设计中所考虑的最大地震烈度。大多数情况下，结构都没有出现倒塌，人员伤亡不大，说明现在抗震设计准则对于防止结构倒塌的有效性。但是，很多结构往往损伤严重，无法正常使用，必须大修或重建，由此造成的经济损失巨大，对于重要的建筑物和生命线工程，比如医院、电力系统等，往往还需要加快修复进度，需要的成本更大。

为了提升结构抗震韧性，首先想到的方案是增加结构的强度和刚度，使其在大地震作用下无损伤，但是这样的加强方案有较大的缺陷，增大了结构的成本和碳排放量，同时也增大了非结构构件、设施和结构主体的加速度响应，这种方案只在特别重要的基础设施结构中采用，比如大型水坝、核反应堆、国家纪念碑及标志性建筑等。有学者提出了多种具有卓越抗震韧性的新型结构体系，如摇摆结构体系、自复位结构体系、隔震结构体系等，这些体系的设计目标是结构在震后处于无损伤或轻微损伤并可以快速恢复的状态；它们的共同特点是通过放松结构构件之间的连接约束，使得结构可以在地震作用下水平运动或转动，并设计自复位机制和耗能机制分别提供结构在发生变形后的自复位能力和耗能能力。

支撑作为结构构件得到了大量研究，被证实对于提升框架结构抗侧承载力和耗能能力具有显著效果[6]，具有多种形式，如钢支撑[7-8]、索支撑[9-10]、钢混组合支撑[11]，以及各种形式的阻尼器支撑[12-13]。随着人们越来越重视抗震韧性，自复位支撑也被提出用于提升框架结构的自复位能力，典型布置如图10-1所示。自复位支撑[14-15]最大的优势在于只需替换原有支撑而不改变结构主要受力构件，变形模式与结构相协调，安装和维修方便。此外，自复位耗能支撑在实现结构自复位的同时，将耗能和损伤集中于支撑部位，减小因塑性变形耗能而引起的结构损伤。自复位耗能支撑为自复位结构研究提供了全新的方向，具有广阔的发展前景和创新空间。

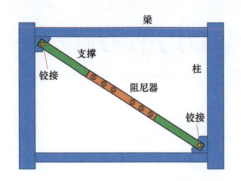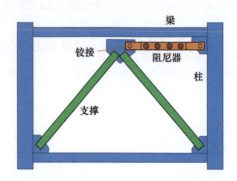

图 10-1　支撑框架结构阻尼器典型布置

Dolce 等[16] 提出自复位阻尼器，复位线圈和耗能线圈均由形状记忆合金材料制成，分别提供复位能力和耗能能力。Caprili 等[17] 又将其运用到四层混凝土框架结构振动台试验中，发现结构在自复位阻尼器的协助下顺利实现自复位。Christo-poulos 等[18-19] 提出自复位耗能支撑（SCEDB），由支撑主体、预应力系统、耗能系统和辅助装置等组成，研究结果表明，自复位支撑在循环荷载作用下支撑呈现饱满的旗帜形滞回曲线，且卸载后残余变形很小，复位效果良好；大部分侧向力由 SCEDB 承担，降低了框架主体的损伤程度，实现了结构的自复位。在此基础上，许多学者研究采用多种形式的预应力装置和耗能装置，比如采用记忆合金丝[20]、预应力筋[21]、碟形弹簧[22-23]、环形弹簧[24-25]、螺旋弹簧[26] 等作为预应力装置，采用金属耗能[27]、摩擦装置[26]、黏弹性装置[28]、黏滞阻尼装置[29] 等作为摩擦装置，均有效地实现了支撑自复位和耗能能力。

为了控制结构在较大地震水准下的内力，上述支撑和自复位支撑的屈服后刚度普遍较小，这会带来新的问题，结构在更大的极罕遇地震水准下的位移响应难以得到有效的控制。已有研究表明，地震过程中结构会遭到超过考虑的罕遇水准的地震动，即极罕遇地震，带来极大的破坏甚至结构倒塌，因此需要引起重视。本章提出了一种新型的自复位支撑，其滞回曲线与传统支撑和自复位支撑具有显著区别，如图 10-2 所示。期望该支撑在较小的荷载作用下，其滞回曲线与自复位支撑相同，呈现出旗帜形，而在较大的荷载作用下，支撑会进入强化阶段，刚度迅速增大，限制结构的位移响应，保护结构大震和超大震下不倒。本章对该支撑进行了理论分析和试验研究，研究了其力学性能和影响因素，并对采用该支撑的框架结构进行了动力非线性分析，结果与普通支撑和自复位支撑框架进行了对比，验证了其效果。

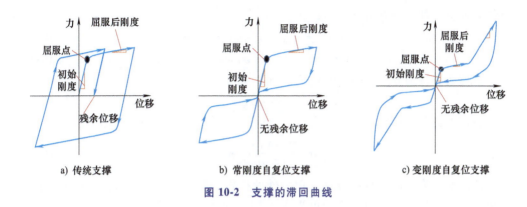

a) 传统支撑　　　　　b) 常刚度自复位支撑　　　　　c) 变刚度自复位支撑

图 10-2　支撑的滞回曲线

10.2　工作原理

自复位摩擦阻尼器如图 10-3a 所示，其由两块内侧摩擦板和两块外侧摩擦板组成。其中，内外侧摩擦板之间的接触面沿加载方向设置了交替布置的斜面，两块内侧摩擦板与加载端相连。外侧摩擦片外侧采用碟簧、弹簧等施加压力。

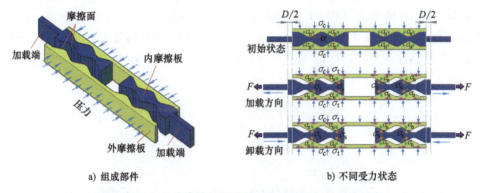

a) 组成部件　　　　　　　　　b) 不同受力状态

图 10-3　自复位摩擦阻尼器的组成部件及不同受力状态

下面对该摩擦阻尼器的工作原理进行简要描述。为便于计算，以下假定外侧摩擦受到的竖向压应力和水平拉应力均匀分布。不同受力状态示意图如图 10-3b 所示。

在加载或卸载状态时，单个外摩擦板承受的总横向压力记为 N_c，即

$$N_c = \int \sigma_c \mathrm{d}A \qquad (10\text{-}1)$$

另外，还承受另一加载端传递的平行于受力方向的荷载 $F/2$，假定外摩擦板在加载方向的投影面上承受的应力分布分别是 σ_c 和 σ_t。两者在摩擦面上沿切向的应力分别是 σ_{cs} 和 σ_{ts}。两者在接触摩擦面上沿法向的应力分别是 σ_{cn} 和 σ_{tn}。因此，接触摩擦面的正应力 σ_n 和剪应力 σ_s 分别见式（10-2）和式（10-3），其中，σ_s 正

负符号取决于加、卸载方向。

$$\sigma_n = \sigma_{tn} + \sigma_{cn} = \sigma_t \sin\alpha + \sigma_c \cos\alpha \tag{10-2}$$

$$\sigma_s = \pm(\sigma_{ts} - \sigma_{cs}) = \pm(\sigma_t \cos\alpha - \sigma_c \sin\alpha) \tag{10-3}$$

摩擦面剪应力 σ_s 与正应力 σ_n 存在如下关系

$$\sigma_s = \mu\sigma_n \tag{10-4}$$

整理上述公式可得

$$\sigma_t = \frac{\tan\alpha \pm \mu}{1 \mp \mu\tan\alpha}\sigma_c \tag{10-5}$$

该阻尼器为双向对称的设计，单个外摩擦板受到的总压力为 N_c，则半部分两个单个外摩擦板受到的总压力为也为 N_c，因此加载端总拉力 F 为

$$F = \int \sigma_t dA = \int \frac{\tan\alpha \pm \mu}{1 \mp \mu\tan\alpha}\sigma_c dA = \frac{\tan\alpha \pm \mu}{1 \mp \mu\tan\alpha}N_c \tag{10-6}$$

特别地，在初始状态时，相互接触的摩擦面之间只存在正应力 σ_n，没有相对滑动，不存在剪应力 σ_s，$F = 0$。初始预压力 N_{c0}，代入式（10-6）即可得到此时在加、卸载路径中在原始位移时的启动承载力 F_{10} 和残余承载力 F_{u0}。

提供压力 N_c 的装置有多种多样，本章以碟簧为例。根据《碟形弹簧 第 1 部分：计算》，可使用式（10-7）得到碟形弹簧的承载能力 N_d，其中 E_d 和 μ_d 分别是碟形弹簧的弹性模量和泊松比；t_d、h_d 和 f_d 分别是碟形弹簧的厚度、自由高度（最大变形）和变形量；C 是外径 D_d 与内径 d_d 的比值；B_d 是参数 C 的代数表达式，碟形弹簧总高度为 H_d，见式（10-8）。

$$N_d = \frac{4E_d}{1 - \mu_d^2} \cdot \frac{t_d^4}{B_d D_d^2} \cdot \frac{f_d}{t_d}\left[\left(\frac{h_d}{t_d} - \frac{f_d}{t_d}\right)\left(\frac{h_d}{t_d} - \frac{f_d}{2t_d}\right) + 1\right] \quad (f_d \leq h_d) \tag{10-7}$$

$$B_d = \frac{1}{\pi} \cdot \frac{[(C-1)/C]^2}{(C+1)/(C-1) - 2/\ln C} \tag{10-8}$$

从式（10-7）可以看出，即使当 $f_d \leq h_d$ 时，N_d 与 f_d 也不成线性关系，因此轴向刚度不是一个恒定值。为了在设计过程中近似计算碟形弹簧的弹性变形，采用对应于最大变形的切线刚度作为碟形弹簧的近似轴向刚度 K_d，见式（10-9）。

$$K_d = \frac{4E_d}{1 - \mu_d^2} \cdot \frac{t_d^3}{B_d D_d^2} \quad (f_d \leq h_d) \tag{10-9}$$

若采用单一堆叠形式的碟簧串联，则压力 N_c 的总压缩刚度理论上保持不变，当采用多种堆叠形式的碟簧串联，由于弱堆叠层的碟簧在压缩过程中先被压平，压缩刚度不是固定不变的，而是随压缩量 f 发生变化，如图 10-4 所示。

碟形弹簧组合的总轴向承载能力和变形能力分别表示为 N_{zd} 和 f_{zd}。由于碟形弹簧在轴向压缩下表现出弹性变形，上下表面之间的变形差异导致组合中碟形弹簧接触表面之间不可避免的摩擦。然而，与结构中的能量耗散器相比，摩擦应力耗散

的能量可以忽略不计，因此假设弹簧是弹性的。当 n 个相同的碟形弹簧并联堆叠时，如图 10-4a 所示，总轴向承载能力累积增加，即 $N_{zd} = nN_d$，不考虑摩擦的影响；而碟形弹簧的最大变形能力保持为 h_d，即 $f_{zd} = h_d$。当 n 个相同的碟形弹簧串联堆叠时，如图 10-4a 所示，碟形弹簧的总轴向承载能力在不考虑摩擦的影响下保持不变，即 $N_{zd} = N_d$；而碟形弹簧的最大变形能力累积增加，即 $f_{zd} = nh_d$。此外，碟形弹簧可以使用多种不同的堆叠组合，在轴向负载下，刚度小的弱堆叠变形占比更大，首先被压平，然后刚度大的强堆叠变形占比开始增大。堆叠组合的承载能力曲线如图 10-4b 所示。

对于 n（$\geqslant 1$）个不同刚度的堆叠层，将刚度从弱到强进行依次排序，如压力 N_c 大于第 i 个弱堆叠层被压平的荷载，则第 i 个弱堆叠层被压平时对应的碟簧总压缩量和阻尼器总变形量分别为 f_i 和 D_i，即

$$f_i = \frac{D_i}{2}\tan\alpha \tag{10-10}$$

$$N_c = N_{ci-1} + K_{ci}(D - D_{i-1})\tan\alpha \tag{10-11}$$

式中，$n \geqslant i \geqslant 1$；$K_{ci}$ 为第 $i-1$ 个弱堆叠层被压平而第 i 个弱堆叠层未被压平时的碟簧总压缩刚度。

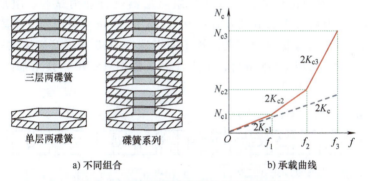

三层两碟簧

单层两碟簧　　碟簧系列

a) 不同组合　　　　　　　b) 承载曲线

图 10-4　碟形弹簧的不同组合及承载曲线

将 N_c 带入总拉力 F 即可求得加、卸载路径时变形为 D 对应的 F。其中，第 $i-1$ 个弱堆叠层被压平而第 i 个弱堆叠层未被压平时的阻尼器加载刚度和卸载刚度分别为

$$K_{lsi} = K_{ci}\tan\alpha\frac{\tan\alpha + \mu}{1 - \mu\tan\alpha} \tag{10-12}$$

$$K_{usi} = K_{ci}\tan\alpha\frac{\tan\alpha - \mu}{1 + \mu\tan\alpha} \tag{10-13}$$

上述受力过程在阻尼器反向加载和卸载时同样适用，只是位移和承载力方向相反，不再赘述。假定阻尼器材料自身为刚体，其变形仅发生于接触面之间，则可得到具有变刚度的阻尼器滞回曲线。图 10-5 所示为由 3 组不同刚度的碟簧堆叠成的

碟簧组提供压力的阻尼器的理想滞回曲线。

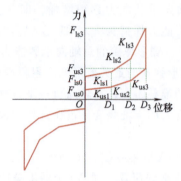

图 10-5 变摩擦自复位阻尼器的理想滞回曲线

10.3 试验研究

10.3.1 试验概况

为了验证上述理论公式，设计了两组阻尼器进行静力试验。阻尼器尺寸如图 10-6a 所示，阻尼器 A 和 B 的 h 分别为 20mm 和 30mm。采用四组碟簧施加压力，内摩擦片留长孔，外摩擦片留圆孔，用于四根螺杆 M30 和碟簧组施加压力。实物如图 10-6b 所示。采用 Q345 钢材，采用计算机数控（CNC）技术加工摩擦表面，测定摩擦系数大约为 0.2。

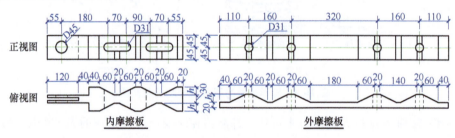

a) 设计尺寸

b) 部件照片

图 10-6 阻尼器试件

　　试验加载装置如图 10-7 所示，下部加载端固定铰支，上部加载端施加竖向往复荷载，为了测量碟簧施加的压力，在下部碟簧组串联压力传感器，在试验过程中实时采集碟簧组压力数据。

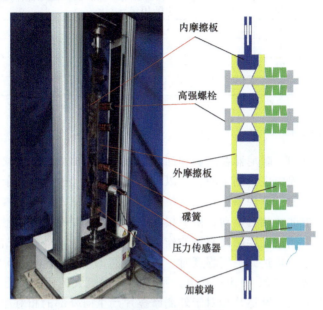

内摩擦板

高强螺栓

外摩擦板

碟簧

压力传感器

加载端

图 10-7　试验加载装置

　　表 10-1 所列为试验加载工况设计，P_0 为每个螺杆对碟簧组施加的初始预压力。工况 A1~A6 是对阻尼器 A 进行加载的工况；工况 A1 采用的碟簧组是由 1 层 10 组组成，P_0 是 5000N；依 A1 为基准工况，A2 改变 P_0 为 2500N；A3 改变碟簧组为 3 层 10 组；而 A4~A6 采用了变刚度的碟簧组合，分别为 3 层 6 组+1 层 2 组、3 层 6 组+1 层 6 组和 6 层 6 组+1 层 6 组。工况 B1~B6 是对阻尼器 B 进行加载的工况，预应力和碟簧组布置情况与阻尼器 A 相似，依 B1 为基准工况，B2 改变 P_0 为 2500N；B3 改变碟簧组为 3 层 10 组；而 B4~B6 采用了变刚度的碟簧组合，分别为 3 层 6 组+1 层 4 组、3 层 6 组+1 层 10 组和 5 层 6 组+1 层 10 组。

表 10-1　试验工况设计

阻尼器	工况	碟簧组合	P_0/N
	A1	1 层 10 组	5000
	A2	1 层 10 组	2500
	A3	3 层 10 组	5000
阻尼器 A	A4	3 层 6 组+1 层 2 组	5000
	A5	3 层 6 组+1 层 6 组	5000
	A6	6 层 6 组+1 层 6 组	5000

（续）

阻尼器	工况	碟簧组合	P_0/N
阻尼器 B	B1	1 层 10 组	5000
	B2	1 层 10 组	2500
	B3	3 层 10 组	5000
	B4	3 层 6 组+1 层 4 组	5000
	B5	3 层 6 组+1 层 10 组	5000
	B6	5 层 6 组+1 层 10 组	5000

10.3.2　试验结果

从理论分析可知，阻尼器在加载和卸载过程中内外侧摩擦板的接触面产生摩擦滑移，这在试验过程中也得到了验证。以 B6 工况为例，图 10-8 所示为试件在压缩和拉伸位移过程中的试验现象。在压缩位移过程中，上下端的内侧摩擦片相对于外侧摩擦片产生向中部的相对运动，由于接触面的坡度交错布置，接触面间隔出现缝隙和滑移，外侧摩擦面在接触面斜坡的作用下，被迫出现向外侧的抬升，从而挤压蝶形弹簧，当压缩位移达到一定程度时，蝶形弹簧的弱碟簧组（B6 中 1 层 10 组）被压平，而强碟簧组（B6 中 5 层 6 组）可继续产生更大的压缩变形。在拉伸位移过程中，上下端的内侧摩擦片相对于外侧摩擦片产生向外部的相对运动，接触面间隔出现滑移和缝隙，该情形与压缩位移过程相反，而外侧摩擦面的被迫抬升和蝶形弹簧被挤压的情况与压缩位移过程相同。

a) 压缩状态　　　　　　　　　　　　　　　b) 拉伸状态

图 10-8　工况 B6 局部变形

试验过程采集到的加载端力和位移曲线关系如图 10-9 所示，同时采用压力传感器采集的碟簧组压力如图 10-10 所示。为了便于比较，将理论公式计算的滞回曲线和碟簧组压力曲线也绘制于图 10-9 和图 10-10 中。可以看出，理论计算的结果与试验结果的滞回曲线比较吻合，误差比较小；大部分情况下，理论计算的碟簧压力较试验值高，这是由于试件加工误差和螺杆与螺孔之间存在间隙，以及螺杆自身的变形等因素导致碟簧变形偏小，压力偏低。理论上，初始状态的加载刚度和峰值位移时的卸载刚度为无穷大，而试验得到的刚度偏小。理论上，蝶形弹簧被假定为线弹性，不考虑摩擦，滞回耗能为0，但是由于碟簧之间及碟簧与上下垫片的摩擦力，存在一定的耗能。总体来看，理论计算基本可以较好地反映出碟簧压力和变形、阻尼器的变形和承载力变化，为阻尼器的设计提供了较好的理论基础。

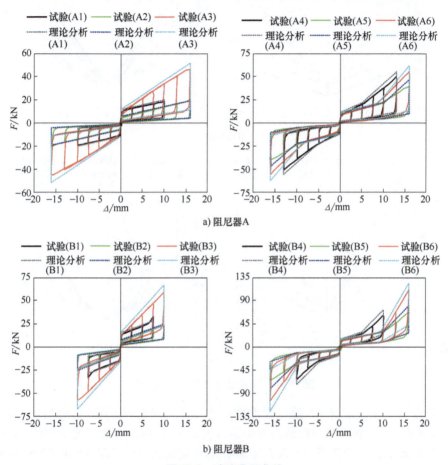

a) 阻尼器A

b) 阻尼器B

图 10-9 试验滞回曲线

从图 10-9 和图 10-10 可以看出，工况 A1～A3 采用了相同的碟簧串联组合，因此其加载刚度和卸载刚度基本保持不变，其滞回曲线呈现典型的旗帜形，具有显著的自复位支撑的特征，残余变形可以忽略不计；碟簧轴力基本与阻尼器位移呈直线关系。对比工况 A1 和工况 A2，初始预应力直接影响了 F_{10} 和 F_{u0}，与其呈直线关系；但是不影响加卸载刚度。对比工况 A1 和工况 A3，两者的 F_{10} 和 F_{u0} 分别相同，但是工况 A3 的加卸载刚度分别约是工况 A1 的 3 倍，这与理论分析相符。

工况 A4～A6 采用了强弱碟簧组合，因此其加卸载过程存在明显的刚度突变点，在弱碟簧组被压平前，加卸载刚度较小，之后加载刚度较大；该规律与碟簧轴力变化规律相同。对比工况 A4 和工况 A5，强碟簧组相同，工况 A5 弱碟簧组刚度

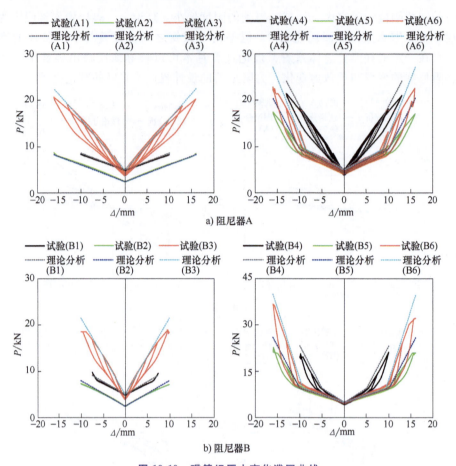

a) 阻尼器A

b) 阻尼器B

图 10-10　碟簧组压力变化滞回曲线

小于工况 A4，因此工况 A5 第一屈服刚度小于工况 A4，而第二屈服后刚度相同；且由于工况 A5 弱碟簧组预压后的变形能力大于工况 A4，因此工况 A5 第一屈服位移大于工况 A4。对比工况 A5 和工况 A6，弱碟簧组相同，工况 A5 强碟簧组刚度小于工况 A6，因此工况 A5 第一和第二屈服刚度都小于工况 A6；且由于工况 A5 弱碟簧组预压后变形能力大于工况 A4，因此工况 A5 第一屈服位移大于工况 A4。

对比阻尼器 B 可以看到，相同的碟簧布置和预应力时，阻尼器 B 的加卸载刚度大于阻尼器 A，这是由于阻尼器 B 的坡面角度大于阻尼器 A，这与理论计算结果相符。另外，工况 A2 和工况 B1 采用了相同的碟簧串联组合，但在最后一个滞回圈最大位移处附近的刚度突增，与理论分析差别较大，这是由于尺寸和安装误差导致碟簧组变形能力差，接近最大位移时被压平。强弱碟簧组合和预应力对阻尼器 B 的影响与阻尼器 A 相同，不再赘述。试验结果表明，采用强弱碟簧组合可以有效地提供变刚度自复位阻尼器，该阻尼器的滞回行为受碟簧预应力、碟簧强弱刚度比和变形能力的影响。

等效阻尼比计算见式（10-14）。各试件的等效阻尼比如图 10-11 所示，可以看到，总体上阻尼比最大值出现在较小的位移时，这是不同于传统结构构件阻尼比的特点，可见该阻尼器可以在较小的位移时发挥耗能作用，随着加载位移的增大而减小；随着初始预应力增大，等效阻尼比增大；压力刚度越大，等效阻尼比越低，且下降速度越慢；对于变刚度阻尼器，在刚度突变位置，阻尼比下降斜率存在显著变化，且下降速率与强弱碟簧的刚度密切相关。阻尼器 A 和阻尼器 B 具有相同的规律，只是阻尼器 B 的斜坡坡度更大，阻尼比较低。

$$R_{evd} = \frac{A_D}{4\pi A_E} \tag{10-14}$$

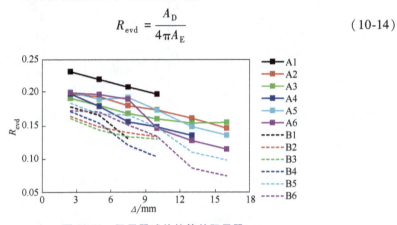

图 10-11 阻尼器试件的等效阻尼器

10.4 结构响应分析

为验证该变刚度自复位阻尼器对建筑结构抗震性能的影响，采用基于位移的方法设计支撑钢框架，通过动力时程分析对其抗震性能进行研究。

10.4.1 数值模型

由于变刚度自复位阻尼器的特殊性，没有适合的单元对其进行直接建模分析，因此首先采用 SAP2000 软件建立和验证变刚度自复位阻尼器模型。该阻尼器滞回模型可按如图 10-12 所示分解为 Link1～Link5。Link1 为 Gap 单元，Link2 为 Hook 单元，Link3 和 Link4 为不同参数的 Damper-Friction Spring 单元，Link5 为 Linear 单元。各单元的关系可以表达为 ［（Link1//Link2）+Link3］//Link4+Link5，符号//表示并联，符号+表示串联。需要说明的是，Link1～Link4 组合可以得到试验结果，而试验采用的阻尼器初始刚度基本可以视为无穷大，在结构中的支撑具有一定的弹性刚度，因此还需要串联 link5。

以工况 A6 和工况 B6 为例，将理论分析的结果按图 10-12 分解为 Link1～Link4 单元，从而可根据 SAP 2000 软件参数的定义方法，计算得到各单元的参数设置如图 10-13 所示。

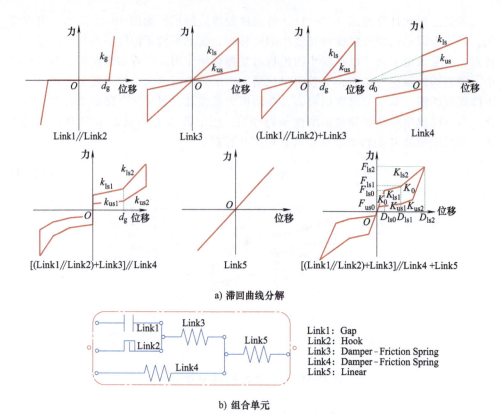

a) 滞回曲线分解

Link1: Gap
Link2: Hook
Link3: Damper-Friction Spring
Link4: Damper-Friction Spring
Link5: Linear

b) 组合单元

图 10-12 组合单元模拟自复位摩擦阻尼器

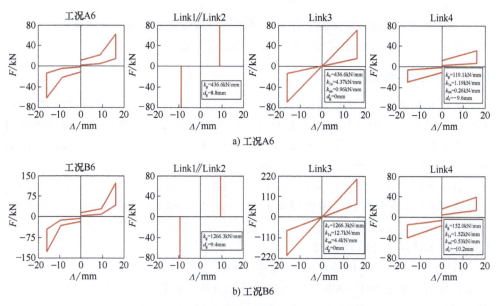

a) 工况A6

b) 工况B6

图 10-13 工况 A6 和工况 B6 组合单元参数

10.4.2　抗震设计方法

上述试验和理论验证了该支撑具有卓越的自复位能力，且在较大的位移下刚度进一步强化。我国抗震设计规范采用了三水准设防的抗震设计原则，即小震不坏、中震可修、大震不倒，并规定了相应的性能目标，但是已有实际地震震害表明，极罕遇地震不可忽视。与传统支撑不同，对于变刚度自复位支撑，期望在小震下结构保持弹性；中震下支撑耗能；大震下结构强化刚度启动，震后可修复；超大震下结构不倒塌。因此，不能直接采用原有的设计方法，应进行改进。具体如下：

（1）对结构进行初步弹性设计，估计支撑的弹性刚度 K_0，确定合理的结构周期，并验算小震位移。

（2）将结构等效为单自由度体系，确定等效周期，估计等效阻尼比，根据大震性能目标，可得等效设计位移。

（3）计算基底剪力和各层地震力。

（4）将地震力施加于弹性结构，计算各支撑的设计轴力 F_{ls1}。

（5）设计支撑非线性滞回参数。假定合理参数值：第一卸载刚度比 $\gamma_{u1} = K_{us1}/K_{ls1}$，第二卸载刚度比 $\gamma_{u2} = K_{us2}/K_{ls2}$，强化前延性系数 μ，第一滑移刚度比 $\alpha_{l1} = K_{ls1}/K_0$，第二滑移刚度比 $\alpha_{l2} = K_{ls2}/K_{ls1}$，即可计算支撑所有非线性滞回参数。

（6）建立结构的非线性模型，进行罕遇和极罕遇地震的动力时程分析，验算是否满足性能目标。若不满足，调整假定参数值或阻尼比，重新设计非线性参数。

10.4.3　支撑框架原型结构

按上述方法设计了一个6层的支撑框架结构，如图10-14所示，以验证自复位支撑的效果。为了充分发挥支撑的抗侧力效果，该框架的梁端与柱均为铰接，柱底铰接，大部分侧向荷载由支撑承担。8度0.2g，第二组，Ⅱ类场地，恒载 5kN/m^2，活载 2kN/m^2。

小震（FOE）、中震（MOE）、大震（ROE）、超大震（EROE）水准下的 PGA 依次为 0.07g、0.2g、0.4g、0.62g。选定设计性能目标为 FOE 层间位移角不超过 0.18%（1/550）；MOE 层间位移角不超过 0.5%；ROE 层间位移角不超过 1%，残余位移角小于 0.2%；EROE 层间位移角不超过 2%，残余位移角小于 0.5%。

首先按上述流程对结构进行弹性设计，柱 600mm×600mm，梁 500mm×300mm，C40 混凝土。取所有支撑的弹性刚度取为 120(MN·m)/m，结构基本周期 0.89s。选定 $\gamma_{u1} = \gamma_{u2} = 0.35$，$\mu = 3$，$\alpha_{l1} = 0.02$，$\alpha_{l2} = 20$。设计得到第 1~6 层各支撑的 F_{ls0} 为 1169.6、1053.4、937.8、781.7、583.4、373.6kN，进一步可计算得到各支撑的非线性参数。

对该设计算例进行不同水准下的非线性时程分析；同时，为了对比不同支撑的效果，分别对具有相同必要参数的普通摩擦耗能支撑（CFD）和常刚度自复位摩擦耗能支撑（CSFD）的框架进行非线性时程分析，其中 CFD 具有理想弹塑性双线性滞回行为，CSFD 具有理想的旗帜形滞回行为，无强化刚度。

根据抗震设计规范，选择 5 条天然地震波，并设计 2 条人工地震波，天然地震波从 PEER 地震波库中选择。地震波加速度反应谱如图 10-15 所示。

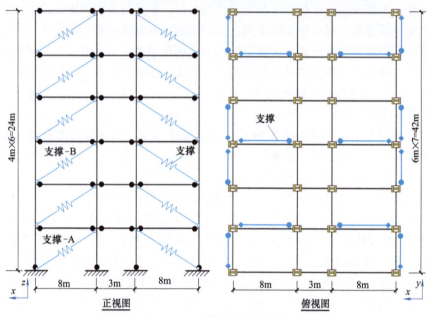

图 10-14　支撑框架结构布置

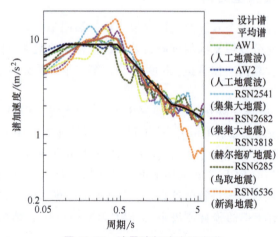

图 10-15　地震波加速度反应谱

10.4.4　结果与讨论

图 10-16 所示为三个框架各楼层的最大层间位移角分布，可以看出三个结构在

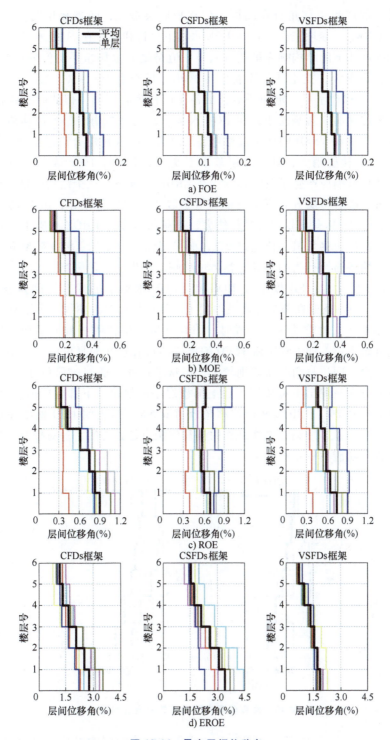

图 10-16 最大层间位移角

FOE 水准下的层间位移角分布相同，位移角底层最大，随着楼层升高逐渐降低，且都小于 0.18%，表明三个结构在 FOE 水准下保持弹性；在 MOE 水准下，三个结构在相同地震波下的结构响应虽然有差异，但是最大位移角平均值分布基本一致，第二层位移角最大，往上或往下都逐渐减小，且都小于 0.4%，表明三个结构在 MOE 水准下支撑产生了一定的耗能，虽各滞回行为有差异，但此时非线性位移较小，对整体位移响应影响较小；在 ROE 水准下，三个结构的最大位移角分布存在显著差异，CFD 和 VSFD 的框架位移角底层最大，随着楼层升高逐渐降低，而 CS-FD 框架在底部楼层稍大，其他楼层基本不变，都不超过 1%，表明各滞回行为的差异对整体位移响应产生了较大影响；在 EROE 水准下，三个结构的最大位移角分布底层最大，随着楼层升高逐渐降低，但是数值存在显著差异，虽然 CFD 具有较大的耗能，CSFD 具有卓越的自复位能力，但是都对控制 EROE 水准下的地震响应效果不大，框架位移角最大值超过 2%，而采用强化刚度的 VSFD 框架满足性能目标限值，表明各滞回行为的差异对整体位移响应产生了显著影响。

图 10-17 所示为 CFD 模型在 ROE 和 EROE 水准下的残余层间位移角分布，图 10-18 所示为各框架在部分地震波作用下的顶层位移时程曲线，可以看到在 ROE 和 EROE 水准下的地震动输入完成时，CFD 框架的位移明显偏离了初始位置，具有显著的残余变形，而 CSFD 和 VSFD 的框架都具有较好的复位能力；不同地震波输入下的残余层间位移角分布差别较大，但从平均残余层间位移角分布可以看出，残余位移角分布呈现出下部楼层大、上部楼层小的规律，下部楼层的 ROE 水准下残余位移超过 0.2%，EROE 残余位移角超过 0.5%。这表明 CFD 框架在控制残余位移方面存在着显著缺陷，关注结构的自复位能力是必要的，这对控制结构的震后损伤和可恢复功能具有重要意义。

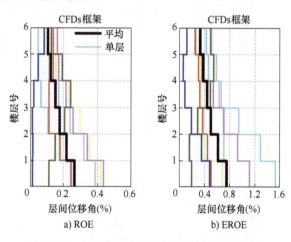

图 10-17 含有普通支撑的框架残余层间位移角

为了进一步展示在 ROE 和 EROE 水准下的结构响应的差异，图 10-19 所示为

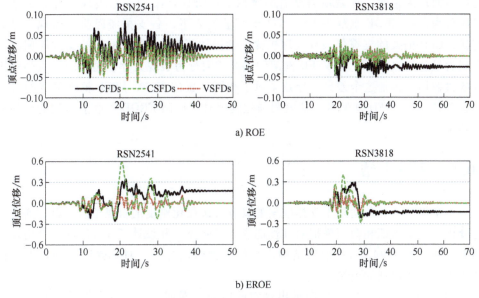

图 10-18　顶层位移时程曲线

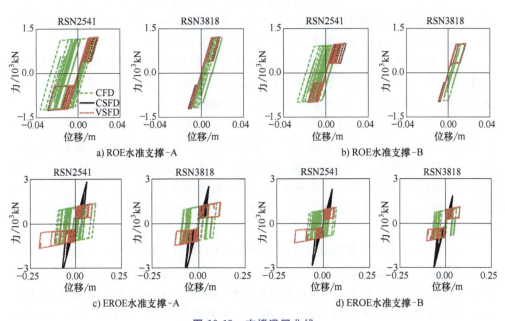

图 10-19　支撑滞回曲线

三个结构部分支撑在不同水准地震波下的滞回响应，其中支撑-A 和支撑-B 分别布置于第一层和第三层（图 10-14）。由于地震动差异，RSN3818 和 RSN2541 地震波输入下的滞回响应具有较大的差异，但是表现出了相似的规律。以 RSN2541 地震波为例，在 ROE 水准下 RSN2541 地震波输入下，CSFD 和 VSFD 框架中相同位置的支撑滞回行为相同，都表现为显著的旗帜形；CFD 框架的支撑表现为理想弹塑性滞回行为；在 EROE 水准下 RSN2541 地震波输入下，各支撑滞回曲线表现为显著差异，CFD 框架的支撑仍表现为理想弹塑性滞回行为，CSFD 框架的支撑滞回行为表现为显著的旗帜形，而 VSFD 框架的支撑滞回行为表现为存在显著的二次强化刚度的旗帜形，正是这个差异，导致了对于相同位置的支撑，VSFD 框架的支撑最大位移总是小于 CSFD 框架的，这表明强化刚度对于控制 EROE 水准下结构响应的显著效果。

10.5　本章小结

本章提出了一种适用于支撑框架的具有二次强化刚度的自复位阻尼器，通过理论分析、试验验证和数值模拟对其性能进行了研究，并设计了 VSFD 框架结构算例模型，并对 CFD 和 CSFD 框架结构进行动力弹塑性分析，对比验证了该新型支撑的效果，主要得到如下结论：

（1）新型自复位阻尼器展示出理想的旗帜形滞回行为，具有卓越的自复位能力和良好的耗能能力；力学行为受到摩擦系数、坡角度和横向压力的影响，摩擦系数越大，滞回耗能面积越大；坡角度越大，张开后加卸载刚度越大；横向压力越大，承载力越大，滞回耗能面积越大，而不影响加卸载刚度。

（2）不同刚度的碟簧堆组合可以提供变刚度的轴压力，可作为新型自复位阻尼器的横向压力提供装置。试验研究也证实了该阻尼器的滞回行为受碟簧预应力、预压碟簧的强弱刚度比和变形能力的影响，碟簧预应力越大，阻尼器的卸载残余承载力相对于张开承载力的比值越大，自复位能力越强；预压碟簧的刚度比越大，阻尼器的二次强化刚度比越大，即刚度突变越显著；预压碟簧中的弱碟簧变形能力越差，二次强化刚度发生时的位移越小；该阻尼器可以在较小的位移时发挥耗能作用，阻尼比随着加载位移的增大而减小，随着初始预应力增大而增大，随着压力刚度越大而降低；对于变刚度阻尼器，在刚度突变位置，阻尼比下降斜率存在显著变化。

（3）改进的基于位移的设计方法可以用于 VSFD 框架结构的抗震设计，算例对比分析表明，小中震下的 CFD、CSFD 和 VSFD 框架结构的地震响应差别不大，都满足规范性能要求；大震时 CSFD 和 VSFD 框架结构的响应相似，满足性能目标，而 CFD 框架结构由于残余变形过大，响应与前两者存在显著差异；超大震时 CFD 框架结构的残余变形更大，可恢复功能较差，CSFD 框架结构由于屈服后刚度较小，地震响应较大，超过规范限值，而 VSFD 框架结构由于存在二次强化刚度，其位移响应得到了较好的控制。

值得注意的是，由于二次强化刚度的存在，新型 VSFD 阻尼器在超大震下的轴力较大，这会显著改变结构的内力，这是在相邻连接件及梁柱构件的设计需要考虑的问题。另外，寻求不显著改变结构内力而能有效控制结构的超大震响应，是未来研究的重要内容。

本章参考文献

［1］ ZHAO B, TAUCER F, ROSSETTO T. Field investigation on the performance of building structures during the 12 May 2008 Wenchuan earthquake in China ［J］. Engineering Structures, 2009, 31 （8）: 1707-1723.

［2］ COMERIO M, ELWOOD K, BERKOWITZ R, et al. Learning from Earthquakes: The M6.3 Christ church, New Zealand, Earthquake of February 22 ［Z］. Oakland: Earthquake Engineering Research Institute （EERI）, 2011.

［3］ ZHOU F L, CUI H C, SHIGETAKA A B E, et al. Inspection report of the disaster of the East Japan earthquake by Sino-Japanese joint mission ［J］. Building Structure , 2012, 42 （4）: 1-20.

［4］ Los Angeles Tall Buildings Structural Design Council. Performance of tall buildings during the 2/27/2010 Chile Magnitude 8.8 earthquake: a preliminary briefing ［S］. Los Angeles: Los Angeles Tall Buildings Structural Design Council, 2010.

［5］ LEW M, NAEIM F, CARPENTER L D, et al. The significance of the 27 February 2010 Offshore Maule, Chile earthquake ［J］. Structure Design of Tall & Special Buildings, 2010, 19 （8）: 826-837.

［6］ ZHOU Y, SHAO H T, CAO YS, et al. Application of buckling-restrained braces to earthquake-resistant design of buildings: A review ［J］. Engineering Structures, 2021, 246: 112991.

［7］ LIU P Y, SHUAI C G, QI Y H, et al. Development and experimental study of a novel steel brace with load-bearing adjustable capacity utilizing the buckling behavior of partial steel plates ［J］. Engineering Structures , 2022; 252: 113684.

［8］ MOJIRI S, MORTAZAVI P, KWON O S, et al. Seismic response evaluation of a five-story buckling-restrained braced frame using multi-element pseudo-dynamic hybrid simulations ［J］. Earthquake Engineering & Structural Dynamics, 2021, 50 （12）: 3243-3265.

［9］ MOUSAVI S A, ZAHRAI SM. Contribution of pre-slacked cable braces to dynamic stability of non-ductile frames: An analytical study ［J］. Engineering Structures, 2016, 117: 305-320.

［10］ CHEN X C, TAGAWA H, MATEUS J A S. Seismic performance of steel frame structure adopting parallel spine frames with elastic braces ［J］. Engineering Structures , 2022, 267: 114640.

［11］ CAO X Y, FENG D C, WU G. Seismic performance upgrade of RC frame buildings using precast bolt connected steel-plate reinforced concrete frame-braces ［J］. Engineering Structures 2019; 195: 382-399.

［12］ AMADIO C, CLEMENTE I, MACORINI L, et al. Seismic behaviour of hybrid systems made of PR composite frames coupled with dissipative bracings ［J］. Earthquake Engineering & Structural Dynamics, 2008, 37 （6）: 861-879.

［13］ SOLTANABADI R, MAMAZIZI A, BEHNAMFAR F. Evaluating the performance of chevron braced frame with RSCD viscoplastic damper [J]. Engineering Structures, 2020, 206: 110190.

[14] GHOBADI M S, SHAMS A S. A hybrid self-centering building toward seismic resilient structures: Design procedure and fragility analysis [J]. Journal of Building Engineering, 2021, 44: 103261.

[15] KEIVAN A, ZHANG Y. Nonlinear seismic performance of Y-type self-centering steel eccentrically braced frame buildings [J]. Engineering Structures, 2019, 179: 448-459.

[16] DOLCE M, CARDONE D, MARNETTO R. Implementation and testing of passive control devices based on shape memory alloys [J]. Earthquake Engineering & Structural Dynamics, 2000, 29: 945-968.

[17] CAPRILI S, PANZERA I, SALVATORE W. Resilience-based methodologies for design of steel structures equipped with dissipative devices [J]. Engineering Structures , 2021, 228: 111539.

[18] CHRISTOPOULOS C, TREMBLAY R, KIM H J, et al. Self-centering energy dissipative bracing system for the seismic resistance of structures: Development and validation [J]. Journal of Structural Engineering, 2008, 134 (1): 96-107.

[19] EROCHKO J, CHRISTOPOULOS C, TREMBLAY R, et al. Shake table testing and numerical simulation of a self-centering energy dissipative braced frame [J]. Earthquake Engineering & Structural Dynamics, 2013, 42 (11): 1617-1635.

[20] SUN G, LIU H, LIU W, et al. Development, simulation, and validation of sliding self-centering steel brace with NiTi SMA wires [J]. Engineering Structures, 2012, 256: 114069.

[21] NOBAHAR E, ASGARIAN B, MERCAN O. Development and experimental investigation of a post-tensioned self-centering yielding brace system [J]. Engineering Structures, 2021, 241: 112440.

[22] XU LH, FAN XW, LI ZX. Cyclic behavior and failure mechanism of self-centering energy dissipation braces with pre-pressed combination disc springs [J]. Earthquake Engineering & Structural Dynamics, 2017, 46 (7): 1065-1080.

[23] GUO T, WANG J S, SONG Y S, et al. Self-centering cable brace with friction devices for enhancing seismic performance of RC frame structures [J]. Engineering Structures, 2020, 207: 110187.

[24] FANG C, WANG W, ZHANG A, et al. Behavior and design of self-centering energy dissipative devices equipped with super elastic SMA ring springs [J]. Journal of Structural Engineering, 2019, 145 (10): 4019109.

[25] ZHANG R B, WANG W, FANG C. Evaluation of a full-scale friction spring-based self-centering damper considering cumulative seismic demand [J]. Journal of Structural Engineering, 2022, 148 (3): 4021281.

[26] WESTENENK B, EDWARDS J J, DEILJ C, et al. Self-centering frictional damper (SCFD) [J]. Engineering Structures, 2019, 197: 109425.

[27] DANG L J, LIANG S T, ZHU X J, et al. Research on seismic behavior of unbonded post-tensioned concrete wall with vertical energy-dissipating connections [J]. Journal of Building Engineering, 2022, 45: 103478.

［28］ LU X, LU Z, LU Q. Self-centering viscoelastic diagonal brace for the outrigger of super tall buildings: Development and experiment investigation ［J］. Structure Design of Tall & Special Buildings, 2020, 29 (1): 1684.

［29］ ZHU RZ, GUO T, TESFAMARIAM S, et al. Shake-table tests and numerical analysis of steel frames with self-centering viscous-hysteretic devices under the main shock-aftershock sequences ［J］. Journal of Structural Engineering, 2022, 148 (4): 04022024.

第11章 自复位结构的等效线性化及设计方法研究

11.1 引言

近年来，地震工程的研究发展呈现从抗震、减隔震走向可恢复功能的趋势[1-2]。可恢复功能结构是指在遭受设防或罕遇水准地震作用时保持可接受的功能、地震后不需修复或稍加修复即可快速恢复其使用功能的结构。自复位结构[3-8]是一种典型的可恢复功能结构体系，与传统抗震结构均有较大不同，自复位结构将塑性铰区的损伤转化为接缝开合的几何非线性行为，具有更大的变形能力；且与自复位装置和耗能装置相结合，滞回曲线呈现出旗帜形，具有良好的自复位能力和耗能能力。由于自复位结构具有优良抗震性能，多个国家已对它进行了较为深入的研究，研究成果已经体现在相关规范和设计指南中[9-10]，并已成功应用于一批试点工程[11-12]。

在实际结构中，很少有结构能够在地震作用下完全保持弹性，因此线弹性分析方法显然无法满足要求，准确评估结构的非线性位移响应是结构性能评估的重要内容之一[13]。非线性动力时程分析可以较好地反映结构的非线性位移响应，但是，该方法对地震波敏感性较强，计算结果离散性较大，而且动力时程分析耗时长，不利于结构初步设计及方案比选。等效线性化方法[14]是一种比较简单实用的获得结构非线性地震响应的方法，通过建立一个具有等效刚度和等效阻尼比的线性体系，使其地震峰值位移响应与原非线性体系的峰值位移响应一致，因此采用该方法准确评估结构弹塑性位移响应的关键是建立合理的等效线性化模型。

目前等效线性化方法很多，主要可以分为割线刚度法和非割线刚度法两类。1964 年 Rosenblueth 等[15]首次提出采用最大非线性位移时的割线刚度为等效刚度，假定一个对称循环加载过程中的滞回耗能与等价线性化模型在相同位移幅值下的黏滞耗能相同，从而得到等效阻尼比，这个方法对于不同的滞回模型，可以得到不同的结果。Kowalsky[16]同样采用了割线刚度，并将该方法用于 Takeda 等[17]提出的具有卸载刚度退化特征的滞回模型，得到了等价阻尼比的经验公式。

Iwan[18-19] 通过对 12 条地震动输入下的非线性单自由度体系的地震响应进行回归分析，得到完全为经验模型的非割线刚度模型，他分析采用的非线性单自由度体系的滞回模型是线弹性弹簧与库仑滑移单元的组合。Kwan 等[20] 基于 20 条地震动输入下非线性单由度体系的地震响应，也提出了经验性的等价线性化模型，其主要特点在于通过引入系数来考虑多种滞回模型对等价线性化模型的影响，如双线型弹塑性（EP）、中度退化（MD）、轻度退化（SD）、滑移（SL）、原点指向（OO）、双线型弹性（BE）。虽然非割线刚度模型总是给出大于割线刚度的等价刚度，但正如 Iwan 指出的那样，高估等价刚度的同时低估等价阻尼比，或者低估等价刚度的同时高估等价阻尼比，都有可能得到比较准确的等价线性化模型[19]。

综上可知，已有等效方法的建立基于不同的条件限制，且基于不同的非线性滞回模型，精度各异，目前还没有特别针对或适用于自复位结构的等效线性化方法。基于此，本章首先比较了几种不同的经典等效线性化方法，提出了针对非线性自复位结构的改进等效线性化方法；然后评估了几种等效线性化方法的精度；最后，用该等效线性化方法更新基于位移的设计方法，以设计自复位结构，并进行算例验证。

11.2 滞回参数影响

BE 和 EP 滞回模型均可以由初始刚度 K_0、延性系数 μ、屈服后刚度系数 α 三个参数确定滞回规则，也可采用其他相关参数（如初始周期 T_0），见式（11-1）~式（11-4）。

$$\alpha = K_1/K_0 \tag{11-1}$$

$$K_0 = F_y/D_y \tag{11-2}$$

$$\mu = D_u/D_y \tag{11-3}$$

$$T_0 = 2\pi\sqrt{m/K_0} \tag{11-4}$$

式中，系数 K_1 为屈服后刚度，F_y 为屈服强度，D_y 为屈服位移，D_u 为极限位移，m 为质量。

SC 滞回模型除了 K_0、μ、α 参数外，还需要能量耗散率 β 参数，该系数反映了 SC 模型滞回模型相对于 EP 模型的耗能能力，如图 11-1 所示。因此，可以理解，当 $\beta=0$，SC 滞回模型即 BE 滞回模型；当 $\beta=2$，SC 滞回模型即 EP 滞回模型。

等效阻尼比 ξ_h 可以较好地反映模型的滞回耗能能力，应用较广，定义如下：

$$\xi_h = \frac{E_h}{2\pi E_e} = \frac{2S_{acge}}{2\pi \cdot 2S_{aOb}} \tag{11-5}$$

式中，E_h 为每个循环的能量耗散，即图 11-1 中每个完整滞回循环所包围的面积 $2S_{acge}$，E_e 为等效线性模型吸收的能量，经历与所考虑的非线性模型相同的正和负最大变形和力，即图 11-1 中割线和位移轴所包围的面积 $2S_{aOb}$。

当非线性模型被等效为线性模型时，其等效阻尼比 ξ_{eq} 包含滞回耗能阻尼比 ξ_h 和固有阻尼比 ξ_0，即

$$\xi_{eq} = \xi_h + \xi_0 \tag{11-6}$$

从图 11-1 可以看到具有相同 K_0、μ、α 参数的三个系统，耗能面积 EP 滞回模型 > SC 滞回模型 > BE 滞回模型。因此，ξ_{eq} 也是 EP 滞回模型 > SC 滞回模型 > BE 滞回模型。

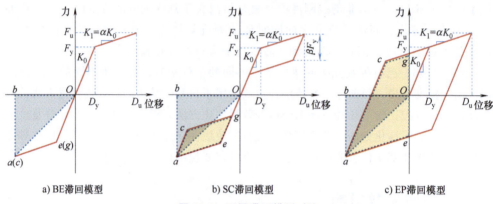

a) BE滞回模型　　　b) SC滞回模型　　　c) EP滞回模型

图 11-1　不同滞回模型对比

显然，根据 Newmark 等提出的等能量和等位移原则，μ、T（K_0）与非线性位移谱密切相关，因此可用于将非线性滞回模型等效为线性滞回模型的等效阻尼比。下面建立 $\alpha = 0.03$ 和 $\alpha = 0.15$ 的两组单自由度体系分别进行分析。两组滞回模型具有相同的 m，$T_0 = 1s$，$\mu = 8$，$\beta = 0.5$，输入 EL 地震波，响应如图 11-2 所示。当 $\alpha = 0.03$，在峰值（图中箭头位置）之后，由于 EP 滞回模型没有足够的复位能力，震动过程中，不能恢复初始位置而在一侧震动，其滞回耗能能力不能有效发挥，加载完成具有较大的塑性残余变形；SF 滞回模型和 BE 滞回模型在峰值位移之后，具有 SF 滞回模型的滞回耗能能力大于 BE 滞回模型，因此其位移衰减较快；由于各系统的参数相同，若在等效单自由度体系中采用相同的等效割线刚度，则等效阻尼比与

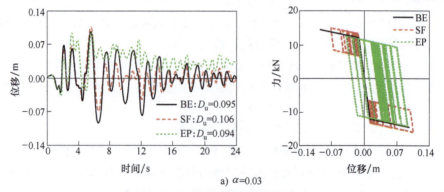

a) $\alpha = 0.03$

图 11-2　不同滞回模型的响应

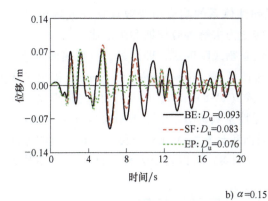
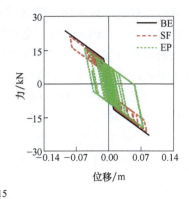

b) $\alpha = 0.15$

图 11-2 不同滞回模型的响应（续）

各滞回模型峰值位移成反比，即 EP 滞回模型 $\approx$ BE 滞回模型 > SF 滞回模型，这与根据图 11-1 所得的结论不符。当 $\alpha = 0.03$，EP 滞回模型具有足够的恢复能力，没有出现较大的偏置震动，因此各滞回模型在峰值位移之后的震动衰减与滞回面积相关；等效阻尼比与各滞回模型峰值位移成反比，即 EP 滞回模型 > BE 滞回模型 > SF 滞回模型，这与据图 11-1 所得的结论相符。因此，等效阻尼比不仅与滞回面积相关，还与震动对称性能否有效抑制密切相关。

11.3 传统等效线性化方法

与静力分析不同，观察如图 11-2 所示滞回曲线，在动力滞回响应过程中，每个滞回环的最大位移不同，即每个滞回环面积不同。因此，在等效阻尼比分析中，如何将常规的非线性体系等效为具有相同最大位移响应的线弹性体系，即如何确定等效周期（刚度）和等效阻尼比，诸多学者提出了多种等效方法。等效线性化的原理（图 11-3）是通过采用参数 F_{ps} 将具有参数 T_0 和 ξ_0 的非线性体系转化为具有参数 T_{eq} 和 ξ_{eq} 的线性体系，使得线性体系可以用于较好地预测非线性体系的响应，这

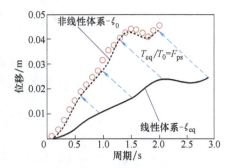

图 11-3 等效线性化原理

种等效线性化方法对于简化非线性体系和结构性能化设计具有重要应用。

11.3.1 若干传统等效线性化方法

非线性体系等效为线弹性体系，通常根据关注的指标确定等效原则，在基于性能的抗震分析设计中，位移通常是受到较多关注的。因此，重点考虑以最大位移响

应为等效指标的等效方法。等效线弹性体系的响应由等效周期（或等效刚度）和阻尼比即可确定，因此等效问题可转化为求解等效周期和阻尼比。

比较经典且容易理解的等效方法是割线刚度法，即以最大位移幅值对应的割线刚度为等效线性化刚度。根据 EP 滞回模型，Rosenblueth 和 Herrera 提出了等效计算方法，见式（11-7）和（11-8），式（11-8）即式（11-6）的变化形式，周期转化系数为 F_{ps}、等效阻尼比为 ξ_{eq}，延性系数为 μ。由于 Rosenblueth & Herrera 方法根据 EP 滞回模型最大位移处的滞回面积计算，因此对于图 11-1b 的旗帜形滞回模型，Rosenblueth & Herrera 方法中式（11-8）可以转变为式（11-9），以下均采用该式进行分析。

$$F_{ps} = \frac{T_{eq}}{T_0} = \sqrt{\frac{\mu}{1 + \alpha(\mu - 1)}} \tag{11-7}$$

$$\xi_{eq} = \xi_0 + \frac{2(1 - \alpha)(\mu - 1)}{\pi\mu[1 + \alpha(\mu - 1)]} \tag{11-8}$$

$$\xi_{eq} = \xi_0 + \frac{2(1 - \alpha)(\mu - 1)}{\pi\mu[1 + \alpha(\mu - 1)]} \cdot \frac{\beta}{2} \tag{11-9}$$

Kowalsky 模型：基于 Takeda 滞回模型建立，等效刚度仍采用式（11-7）的割线刚度，提出式（11-10）为等效阻尼比，因此结论不特别区分滞回曲线类型。

$$\xi_{eq} = \xi_0 + \frac{1}{\pi}\left(1 - \frac{1 - \alpha}{\sqrt{\mu}} - \alpha\sqrt{\mu}\right) \tag{11-10}$$

Iwan 模型：考虑了强度刚度退化和延性等影响的双线性模型，统计分析提出式（11-11）和式（11-12），因此结论不区分滞回曲线类型。

$$F_{ps} = \frac{T_{eq}}{T_0} = 1 + 0.121(\mu - 1)^{0.939} \tag{11-11}$$

$$\xi_{eq} = \xi_0 + 0.0587(\mu - 1)^{0.371} \tag{11-12}$$

Kwan 模型：考虑了几种不同的滞回模型，即

$$F_{ps} = \frac{T_{eq}}{T_0} = 0.8\mu^{C_1} \tag{11-13}$$

$$\xi_{eq} = \frac{2C_2}{\pi}(0.8\mu^{C_1})^2\frac{\mu - 1}{\mu^2} + 0.55(0.8\mu^{C_1})^2\xi_0 \tag{11-14}$$

式中，参数 C_1 和 C_2 根据不同的滞回模型取值，见表 11-1。

表 11-1 Kwan 模型参数 C_1 和 C_2 取值

滞回模型	对应结构系统	C_1	C_2
EP、MD、SD	延性结构	0.5	0.56
SL	剪切为主的钢筋混凝土结构，如短剪力墙	0.55	0.36
OO	含耗能钢筋的无粘结后张预应力结构	0.5	0.28
BE	纯无粘结后张预应力结构	0.43	0

11.3.2　不同方法的比较

以上几种方法提出了不同的等效阻尼比和等效周期比计算方法。以 3 个单自由度模型为例，计算出了上节四种方法的等效阻尼比和等效周期比，如图 11-4 所示。模型 I ，$\alpha = 0.06$，$\beta = 0.6$；模型 II ，$\alpha = 0.12$，$\beta = 0.6$；模型 III ，$\alpha = 0.06$，$\beta = 1$；其中，所有模型的 ξ_0 取 0.05。特别地，对于 Kwan 方法，当 $\beta = 0.6$，自复位系统的滞回行为更接近于 OO 滞回模型，当 $\beta = 1$，自复位系统的滞回行为更接近于 SL 滞回模型，分别采用表 11-2 中相应参数。

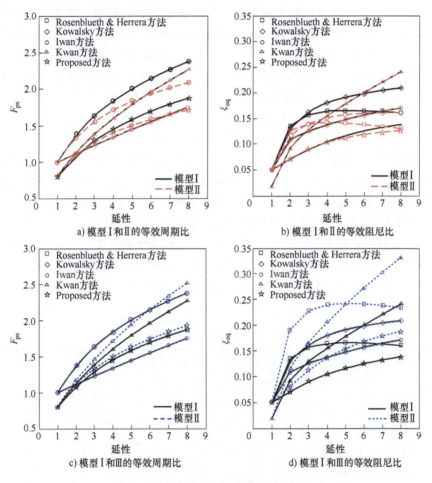

a) 模型 I 和 II 的等效周期比　　　b) 模型 I 和 II 的等效阻尼比

c) 模型 I 和 III 的等效周期比　　　d) 模型 I 和 III 的等效阻尼比

图 11-4　等效阻尼比和等效周期比

总体上不同方法计算的不同模型结果差别较大，所有模型的等效周期比随延性增大而增大，除 Rosenblueth & Herrera 方法外，其他方法阻尼比随延性增大而增大，Rosenblueth & Herrera 方法中阻尼比随延性先增大后逐渐减小。只有 Kwan 方法在较小的延性比时存在等效周期比小于 1 的情况，即等效周期小于弹性周期，但是随着延性增大的速度高于其他方法；同样地，该方法的等效阻尼比也存在同样的规律，当延性比较小时，ξ_{eq} 较小，但随着延性增大的速度高于其他方法。

比较模型 I 与模型 II，模型 I 的 $\alpha = 0.06$，模型 II 的 $\alpha = 0.12$，采用割线刚度的 Rosenblueth & Herrera 方法和 Kowalsky 方法的计算的模型 I 的周期比大于模型 II，Rosenblueth & Herrera 方法和 Kowalsky 方法的计算的模型 I 的延性比大于模型 II；Kwan 方法和 Iwan 方法未能考虑 α 影响，因此采用这两种方法的两个模型的等效周期比和等效阻尼比分别相同。

比较模型 I 与模型 III，模型 I 的 $\beta = 0.6$，模型 III 的 $\beta = 1$，采用割线刚度的 Rosenblueth & Herrera 方法和 Kowalsky 方法不能考虑 β 的影响，因此采用这两种方法计算的两个模型的等效周期比相同；Rosenblueth & Herrera 方法考虑了 β 的影响，因此计算的模型 III 的等效阻尼比大于模型 I，而 Kowalsky 方法计算等效阻尼比未能考虑 β 的影响；Iwan 方法未能考虑 β 的影响，因此采用这种方法的两个模型的等效周期比和等效阻尼比相同，但是 Iwan 方法得到的周期比小于 Rosenblueth & Herrera 方法和 Kowalsky 方法得到的周期比，Iwan 方法得到的等效阻尼比小于 Kowalsky 方法得到的等效阻尼比；Kwan 方法中，模型 I 采用了 OO 滞回模型系数，模型 III 采用了 SL 滞回模型系数，因此模型 I 得到的周期比和等效阻尼比小于模型 III。

从以上分析可知，各方法采用了不同的计算原理，导致等效周期和等效阻尼比均有不同的取值依据，总体规律是等效周期比相对偏大时，等效阻尼比也偏大，因此其预测非线性体系的精度是难以确定的，下面建立算例模型（表 11-2），动力时程分析定量研究各种方法的预测精度。该 13 组非线性算例考虑了旗帜形滞回行为的三个参数 α、β、μ 的影响，ξ_0 取 0.05。其中，模型 1~5 以 α 为变量，模型 3、6~10 以 β 为变量，模型 3、11~13 以 μ 为变量。动力时程分析输入的地震波为 FEMA 建议的 22 条远场地震波。

表 11-2　不同模型的参数设计

模型	滞回参数			Rosenblueth & Herrera 方法		Kowalsky 方法		Iwan 方法		Kwan 方法	
	α	β	μ	F_{ps}	ξ_{eq}	F_{ps}	ξ_{eq}	F_{ps}	ξ_{eq}	F_{ps}	ξ_{eq}
1	0.03	0.6	4	1.92	0.177	1.92	0.195	1.34	0.138	1.60	0.156
2	0.06	0.6	4	1.84	0.164	1.84	0.181	1.34	0.138	1.60	0.156
3	0.09	0.6	4	1.77	0.153	1.77	0.166	1.34	0.138	1.60	0.156
4	0.12	0.6	4	1.71	0.143	1.71	0.152	1.34	0.138	1.60	0.156
5	0.15	0.6	4	1.66	0.134	1.66	0.138	1.34	0.138	1.60	0.156
6	0.09	0	4	1.77	0.050	1.77	0.166	1.34	0.138	1.45	0.058
7	0.09	0.2	4	1.77	0.084	1.77	0.166	1.34	0.138	1.60	0.156
8	0.09	0.4	4	1.77	0.118	1.77	0.166	1.34	0.138	1.60	0.156
9	0.09	0.8	4	1.77	0.187	1.77	0.166	1.34	0.138	1.60	0.156
10	0.09	1	4	1.77	0.221	1.77	0.166	1.34	0.138	1.60	0.156
11	0.09	0.6	2	1.35	0.130	1.35	0.123	1.12	0.109	1.13	0.092
12	0.09	0.6	6	2.03	0.150	2.03	0.180	1.55	0.157	1.96	0.201
13	0.09	0.6	8	2.22	0.143	2.22	0.185	1.75	0.171	2.26	0.241

每组模型误差分析步骤如下：

（1）具有参数 α、β、μ 的非线性体系，通过第 i 条地震波 $w(i)$ 动力时程分析建立起初始周期为 $0.1\sim2$s 的 $T_0(j)$ 时对应的非线性位移响应 $D_{ie}(\alpha,\beta,\mu,T_0(j),w(i))$，即非线性位移谱。

（2）分别采用四种方法计算每组非线性体系的等效线性化模型的等效周期比 F_{ps} 和等效阻尼比 ξ_{eq}，建立其相应的等效线性化模型，通过第 i 条地震波 $w(i)$ 动力时程分析建立起初始周期为 $0.1\sim2$s 的 $T_0(j)$ 的线性位移响应 $D_e(F_{ps},\xi_{eq},T_0(j),w(i))$，即线性位移谱。

（3）以动力时程分析结果为基准，计算在第 i 条地震波 $w(i)$ 输入下初始周期为 $0.1\sim2$s 的 $T_0(j)$ 的每种方法的位移误差 ε_d，即

$$\varepsilon_d = [D_e(F_{ps},\xi_{eq},T_0(j),w(i)) - D_{ie}(\alpha,\beta,\mu,T_0(j),w(i))]/D_{ie}(\alpha,\beta,\mu,T_0(j),w(i))$$
$$(11\text{-}15)$$

（4）重复上述步骤依次采用不同的地震波，分别计算其不同地震波输入下的位移误差。

当应用单个地震地面运动记录时，这些确定性方法中的任何一种都可能导致最大位移估计的显著误差，为降低地震动的不确定性，计算所有 22 条地震波输入下的位移误差平均值 $\overline{\varepsilon_d}$，同时考虑结果的离散性，计算位移误差的标准差 S_{ε_d}，即

$$\overline{\varepsilon_d} = \frac{1}{22}\sum_{i=1}^{22}\varepsilon_d \qquad (11\text{-}16)$$

$$S_{\varepsilon_d} = \sqrt{\frac{1}{21}\sum_{i=1}^{22}\left[\varepsilon_d - \overline{\varepsilon_d}\right]^2} \qquad (11\text{-}17)$$

图 11-5~图 11-8 所示为不同方法计算的每组模型在初始周期为 $0.1\sim2$s 内的位移误差平均值和位移误差标准差。

对于 Rosenblueth & Herrera 方法，所有模型位移误差均值在周期小于 0.8s 时，误差受初始周期影响较大，当周期大于 0.8s 时，误差均值趋于稳定（图 11-5）。模型 1~5，总体上随着 α 增大，位移误差逐渐减小，但是变化不明显；随着周期增大，位移误差由正转负，当周期小于 0.3s 时误差为正，即等效线性化体系预测位移偏大，当周期为 0.3s 时，位移误差最小，当周期大于 0.4s 时，位移误差均值大约在-15%波动。模型 3、6~10，总体上随着周期增大，位移误差也由正转负，但是随着 β 增大，位移误差转向点也逐渐向短周期移动；当 $\beta=1$，周期大于 0.4s 时，误差均值稳定在-30%附近。模型 3、11~13，随着周期增大，位移误差由正转负，但是随着 μ 增大，位移误差转向点也逐渐向短周期移动，当周期大于 0.4s 时，位移误差均值大约在-15%波动。位移误差的标准差主要分布在 10%~30%，其中 β 对标准差的影响较为显著，随着 β 增大，标准差逐渐降低，其中模型 6 的 $\beta=0$，误差标准差显著高于其他模型。

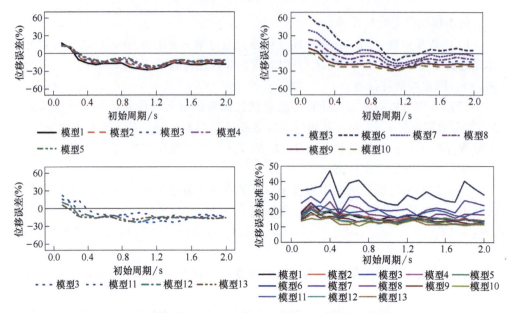

图 11-5　Rosenblueth & Herrera 方法

　　同样地，对于 Kowalsky 方法，所有模型位移误差均值在周期小于 0.4s 时，受初始周期影响较大，当周期大于 0.4s 时，误差均值趋于稳定；除了短周期的点外，大部分误差均值为负值，即等效线性化体系预测位移偏小（图 11-6）。模型 1~5，总体上随着周期增大，位移误差由正转负，当周期小于 0.3s 时误差为正，即等效线性化体系预测位移偏大，当周期为 0.3s 时，位移误差最小，当周期大于 0.4s 时，随着 α 增大，位移误差逐渐减小，但是总体上位移误差均值大约在-20%波动。模型 3、6~10，总体上随着周期增大，位移误差也由正转负，但当周期大于 0.4s 时，随着 β 增大由 0 到 1，位移误差逐渐由-30%减小到-10%附近。模型 3、11~13 随着 μ 增大，位移误差逐渐增大，当周期大于 0.4s 时，模型 13 的 $\mu=8$，位移误差均值大约在-30%波动；模型 11 的 $\mu=2$，误差均值随周期变化波动较大，当周期小于 0.4s 时为正误差，周期大于 0.4s 时为负误差。位移误差的标准差主要分布在 10%~20%，随着 μ 增大，标准差逐渐降低，其中模型 11 的 $\mu=2$，误差标准差显著高于其他模型，标准差在 20%左右波动；模型 13 的 $\mu=8$，误差标准差显著低于其他模型，标准差在 12%左右波动。

　　对于 Iwan 方法，所有模型位移误差均值随初始周期增大，误差均值稍有降低，但是误差均值保持为负值，即等效线性化体系预测位移偏小（图 11-7）。模型 1~5，总体上随 α 变化位移误差变化不明显。模型 3、6~10，总体随 β 增大，位移误差逐渐减小，其中模型 10 的 $\beta=1$，误差 15%左右，模型 6 的 $\beta=0$，误差-35%左右。模型 3、11~13，随 μ 增大，位移误差逐渐增大，模型 11 的 $\mu=2$，误差 15%左右，模型 13 的 $\mu=8$，误差达-30%左右。位移误差的标准差主要分布在 5%~20%，在周期

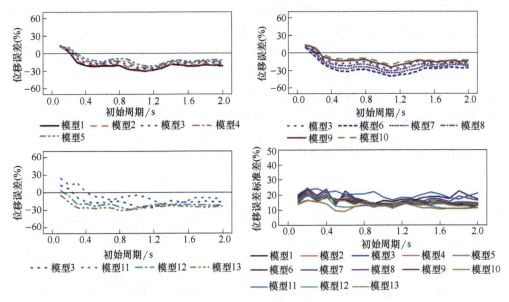

图 11-6　Kowalsky 方法

小于 1s 时，标准差在 10% 附近波动，当周期较长时，标准差有所增大。

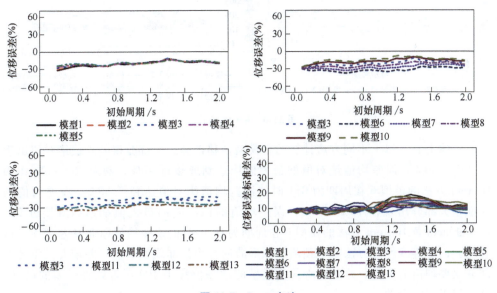

图 11-7　Iwan 方法

对于 Kwan 方法，所有模型位移误差均值在周期小于 0.4s 时，受初始周期影响较大，当周期大于 0.4s 时，误差均值趋于稳定；除个别模型的个别周期点外，大部分误差均值为负值，即等效线性化体系预测位移偏小（图 11-8）。模型 1~5，总体上随着周期和 α 增大，位移误差逐渐增大；随着周期增大，位移误差由正转负，当周期小于 0.3s 时误差为正，即等效线性化体系预测位移偏大，当周期为 0.3s 时，位移误差最小，当周期大于 0.4s 时，位移误差均值大约在−15%波动。模型 3、6~10，总体上随着周期增大，位移误差也由正转负，但是随着 β 增大，位移误差转向点也逐渐向短周期移动；当 $\beta=1$，周期大于 0.4s 时，误差均值稳定在−30% 附近。模型 3、11~13，随着 μ 增大，位移误差逐渐增大，当周期大于 0.4s 时，模型 13 的 $\mu=8$，位移误差均值大约在−30%波动。位移误差的标准差主要分布在 10%~15%，随着 β 增大，标准差逐渐降低，其中模型 6 的 $\beta=0$，误差标准差显著高于其他模型，最大标准差达 25%。

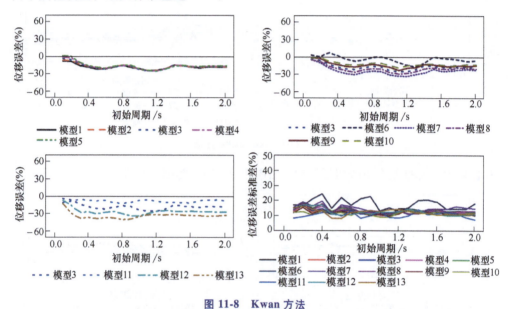

图 11-8　Kwan 方法

总体上看，以上不同方法计算的各模型位移误差，大部分误差均值绝对值出现在 20%~30%，误差均值绝对值的最大值均达到或接近 40%，甚至 Rosenblueth & Herrera 方法的模型 6 在周期为 0.1 时的误差均值绝对值达到了 60%。误差均值的标准差大部分出现在 10%~20%，误差均值的标准差的最大值都达到或接近 25，Rosenblueth & Herrera 方法的模型 6 在周期为 0.4s 时的误差均值标准差达 47%。这表明，以上等线性化方法对于预测旗帜形滞回行为的非线性响应误差较大，而且大部分误差均值为负值，这意味着等价模型的预测位移小于实际非线性模型的位移，这是偏于不安全的。

11.4　创新等效线性化方法（Proposed 方法）

基于以上研究，本章提出了一种适用于预测旗帜形滞回行为的非线性响应的等效线性化方法，通过对大量的非线性体系和线性体系进行动力时程分析，找出与每个非线性体系响应最接近的线性化体系，将结果进行统计分析，回归出可以考虑非线性体系各参数的等效线性化计算方法。

11.4.1　最优等效线性化流程

对于需要归纳规律的常用非线性旗帜形模型，综合考虑全面性和计算量，α 取 5 个参数（0.03、0.06、0.09、0.12、0.15），β 取 6 个参数（0、0.2、0.4、0.6、0.8、1），μ 取 4 个参数（2、4、6、8），T_0 取 20 个参数（即 0.1～2s 间隔 0.1s），ξ_0 取 0.05。对于线性单自由度模型，F_{ps} 取 25 个参数（0.6～3），ξ_{eq} 取 30 个参数（0.01～0.3）。同样采用 FEMA 建议的 22 条远场地震波。共分析 52800 次非线性旗帜形模型和 330000 次线性模型。

等效线性化流程如图 11-9 所示，详细步骤如下：

（1）依次选定非线性体系参数：第 k 个参数 $\alpha(k)$，第 l 个参数 $\beta(l)$，第 r 个参数 $\mu(r)$。依次对第 j 个初始周期 $T_0(j)$，输入第 i 条地震波 $w(i)$ 对该非线性体系进行动力时程分析，获得对应的非线性位移响应 $D_{ie}(\alpha(k)，\beta(l)，\mu(r)，T_0(j)，w(i))$。需要强调的是，对于确定的 $\mu(r)$ 值，采用迭代计算，综合考虑精度和计算量，迭代的延性误差取 5%。对每个模型下的所有地震波分析结果进行平均，即

$$\overline{D_{ie}}(\alpha(k)，\beta(l)，\mu(r)，T_0(j)) = \sum_{i=1}^{22} D_{ie}(\alpha(k)，\beta(l)，\mu(r)，T_0(j)，w(i))$$

$$(11\text{-}18)$$

（2）依次选定线性体系参数：第 n 个参数 $F_{ps}(n)$，第 m 个参数 $\xi_{eq}(m)$。依次对第 j 个初始周期 $T_0(j)$，输入第 i 条地震波 $w(i)$ 对该线性体系 [周期为 $F_{ps}(n)T_0(j)$，阻尼比为 $\xi_{eq}(m)$] 进行动力时程分析，获得对应的线性位移响应 $D_e[F_{ps}(n)，\xi_{eq}(m)，T_0(j)，w(i)]$。对每个模型下的所有地震波分析结果进行平均，即

$$\overline{D_e}(F_{ps}(n)，\xi_{eq}(m)，T_0(j)) = \sum_{i=1}^{22} D_e(F_{ps}(n)，\xi_{eq}(m)，T_0(j)，w(i)) \quad (11\text{-}19)$$

（3）对于每个非线性体系求解平均谱误差。对于具有参数 $\alpha(k)$、$\beta(l)$、$\mu(r)$ 的模型，依次选定参数 $F_{ps}(n)$，$\xi_{eq}(m)$ 对应的线性体系的平均谱误差，即

$$\varepsilon_s(\alpha(k)，\beta(l)，\mu(r)，F_{ps}(n)，\xi_{eq}(m))$$

$$= \sqrt{\frac{1}{20}\sum_{j=1}^{20}\left\{\frac{\overline{D_{ie}}(\alpha(k)，\beta(l)，\mu(r)，T_0(j)) - \overline{D_e}(F_{ps}(n)，\xi_{eq}(m)，T_0(j))}{\overline{D_{ie}}(\alpha(k)，\beta(l)，\mu(r)，T_0(j))}\right\}^2}$$

$$(11\text{-}20)$$

（4）对于每个非线性体系求解最优的等效线性化模型。对于具有参数 $\alpha(k)$、$\beta(l)$、$\mu(r)$ 的模型，从所有对应的参数 ξ_{eq} 对应的线性体系中找出最小平均谱误差

$\varepsilon_{\text{smin}}$，其对应的参数即最优参数 $F_{\text{ps}}^{\text{opt}}$，$\xi_{\text{eq}}^{\text{opt}}$ 对应的线性体系为等效线性化模型。

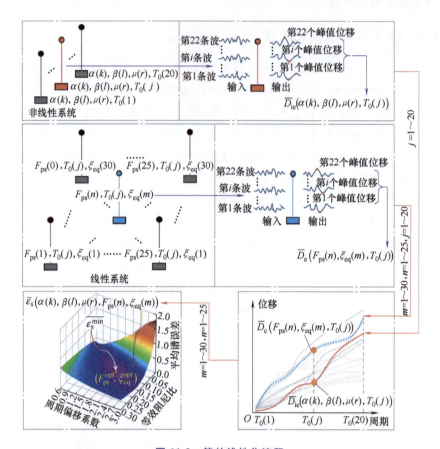

图 11-9　等效线性化流程

　　每一个不同参数（模型参数 α、β、μ）的模型，均存在与之对应的具有最小平均谱误差的等效线性体系。限于篇幅，仅展示部分非线性模型的结果，其中部分非线性模型的等效线性化结果和最小平均谱误差结果见表 11-3，其对应的平均谱误差如图 11-10 所示。可以看出，平均谱误差随 F_{ps} 和 ξ_{eq} 变化，是一个三维面，因此总存在最小值，但是该网格化的最小值的精度与 F_{ps} 和 ξ_{eq} 的网格化取值间隔有关，误差均小于 10%，考虑计算工作量和精度的平衡，该取值已满足要求。

　　从图 11-10 还可以看出，所有的平均谱误差三维云图在不同梯度方向的分布存在明显差异，即等高线呈近似椭圆分布。综合表 11-3 和图 11-10 可以看出，保持 β、μ 不变，随着 α 增大，F_{ps} 和 ξ_{eq} 逐渐降低，云图等高线随着 α 增大向原点方向移动；保持 α、β 不变，随着 μ 增大，F_{ps} 和 ξ_{eq} 逐渐增大，云图等高线随着 μ 增大向远离原点的方向移动；保持 α、μ 不变，随着 β 增大，F_{ps} 和 ξ_{eq} 逐渐增大，云图等高线随着 μ 增大向远离原点的方向移动。

表 11-3　部分非线性系统的最小平均谱误差

α	β	$\mu=2$			$\mu=4$			$\mu=6$			$\mu=8$		
		F_{ps}	ξ_{eq}	ε_{smin}	F_{ps}	ξ_{eq}	ε_{smin}	F_{ps}	ξ_{eq}	ε_{smin}	F_{ps}	ξ_{eq}	ε_{smin}
0.03	0	1.1	0.05	4.57%	1.3	0.05	5.22%	1.6	0.06	6.18%	1.8	0.07	6.65%
0.09		1.1	0.05	4.35%	1.3	0.05	4.61%	1.5	0.06	5.25%	1.7	0.07	6.02%
0.15		1.1	0.05	4.27%	1.3	0.05	4.89%	1.4	0.05	4.95%	1.6	0.07	5.03%
0.03	0.4	1.1	0.06	4.20%	1.4	0.09	5.00%	1.7	0.11	5.42%	1.9	0.12	6.03%
0.09		1.1	0.06	4.15%	1.4	0.09	4.35%	1.6	0.1	5.23%	1.8	0.11	5.60%
0.15		1.1	0.06	4.18%	1.3	0.08	4.23%	1.5	0.09	4.01%	1.7	0.11	4.23%
0.03	0.6	1.1	0.07	4.25%	1.4	0.10	4.62%	1.7	0.13	5.46%	2.0	0.15	5.72%
0.09		1.1	0.07	3.98%	1.4	0.11	4.24%	1.6	0.12	5.05%	1.8	0.13	5.01%
0.15		1.1	0.07	3.65%	1.4	0.11	3.94%	1.6	0.12	4.27%	1.7	0.12	4.17%
0.03	1	1.1	0.08	4.69%	1.5	0.14	5.23%	1.8	0.17	5.78%	2.0	0.19	5.10%
0.09		1.1	0.08	4.53%	1.4	0.13	4.44%	1.7	0.16	4.78%	1.9	0.18	4.44%
0.15		1.1	0.08	4.25%	1.4	0.13	4.03%	1.6	0.15	4.07%	1.8	0.17	4.05%

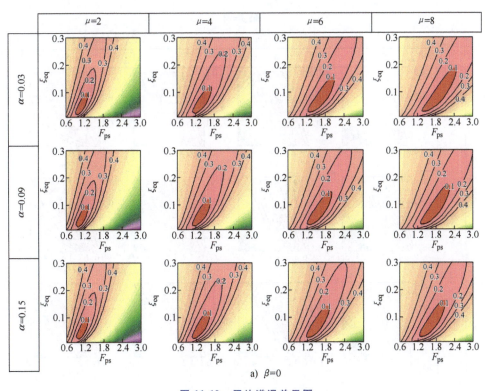

a) $\beta=0$

图 11-10　平均谱误差云图

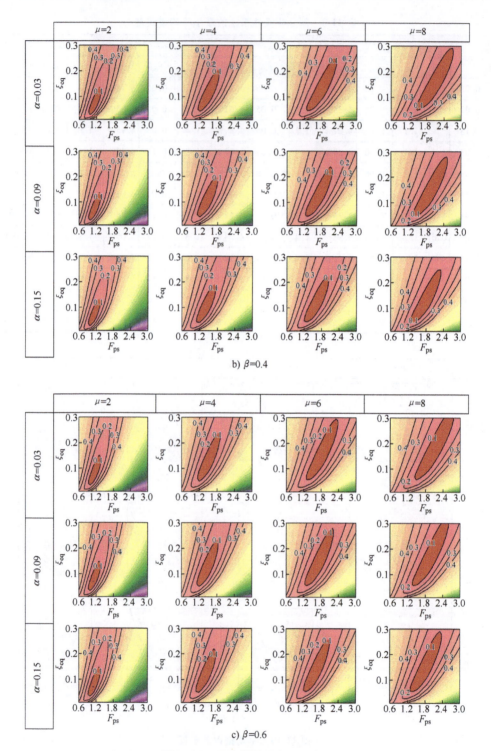

b) β=0.4

c) β=0.6

图 11-10　平均谱误差云图（续）

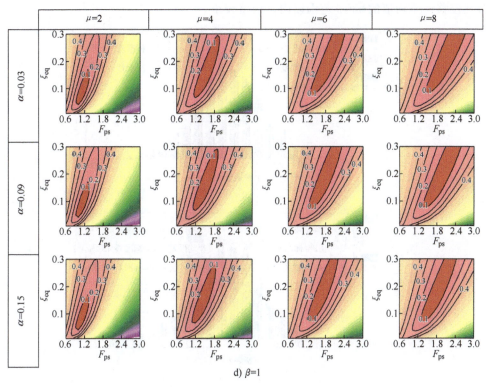

d) $\beta=1$

图 11-10 平均谱误差云图（续）

通过以上分析，即可得到与每一个非线性模型对应的具有最小平均谱误差的等效线性体系。同样采用式（11-15）和式（11-16）计算位移误差均值和位移误差标准差。图 11-11 所示为所有位移相对误差分布直方图，可以看到，误差分布非常接近正态分布，平均误差为 0.6%，标准差为 14.2%，88.3% 的误差都分布在位移误差均值的 ±20% 范围以内，误差较小。

图 11-12 所示为不同 α、β、μ 的所有模型和与之等效线性化模型之间的所有位移相对误差分布直方图，可以看到不同 α、β、μ 的误差

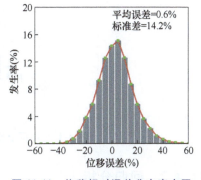

图 11-11 位移相对误差分布直方图

分布没有显著差别，都非常接近正态分布。不同的 α 值：$\alpha=0.03$ 的平均误差最大，为 0.8%，其标准差为 15.6%，85.0% 的误差都分布在位移误差均值的 ±20% 范围以内，误差较小。不同的 β 值：$\beta=1.0$ 的平均误差最大，为 1.1%，其标准差为 13.9%，88.4% 的误差都分布在位移误差均值的 ±20% 范围以内，误差较小。不同的 μ 值：$\mu=8$ 的平均误差最大，为 0.8%，其标准差为 14.1%，88.4% 的误差都分

布在位移误差均值的±20%范围以内，误差较小。

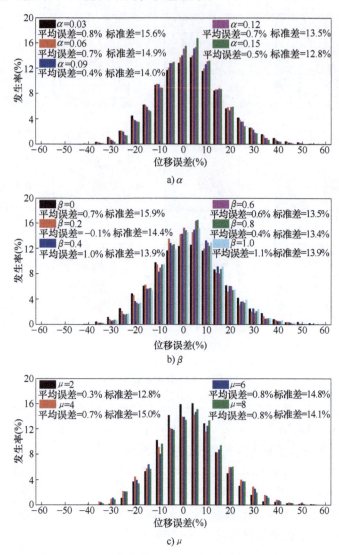

图 11-12　不同参数模型的位移相对误差分布直方图

11. 4. 2　回归分析

　　汇总不同 α、β、μ 的所有非线性模型和与之等效的线性化模型，进行回归分析，分别建立等效线性化模型需要的两个参数周期比和等效阻尼比与非线性旗帜形模型参数 α、β、μ 的经验公式。

　　Rosenblueth & Herrera 方法是较为经典的方法，而本章的旗帜形模型也是双线性模型，它是以 Rosenblueth & Herrera 方法为基础，分别乘系数 R_T 和 R_ξ，模型的

F_{ps} 和等效阻尼比 ξ_{eq} 假定形式为式（11-21）和式（11-22）。

$$F_{ps} = \frac{T_{eq}}{T_0} = \sqrt{\frac{\mu}{1 + \alpha(\mu - 1)}} \times R_T \tag{11-21}$$

$$\xi_{eq} = \xi_0 + \frac{2(1 - \alpha)(\mu - 1)}{\pi\mu[1 + \alpha(\mu - 1)]} \times R_\xi \tag{11-22}$$

通过回归分析得到参数经验公式，见式（11-23）和式（11-24），回归公式的相关系数分别为 0.974 和 0.976。

$$R_T = 0.03(2.1 + \alpha^{0.3})(\beta^{0.7} + 9.7) \tag{11-23}$$

$$R_\xi = 0.3(0.3 + \alpha^{0.6})(\beta + 0.1)[(\mu - 1)^{0.5} - 0.3] \tag{11-24}$$

需要特别说明的是，由于采用的算例 $\mu = 2$、4、6、8，因此对于 $\mu = 1 \sim 2$ 的情况，式（11-21）和式（11-22）存在一定的误差，T_{eq} 不等于 T_0。所有算例得到的 F_{ps} 和 ξ_{eq} 最优值与预测值对比如图 11-13 所示。可以看出，两者呈现较好的线性分布规律，表明回归公式与上述最优化结果较为符合。

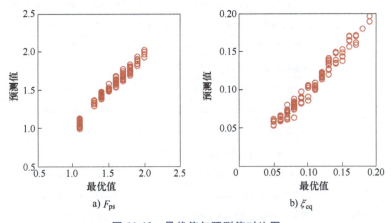

图 11-13　最优值与预测值对比图

采用 Proposed 方法计算的 F_{ps} 和 ξ_{eq} 的与现有方法的对比结果如图 11-4 所示。比较模型 Ⅰ 与模型 Ⅱ，模型 Ⅱ，$\alpha = 0.12$，Proposed 方法计算的模型 Ⅰ 周期比和阻尼比大于模型 Ⅱ，但是阻尼比增大不显著；但该方法计算的两个模型的周期比和阻尼比均小于 Rosenblueth & Herrera 方法和 Kowalsky 方法的计算的两个模型的周期比和阻尼比。比较模型 Ⅰ 与模型 Ⅲ，模型 Ⅰ，$\beta = 0.6$，模型 Ⅲ，$\beta = 1$，Proposed 方法计算的模型 Ⅰ 周期比和阻尼比小于模型 Ⅱ，但是周期比减小不显著，而阻尼比减小显著；但该方法计算的两个模型的周期比均小于 Rosenblueth & Herrera 方法、Kowalsky 方法、Kwan 方法的计算的两个模型的周期比；但该方法计算的两个模型的阻尼比均小于 Kowalsky 方法和 Kwan 方法计算的两个模型的阻尼比。需要特别说明的是，对于 $\mu = 1$ 的所有模型，采用 Proposed 方法计算的周期比小于 1 而阻尼比为 0.05，这是由于该方法在归纳回归分析时，μ 取 2、4、6、8，未考虑 $\mu < 2$ 的情况，

因此 $\mu = 1$ 该方法计算的等效线弹性体系结果小于线性体系，误差较大。

11.5 有效性验证

11.5.1 精度评估

由于地震波具有较大的不确定性，为了进一步验证上述归纳的经验公式的准确性，另外在 PEER 地震波库选取地震波 20 条，见表 11-4，同样对表 11-2 的 13 个旗帜形模型采用提出的方法进行等效线性化，分别对自复位模型和等效线性化模型进行非线性动力时程分析。

表 11-4　选取地震动信息

RSN 编号	时间	地震事件	台站	震级
30	1966	帕克菲尔德(Parkfield)	Cholame - Shandon Array #5	6.19
95	1972	马那瓜地震,尼加拉瓜(Managua,Nicaragua-01)	Managua,ESSO	6.24
125	1976	弗留利地震,意大利(Friuli,Italy-01)	Tolmezzo	6.5
126	1976	加兹利地震,苏联(Gazli,USSR)	Karakyr	6.8
139	1978	塔巴斯地震,伊朗(Tabas,Iran)	Dayhook	7.35
178	1979	帝王谷地震(Imperial Valley-06)	El Centro Array #3	6.53
230	1980	马姆莫斯湖地震(Mammoth Lakes-01)	Convict Creek	6.06
288	1980	伊尔皮尼亚地震,意大利(Irpinia,Italy-01)	Brienza	6.9
326	1983	科灵加地震(Coalinga-01)	Parkfield - Cholame 2WA	6.36
330	1983	科灵加地震(Coalinga-01)	Parkfield - Cholame 4W	6.36
732	1989	洛马普列塔地震(Loma Prieta)	APEEL 2 - Redwood City	6.93
759	1989	洛马普列塔地震(Loma Prieta)	Foster City - APEEL 1	6.93
828	1992	门多西诺角地震(Cape Mendocino)	Petrolia	7.01
864	1992	兰德斯地震(Landers)	Joshua Tree	7.28
957	1994	北岭地震(Northridge-01)	Burbank - Howard Rd.	6.69
1013	1994	北岭地震(Northridge-01)	LA Dam	6.69
1111	1995	神户地震,日本(Kobe,Japan)	Nishi-Akashi	6.9
1147	1999	科贾埃利地震,土耳其(Kocaeli,Turkey)	Ambarli	7.51
1165	1999	科贾埃利地震,土耳其(Kocaeli,Turkey)	Izmit	7.51
3302	1999	集集地震,中国台湾(Chi-Chi,Chinese Taiwan-06)	CHY076	6.3

图 11-14 所示为 Proposed 方法计算的每组模型在初始周期为 0.1~2s 内的位移误差平均值和位移误差标准差。所有模型位移误差均值较为稳定，基本在 ±15% 以

内波动。每个模型的位移误差随周期和 α、β、μ 的变化不大。位移误差的标准差主要分布在 $10\% \sim 20\%$，最大标准差为 21.2%，与模型参数没有明显的相关性。这说明 Proposed 方法的预测结果优于现有方法，且离散性与现有模型基本在同一水平，验证了该方法的有效性。

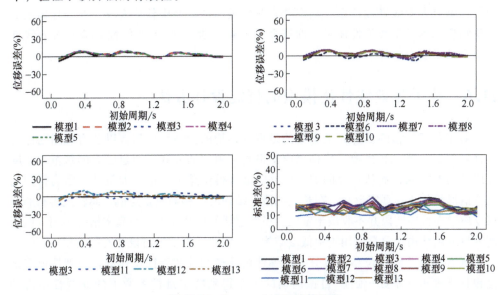

图 11-14 Proposed 方法计算结果

11.5.2 响应预测

图 11-15 所示为若干非线性模型的非线性位移对比结果，同时也展示了 Proposed 方法误差对比。如图 11-15a 所示，模型 $\beta=0.4$，$\mu=4$，可以看到 α 的影响较小，非线性位移响应稍有变化，而本章计算的方法结果没有明显变化，且非线性响应与等效线性化模型结果吻合较好。如图 11-15b 所示，模型 $\alpha=0.09$，$\mu=4$，可以看到 β 的显著影响，非线性位移响应随 β 增大而减小，这是由于 β 越大，滞回耗能

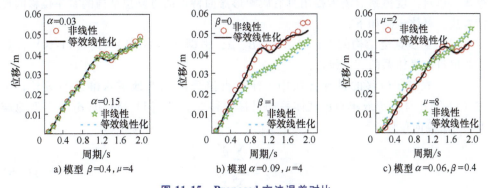

图 11-15 Proposed 方法误差对比

面积越多，导致响应越小，另外非线性响应与等效线性化模型结果吻合较好。如图 11-15c 所示，模型 $\alpha = 0.06$，$\beta = 0.4$，可以看到 μ 的显著影响，在短周期（小于 1s）时，$\mu = 8$ 非线性位移响应大于 $\mu = 2$，而周期较大时，两者大小难以确定，这与 Newmark 等提出的等能量原则和等位移原则较为相符（在短周期段非线性体系的位移响应大于线弹性体系，基本遵守等能量原则；在中长周期段，非线性体系的位移响应基本等于线弹性体系，即符合等位移原则），另外非线性响应与等效线性化模型结果吻合较好。

11.6　基于等效线性化模型的抗震设计方法

对于基于位移的设计，最重要的是得到结构的位移反应谱，以及有效阻尼比与延性之间的关系。获得地震位移反应谱最直接简便的方式是通过已有的规范加速度反应谱转换得到，而从规范的加速度反应谱获得位移反应谱并非最佳，因为得到的反应谱形状并非其真实形状。在长周期段，结构的位移响应是定值，而转换得来的位移反应谱在长周期段并不收敛于定值。虽然这样的位移反应谱与真实情况不同，但目前的自复位结构主要是应用于中低层结构中，因此长周期段对设计的影响较小。

既有结构非线性位移谱可分为非弹性位移谱和等效弹性位移谱。非弹性位移谱是根据强度折减系数-延性-自振周期的关系得到特定延性系数下的非线性结构的位移反应谱，再根据目标位移得到结构的基本周期。等效弹性位移谱则依据结构的有效阻尼比对阻尼比为 5% 的弹性反应谱进行折减而得到，再根据目标位移得到结构的有效周期，而结构的有效阻尼比是通过有效阻尼比与延性系数之间的关系得到。对于自复位剪力墙结构，其延性需求一般都较大，而有效阻尼比可以在设计时进行控制。因此，本节基于等效弹性位移谱提出抗震设计方法。

11.6.1　抗震设计方法

自复位结构往往适用于规则结构，质量和刚度沿高度均匀分布，因此可以简化等效为单自由度体系。著者提出具有旗帜形滞回特点的自复位结构的基于位移的设计方法，具体步骤如下：

（1）初步选定结构的设计参数 α、β、μ，根据式（11-21）~式（11-24）计算等效单自由度体系的 F_{ps} 和 ξ_{eq}。

（2）在基于位移的设计方法中，往往直接采用罕遇地震水准进行设计，由式（11-25）计算等效单自由度体系的目标位移 δ_d，式（11-25）的 δ_i 为罕遇地震下第 i 层侧向位移。

$$\delta_d = \frac{\sum\limits_i \delta_i^2}{\sum\limits_i \delta_i} \tag{11-25}$$

根据等效阻尼比 ξ_{eq} 调整规范谱，从调整后的位移谱中找到与 δ_d 对应的等效周期 T_{eq}。

（3）由 F_{ps} 计算等效单自由度体系的初始周期 T_0，初步设计弹性结构，计算等效单自由度体系的等效质量 m_{eq}，见式（11-26），其中 m_i 为第 i 层质量。

$$m_{eq} = \frac{\sum_i m_i \delta_i}{\delta_d} \tag{11-26}$$

由式（11-27）可得到等效单自由度体系的刚度 K_{eq}。

$$K_{eq} = m_{eq} \frac{4\pi^2}{T_{eq}^2} \tag{11-27}$$

由式（11-28）可得到基底剪力 V_d。

$$V_d = K_{eq}\delta_d \tag{11-28}$$

（4）设计耗能装置和自复位装置。旗帜形滞回曲线如图 11-16 所示，初始刚度 K_0 见式（11-29），屈服状态的基底剪力见式（11-30）。旗帜形滞回曲线可以分解为理想弹塑性滞回曲线和双线性弹性滞回曲线，因此可以根据式（11-31）和式（11-32）计算耗能装置和自复位装置各自的侧向屈服承载力 F_{ed}、F_{sc}。

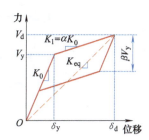

图 11-16　滞回参数之间的关系

$$K_0 = \frac{\mu K_{eq}}{1 + \alpha(\mu - 1)} \tag{11-29}$$

$$V_y = K_0\delta_y = K_0 \frac{\delta_d}{\mu} \tag{11-30}$$

$$F_{ed} = \frac{\beta}{2}V_y \tag{11-31}$$

$$F_{sc} = V_y - F_{ed} \tag{11-32}$$

由 δ_d、V_y、α、β、μ 计算耗能装置和自复位装置各自的侧向承载力 F_{ed}、F_{sc}，并分别设计耗能装置和自复位装置。

（5）静力推覆或对弹塑性时程进行验算。若不满足响应的误差要求，调整 μ，迭代计算至满足要求。

11.6.2　算例设计与分析验证

为验证上述设计方法的有效性，以具有完全自复位能力的结构为例，对其进行设计。设计算例为一栋典型的 6 层框架-剪力墙结构，平面布置如图 11-17 所示，每层层高 4.0m。在 x 向为普通抗弯框架结构，在 y 向所有框架为重力框架，对其在 y 向增加 2 个摩擦耗能连接装配式混凝土剪力墙。选定设防地震烈度为 8 度

（0.2g），设计地震分组第二组，Ⅱ类场地，特征周期 $T_g = 0.45$s，每层楼板厚度 0.1m，布置恒载 5kN/m²，活载 2kN/m²。设计的每层墙体分别与左右两侧的重力柱之间设置两个摩擦耗能连接件耗散能量，分别在每个墙体中间布置预应力筋提供结构的自复位能力。

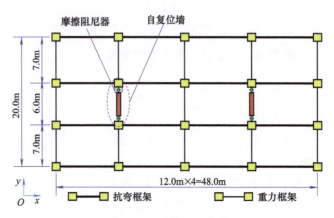

图 11-17　结构平面布置

按上述步骤设计该结构，只考虑 y 方向的抗震设计，重力柱采用 0.5m×0.5m 的尺寸。预应力筋的屈服强度为 1600MPa，预应力筋安全储备系数取 0.5。混凝土采用 C40 级，钢筋采用 HRB400。按抗震设计规范选定设计目标：多遇地震保持弹性，最大位移角为 1/800，罕遇地震不发生倒塌，最大位移角为 1/100。最终选定设计参数为延性系数 $\mu = 7.8$，屈服刚度比 $\alpha = 0.03$，耗能系数 $\beta = 0.5$，$F_{ps} = 1.95$，$\xi_{eq} = 0.13$。自复位剪力墙的设计结果见表 11-5。

表 11-5　自复位剪力墙设计结果

参数			设计结果
几何尺寸	墙体	长度/m	5.00
		厚度/m	0.20
钢筋（HRB400）	分布钢筋	竖向	8@100
		水平	8@100
	箍筋	加密区布置	8@50
		加密区高度/m	1.50
		其他部位	8@100
预应力筋		初始预应力/MPa	800
		预应力筋截面面积/mm²	7000
连接件摩擦力		每层的竖缝连接件/kN	90

采用 OpenSees 软件对设计的结构建立数值分析模型，原结构对称，且只有两个墙体和与之采用摩擦连接件连接的相邻重力柱一起承担侧向荷载，因此只取半个结构建立数值模型，如图 11-18 所示。其中，混凝土墙体和重力柱采用基于位移的梁柱单元（Disp Beam Column Element）模拟，混凝土墙和重力柱竖向梁柱单元的外伸刚臂采用刚度极大的弹性梁柱单元（Elastic Beam Column Element）模拟，预应力钢绞线采用桁架单元和 Steel02 材料模拟，Steel02 材料可以定义初始预应力。摩擦件的滞回耗能效应采用零长度单元（Zero Length Element）和 Steel01 材料模拟，其弹性刚度采用较大值来近似考虑静摩擦的影响，塑性刚度定义为 0（考虑滑动摩擦力的效果），该摩擦单元的两个节点在水平方向上 equal DOF 相互耦合。采用 Concrete02 模拟混凝土墙体和重力柱的约束区和非约束区的混凝土材料本构关系，采用 Steel01 模拟钢筋的本构关系。重力柱脚与基础铰接，墙底与基础之间受压刚度极大，而受拉刚度为 0，因此采用零长度单元和弹性无粘结（ENT）材料结合模拟，同时假定墙体与基础之间无滑移，即抗剪刚度无穷大，因此墙底与基础所有上下两两对应的节点在水平方向上采用 equal DOF 相互耦合。

首先，对该设计结构采用倒三角荷载进行低周反复加载，基底弯矩与位移响应关系如图 11-19 所示，该结构具有卓越的自复位能力，且响应指标大致与理论设计相符。

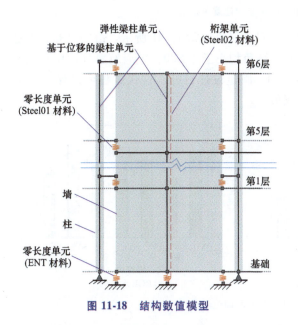

图 11-18 结构数值模型

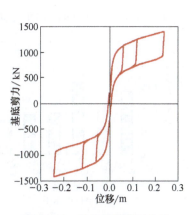

图 11-19 往复加载滞回曲线

然后，进一步采用地震波进行动力时程分析。从 PEER 地震波数据库选取了 7 条符合场地条件的天然地震动，见表 11-6。设计水准下的地震动反应谱阻尼比取 0.05，地震波反应谱如图 11-20 所示。

表 11-6　选取地震波信息

编号	地震事件	日期	台站	震级
RSN1115	神户地震,日本(Kobe,Japan)	1/16/1995	Sakai	6.9
RSN1164	科贾埃利地震,土耳其(Kocaeli,Turkey)	8/17/1999	Istanbul	7.5
RSN1245	集集地震,中国台湾(Chi-Chi,Chinese Taiwan)	9/20/1999	CHY102	7.6
RSN2115	德纳里地震,阿拉斯加(Denali,Alaska)	11/3/2002	TAPS Pump Station #11	7.9
RSN2682	集集地震,中国台湾(Chi-Chi,Chinese Taiwan-03)	9/20/1999	TTN032	6.2
RSN3818	赫克托矿地震(Hector Mine)	10/16/1999	Riverside - Limonite & Downey	7.1
RSN6285	鸟取地震,日本(Tottori Japan)	10/6/2000	KYTH02	6.6

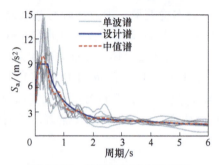

图 11-20　地震波加速度反应谱

　　各地震动作用下设计结构的最大层间位移角如图 11-21 所示。由图可知,多遇地震（FOE）水平下的平均最大层间位移角均小于 1/800,罕遇地震（ROE）水平下的平均最大层间位移角均小于 1/100,满足设计目标。迭代过程可以保证 ROE 水平下的平均最大层间位移角接近阈值。

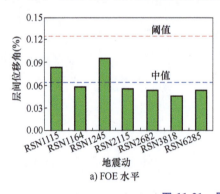
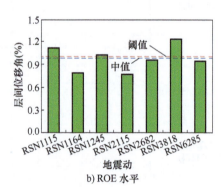

图 11-21　最大层间位移角

　　以 ROE 水平下 RSN3818 地震动作用下设计结构的局部响应为例,如图 11-22 所示。图 11-22a 所示为预应力筋的拉应力,可以看出随着侧移的增加,预应力筋拉力逐渐线性增加。预应力筋的设计是非常关键的,它在不同级别的地震下保持弹性可保证提供足够的自复位能力。图 11-22b 所示为耗能元件轴力，可以看出弹性刚度较大，轴向力与侧移呈现弹塑性行为，具有较好的耗能能力，与摩擦耗能元件的设计结果一致。

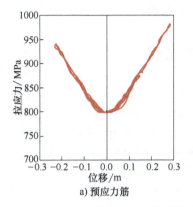

a) 预应力筋

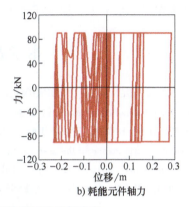

b) 耗能元件轴力

图 11-22　RSN3818 罕遇地震下的局部响应

11.7　本章小结

本章从概念上阐述了滞回行为对非线性响应的影响，对比分析了几种已有的等效线性化方法；建立了不同 T、α、β、μ 的非线性模型，以及不同周期比和阻尼比的线性模型，进行了大量的非线性动力时程分析，深入掌握了各种方法的精度，并对结果进行了回归分析，提出了一种针对旗帜形模型的等效线性化模型的经验方法。主要得到以下结论：

（1）滞回行为显著影响非线性响应，对于 SC 滞回模型需要考虑 K_0、μ、α、β 参数的影响。

（2）精度评估表明，已有的等效线性化方法对于旗帜形模型不太适用，因为其分别基于不同的非线性体系和边界条件提出。大部分误差均值绝对值出现在 20%～30%，误差均值绝对值的最大值均达到或接近 40%，甚至 Rosenblueth & Herrera 方法的模型 6 在周期为 0.1s 时的误差均值绝对值达到了 60%。误差均值的标准差大部分出现在 10%～20%，误差均值的标准差的最大值都达到或接近 25%，甚至 Rosenblueth & Herrera 方法的模型 6 在周期为 0.4s 的误差均值标准差达到了 47%。这表明，以上等线性化方法对于预测旗帜形滞回行为的非线性响应误差较大。而且，大部分误差均值为负值，这意味着等价模型的预测位移小于实际非线性模型的位移，这是偏于不安全的。

（3）提出了一种适用于预测旗帜形滞回行为的非线性响应的等效线性化方法，通过对大量的非线性体系和线性体系进行动力时程分析，找出与每个非线性体系响应最接近的线性化体系，将结果进行统计分析，回归出可以考虑非线性体系各参数的等效线性化计算方法。回归公式的相关系数分别为 0.974 和 0.976，表明公式具有较好的精度。

（4）精度分析表明，Proposed 方法的预测结果优于现有方法，且离散性与现有模型基本在同一水平上，验证了该方法的有效性。

本章参考文献

[1] BOCCHINI P, DAN M F, UMMENHOFER T, et al. Resilience and sustainability of civil infrastructure: Toward a unified approach [J]. Journal of Infrastructure Systems, 2014, 20 (2): 04014004.

[2] BURTON H V, DEIERLEIN G, LALLEMANT D, et al. Framework for incorporating probabilistic building performance in the assessment of community seismic resilience [J]. Journal of Structural Engineering, 2016, 142 (8): C4015007.

[3] PRIESTLEY M J N. Overview of PRESSS research program [J]. PCI Journal, 1991, 36 (4): 50-57.

[4] PRIESTLEY M J N, TAO J R. Seismic response of precast pre-stressed concrete frames with partially debonded tendons [J]. PCI Journal, 1993, 38 (1): 58-69.

[5] KURAMA Y, PESSIKI S, SAUSE R, et al. Seismic behavior and design of un-bonded post-tensioned precast concrete walls [J]. PCI Journal, 1999, 44 (3): 72-89.

[6] PEREZ F J, SAUSE R, PESSIKI S. Analytical and experimental lateral load behavior of un-bonded post tensioned precast concrete walls [J]. Journal of Structural Engineering, 2007, 133 (11): 1531-1540.

[7] WIGHT G D, INGHAM J M, KOWALSKY M J. Shake table testing of rectangular post-tensioned concrete masonry walls [J]. ACI Structural Journal, 2006, 103 (4): 587-595.

[8] RESTREPO J I, RAHMAN A. Seismic performance of self-centering structural walls incorporating energy dissipators [J]. Journal of Structural Engineering, 2007, 133 (11): 1560-1570.

[9] American Concrete Institute. Acceptance criteria for special un-bonded post-tensioned precast structural walls based on validation testing and commentary: ACI ITG-5.1 [S]. Farmington Hills: American Concrete Institute, 2007.

[10] PAMPANIN S, CATTANACH A, HAVERLAND G. PRESSS design handbook: Seminar notes [Z]. Wellington: New Zealand Concrete Society, 2010.

[11] ENGLEKIRK R E. Design-construction of the Paramount: A 39-story precast pre-stressed concrete apartment building [J]. PCI Journal, 2002, 47 (4): 56-71.

[12] CATTANACH A, PAMPANIN S. 21st century precast: the detailing and manufacture of NZ's first multi-storey PRESSS-building [C] //New Zealand Society for Earthquake Engineering Conference 2008, New Zealand, 2008.

[13] IWAN W D. Estimating inelastic response spectrum from elastic spectrum [J]. Earthquake Engineering & Structural Dynamics, 1980; 8 (4): 375-388.

[14] PAULAY T. Evaluation of approximate methods to estimate maximum inelastic displacement demands [J]. Earthquake Engineering & Structural Dynamics, 2010, 31 (3): 539-560.

[15] ROSENBLUETH E, HERRERA I. On a kind of hysteretic damping [J]. Journal of Engineering Mechanics Division ASCE, 1964, 90: 37-48.

[16] KOWALSKY M J. Displacement-based design-a methodology for seismic design applied to RC bridge columns [D]. California: University of California at San Diego, 1994.

[17] TAKEDA T, SOZEN M A, NIELSON N N. Reinforced concrete response to simulated earthquakes [J]. Journal of Structural Division ASCE, 1970, 96: 2557-2573.

[18] IWAN W D, GATES N C. Estimating earthquake response of simple hysteretic structures [J]. Journal of Engineering Mechanics Division ASCE, 1979, 105: 391-405.

[19] IWAN W D. Estimating inelastic response spectra from elastic spectra [J]. Earthquake Engineering & Structural Dynamics, 1980, 8: 375-388.

[20] KWAN W P, BILLINGTON S L. Influence of hysteretic behavior on equivalent period and damping of structural systems [J]. Journal of Structural Engineering, 2003, 129 (5): 576-585.

第12章　自复位拉索支撑钢框架结构的抗震性能研究

12.1　引言

　　为减轻传统抗震结构的震害，通常在建筑结构中安装阻尼装置，通过局部变形提供额外阻尼，从而耗散输入到上部结构的地震能量，满足预期设计要求。具体来说，在小震下，结构保持弹性状态，满足正常使用要求。在中大震下，随着结构侧向位移的增大，阻尼器大量消耗输入到结构中的地震能量。这一过程将结构的动能或应变能转化为热能或其他形式的耗散，减弱结构的地震响应[1]，从而确保主体结构避免产生严重的非弹性变形，防止出现可能危及生命或导致结构功能性丧失的损坏。因此，采用耗能减震技术设计的结构无法完全保证主体结构在设计地震强度下不受损伤或保持弹性状态[2]。

　　作为一种结构构件，支撑已经被广泛研究并被证明能显著增强框架结构的侧向承载能力和耗能能力。支撑有多种形式[3-4]，传统支撑的典型滞回曲线如图12-1a所示，因为只有耗能能力，而复位能力不显著，使得结构震后存在不可避免的残余变形，对结构产生不利影响并且修复代价昂贵。研究[5]表明，当最大残余应变超过0.5%时，结构将无法修复或修复成本大于重建成本。

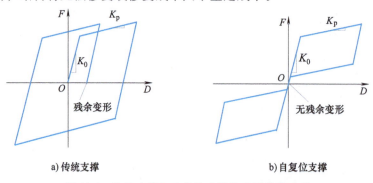

a) 传统支撑　　　　　　　　　　　　　　b) 自复位支撑

图12-1　传统支撑与自复位支撑的典型滞回曲线

近年来，自复位支撑应运而生，它既有优良的耗能能力，也具备良好的自复位能力，即控制结构的震后残余变形尽量小甚至消除结构震后残余变形[6]。自复位支撑具有响应速度快、能量消耗少、可重复使用等优点，在建筑结构的减震和抗震方面具有广阔的应用前景。自复位支撑的核心机制是自复位装置和耗能装置。Christopoulos 等[7-8] 提出的自复位耗能支撑（SCEDB）由支撑主体、预应力系统、耗能系统和辅助装置等组成，研究结果表明，自复位支撑在循环荷载作用下支撑呈现饱满的旗帜形滞回曲线，且卸载后残余变形很小，复位效果良好，如图 12-1b 所示；大部分侧向力由自复位耗能支撑承担，降低了框架主体的损伤程度，实现了结构的自复位。在此基础上，许多学者[9-13] 对多种形式的预应力装置和耗能装置进行了研究，如采用记忆合金丝、预应力筋、碟簧、环形弹簧等作为预应力装置，采用金属耗能、摩擦装置、黏弹性装置、黏滞阻尼装置等作为摩擦装置，均有效地实现了支撑的自复位和耗能能力。在此基础上，著者提出了一种新型的自复位拉索支撑，它仅能承受拉力，有效地避免了受压屈曲问题，在使用时通过双向布置发挥抗侧力支撑的作用。自复位拉索支撑采用高强受拉筋材承力，利用摩擦力耗散地震输入能量，采用预压碟簧提供复位力。该自复位拉索支撑的构造简单、取材方便、施工安装工艺简单，具有较高的经济适用性。

本章首先对自复位拉索支撑进行理论分析和试验研究，掌握其力学性能；然后设计了一个三层钢框架结构，通过改变梁柱连接形式和增加自复位拉索支撑获得自复位支撑钢框架结构，对三个结构模型分别开展振动台试验研究，详细分析试验结果；最后，建立该结构的数值模型，并开展参数分析。基于试验和模拟分析提出了有益结论，为该类结构的设计和应用奠定了基础。

12.2　自复位摩擦阻尼器力学性能

12.2.1　理论分析

自复位摩擦阻尼器的构造如图 12-2a 所示，由两个内部摩擦板和两个外部摩擦板组成，其中两个内部摩擦板与加载端相连。内部摩擦板和外部摩擦板之间的接触面沿加载方向设置有若干倾斜面，倾斜角为 β。可使用碟簧、螺旋弹簧和环形弹簧等弹性压缩装置对外摩擦板施加横向压力。加卸载过程中纵向拉力 F，摩擦系数 μ，摩擦面总压力 P_t 的关系如式（12-1）所示，式中"±"与加卸载方向有关，工作原理如图 12-2b 所示。

单个外摩擦板上的总横向压力和纵向拉力分别表示为 P_t 和 $F/2$。假设外摩擦板的横向压应力和纵向拉应力在加载方向的投影平面上均匀分布，分别表示为 σ_c 和 σ_t。σ_c 和 σ_t 在摩擦表面上的剪应力分量分别为 σ_{cs} 和 σ_{ts}，正应力分量分别为 σ_{cn} 和 σ_{tn}。因此，摩擦面上的总正应力 σ_n 和剪应力 σ_s 可分别用式（12-1）和式

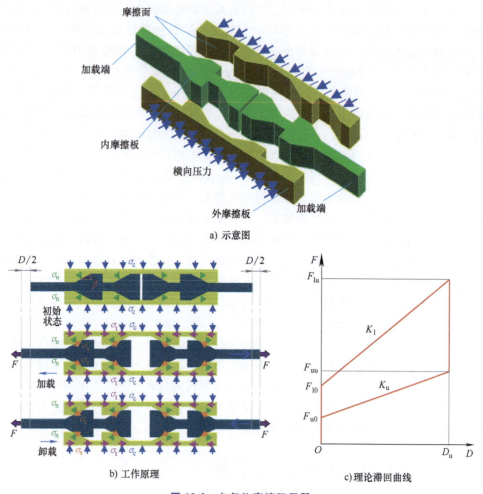

图 12-2　自复位摩擦阻尼器

（12-2）来表示，σ_s 与 σ_n 之间的关系见式（12-3），汇总式（12-1）~式（12-3）可得式（12-4），总纵向拉力 F 见式（12-5）。

$$\sigma_n = \sigma_{tn} + \sigma_{cn} = \sigma_t \sin\beta + \sigma_c \cos\beta \tag{12-1}$$

$$\sigma_s = \pm(\sigma_{ts} - \sigma_{cs}) = \pm(\sigma_t \cos\beta - \sigma_c \sin\beta) \tag{12-2}$$

$$\sigma_s = \mu\sigma_n \tag{12-3}$$

$$\sigma_t = \frac{\tan\beta \pm \mu}{1 \mp \mu\tan\beta}\sigma_c \tag{12-4}$$

$$F = \int \sigma_t \mathrm{dA} = \int \frac{\tan\beta \pm \mu}{1 \mp \mu\tan\beta}\sigma_c \mathrm{dA} = \frac{\tan\beta \pm \mu}{1 \mp \mu\tan\beta}P_t \tag{12-5}$$

根据式（12-5）可得到自复位摩擦阻尼器的承载力，若横向压力采用刚度为 K_c 的弹簧装置提供，弹簧装置提供的初始压力为 P_{0t}，自复位摩擦阻尼器在任意轴

向变形为 D 时的承载力和滞回曲线如图 12-2c 所示，其中加卸载刚度分别为 K_l 和 K_u，见式（12-6）和式（12-7），弹簧装置总压力 P_t 见式（12-8）。

$$K_l = K_c \tan\beta \frac{\tan\beta + \mu}{1 - \mu\tan\beta}$$ （12-6）

$$K_u = K_c \tan\beta \frac{\tan\beta - \mu}{1 + \mu\tan\beta}$$ （12-7）

$$P_t = P_{0t} + \frac{D}{2}K_c \tan\beta$$ （12-8）

12.2.2　试验研究

为了验证自复位摩擦阻尼器的理论分析结果，设计了两个试件：阻尼器 A 和阻尼器 B。试件设计如图 12-3a 和图 12-3b 所示。参数 h 分别为 20mm 和 30mm，即阻尼器 A 和阻尼器 B 的 β 分别为 0.32rad 和 0.46rad。摩擦板由 Q345 钢制成。内摩擦板中的长孔和外摩擦板中的圆孔用于穿过 M30 螺栓，以对碟簧和摩擦面施加横向压力。

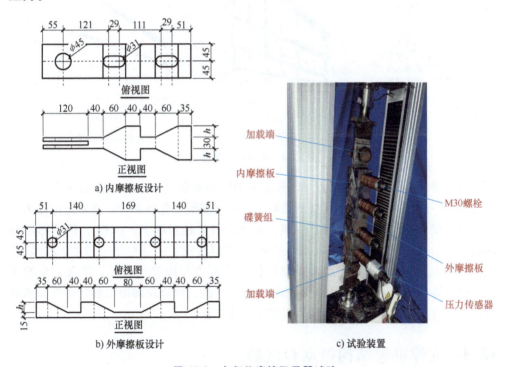

图 12-3　自复位摩擦阻尼器试验

试验装置如图 12-3c 所示。阻尼器的两端与加载端铰接，垂直作动器对上部加载端施加竖向往复加载。在下部弹簧组合串的外侧串联压力传感器，以实时采集碟簧压力数据，见表 12-1。

表 12-1　阻尼器试验工况

阻尼器	试验工况	碟簧组合	碟簧初始压力/N
A	A1	16 组单碟簧对合	3500
A	A2	16 组单碟簧对合	5500
B	B1	24 组单碟簧对合	3500
B	B2	24 组双碟簧对合	5500

　　自复位摩擦阻尼器承载力滞回曲线和碟簧压力变化曲线如图 12-4 所示，上节理论分析结果也呈现在图中。可以看出，理论分析结果和碟簧压力与试验结果吻合良好，误差相对较小。理论上，初始加载刚度和峰值卸载刚度是无限的，但试验获得的刚度是有限的，这是因为理论分析中假设碟簧是线弹性的，滞回耗能为零，且不考虑加工误差。

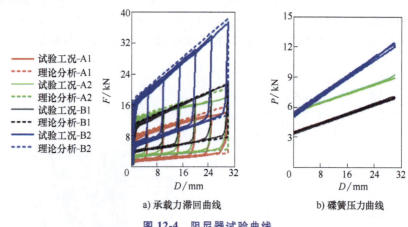

图中图例：
试验工况-A1
理论分析-A1
试验工况-A2
理论分析-A2
试验工况-B1
理论分析-B1
试验工况-B2
理论分析-B2

a) 承载力滞回曲线　　　b) 碟簧压力曲线

图 12-4　阻尼器试验曲线

　　可以看出，工况 A1 和工况 A2 采用了相同的碟簧组合，因此加卸载刚度大致保持不变，滞回曲线呈现出典型的旗帜形，残余变形可忽略不计。碟簧组的压力与阻尼器的变形基本呈直线关系。碟簧初始压力线性地影响 F_{l0} 和 F_{u0}，但不影响加卸载刚度。进一步比较工况 B1 和工况 B2 还可以看出，碟簧初始压力越大，F_{l0} 和 F_{u0} 也越大，碟簧组的刚度越大，阻尼器的承载力和刚度也越大。因此，总的来说，试验结果与理论分析结果基本相近、规律一致，可以反映阻尼器的变形和承载力，这为自复位摩擦阻尼器的设计提供了理论依据。

12.3　支撑框架结构振动台试验

12.3.1　结构模型设计

　　考虑到试验安全和后续试验的深入研究，采用 0.4% 作为小震层间位移角的目标限值，1%和0.2%作为大震层间位移角和残余层间位移角的目标限值。原型结构为三层钢框架，7.5度设防，Ⅱ类场地，小震、中震和大震下的PGA分别为0.055g、0.15g和0.31g。根据参考文献［14-15］，采用基于位移的方法对结构x向进行大震单向设计和加载试验，原型结构设计基底剪力为127.30kN。

限于振动台尺寸和加载能力，采用1/2缩尺结构，相似比见表12-2。缩尺模型的层高为2m，跨度为2.1m，宽度为2.4m。梁柱构件在本试验中为次要考虑构件，因此采用较大截面以保持弹性。沿加载向的梁截面为H形160mm×120mm×8mm×5mm，垂直加载向的梁截面方形160mm×160mm×6mm，柱截面为H形160mm×120mm×8mm×5mm。对于普通钢框架结构（CF），梁端采用削弱梁段与柱相连，削弱梁段截面为H形160mm×50mm×6mm×4mm，CF结构设计图如图12-5所示。

表12-2　试验模型相似比

参数	相似关系	相似比
长度，L	S_L	1/2
弹性模量，E	S_E	1
加速度，a	S_a	3
力，F	$S_F = S_E S_L^2$	1/4
质量，m	$S_m = S_F/S_a$	1/12
时间，T	$S_T = (S_L/S_a)^{0.5}$	0.4082

为了充分了解自复位拉索支撑的力学性能，在自复位拉索支撑框架结构（SCF）模型中，柱底的固定基础改为铰接基础，并采用图12-5所示双向对角布置自复位拉索支撑。采用高强螺杆连接自复位摩擦阻尼器的两端，自复位拉索支撑主要由高强螺杆和自复位摩擦阻尼器两部分组成。高强螺杆的作用仅限于传递拉力。自复位摩擦阻尼器的两端分别与高强螺杆和梁端铰接。

对有预应力自复位拉索支撑框架结构SCF-A，也采用基于位移的抗震设计方法，对第i层支撑进行设计，设计轴向变形$D_{di} = \theta_d h_i \cos\alpha$，设计轴力$N_{di} = V_i/(2\cos\alpha)$，可得碟簧组压力与支撑轴力的关系，见式（12-9），P_{0i}为对应螺杆的初始压力，K_i为每个碟簧组压缩刚度，m为碟簧组的数量，K_{ti}为高强螺杆的总拉伸刚度。

$$N_{di} = \frac{\tan\beta + \mu}{1 - \mu\tan\beta} m \left[P_{0i} + \frac{\tan\beta}{2} K_i (D_{di} - N_{di}/K_{ti}) \right] \tag{12-9}$$

计算得到$N_{d3} = 9.97$kN，$N_{d2} = 18.09$kN，$N_{d1} = 19.93$kN。采用两根直径12mm的8.8级高强螺杆作为拉索。自复位摩擦阻尼器采用Q345材料，摩擦坡面加工工艺与上述试验相同，$\beta = 1/3$。所有支撑采用的碟簧规格为D63mm×31mm×3.5mm，每个支撑采用4组碟簧串，每组由14个碟簧对合串联而成。由式（12-9）可计算设计每组碟簧的初始压力$P_{03} = 500$N，$P_{02} = 3500$N，$P_{01} = 5000$N。自复位摩擦阻尼器的设计图如图12-6所示。

自复位拉索支撑框架结构节点处的削弱梁段被替换掉，代之以铰接装置和耗能

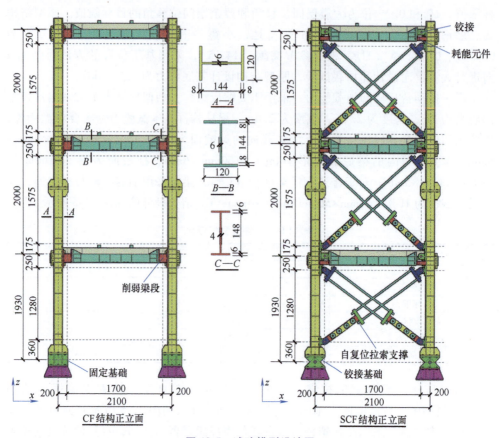

图 12-5　试验模型设计图

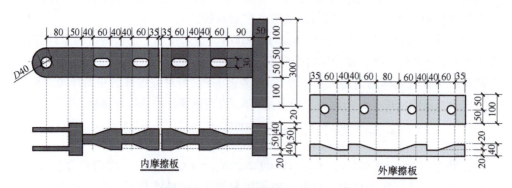

图 12-6　自复位摩擦阻尼器设计图

元件。耗能元件和其他结构部件都采用 Q235 材料。三组狗骨形试件的材料性能试验得到的平均屈服应变为 0.00117，平均屈服应力为 237MPa，平均极限应变为 0.01129，平均屈服应力为 341MPa。耗能元件的设计尺寸如图 12-7a 所示，ABAQUS 软件数值模拟得到的耗能元件滞回曲线如图 12-7b 所示，具有较为理想的双线性滞回耗能效果。

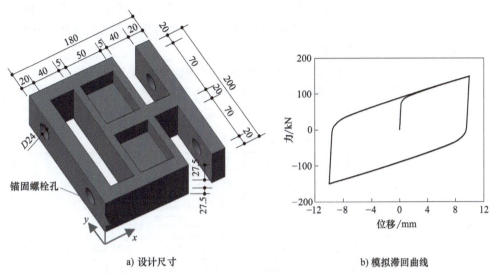

a) 设计尺寸   b) 模拟滞回曲线

图 12-7 耗能元件

基于 SCF-A 结构，释放全部预压力 P_{0i}，形成 SCF-B 结构模型，与 SCF-A 结构采用相同的试验工况进行加载，进一步研究结构的地震响应。

12.3.2 试验准备

该试验在 4m×4m 振动台上进行，台面最大加速度可达 ±1g。为了准确捕捉振动台的实际运动，在振动台上安装了一个加速度计。试验模型如图 12-8 所示，由

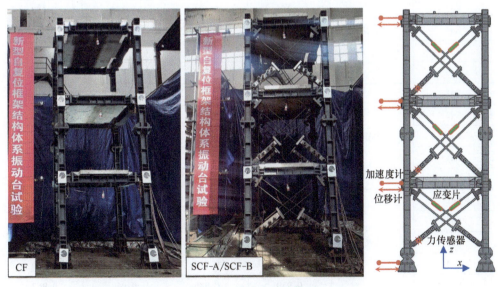

图 12-8 振动台试验模型

于结构是对称的，量测装置只安装在正面的一榀框架上。在高强螺杆上安装了应变片来测量应变，用以估算支撑的轴力。每层的一个支撑的预压螺杆上装有压力传感器用于测量碟簧压力变化。每层楼面和基础部位的左侧分别安装有加速度计和位移计，用于测量楼层加速度和位移响应。

在每个结构试验之前和之后，都采用 $PGA = 0.05g$ 的白噪声激励以评估测试结构的动力特性和变化。每个结构试验过程中，输入五组地震波，分别标记为 Eq1 ~ Eq5，地震波信息见表 12-3。

表 12-3　试验输入地震波

编号	地震事件	台站	时间	震级
Eq1	帝王谷地震（Imperial Valley-02）	EI Centro Array #9	1940.5.18	7.1
Eq2	神户地震,日本（Kobe,Japan）	Kobe University	1995.1.17	6.9
Eq3	人工波	—	—	—
Eq4	埃尔比斯坦地震,土耳其（Elbistan,Turkey）	Turkey,4611	2023.2.6　1:17:00	7.6
Eq5	帕扎尔哲克地震,土耳其（Pazarcık,Turkey）	Turkey,4611	2023.2.6　10:24:00	7.7

图 12-9 所示为地震波 5% 阻尼时的谱加速度。五组地震波被调整到不同的强度水平，对 CF、SCF-A 和 SCF-B 结构依次进行了一系列的加载工况，见表 12-4。

表 12-4　振动台试验工况

地震	地震水平	目标 PGA/g	台面真实 PGA/g		
			CF	SCF-A	SCF-B
Eq1	小震	0.165	0.175	0.171	0.174
Eq2		0.165	0.181	0.178	0.163
Eq3		0.165	0.160	0.157	0.157
Eq4		0.165	0.162	0.160	0.162
Eq5		0.165	0.157	0.155	0.157
Eq1	中震	0.450	0.482	0.477	0.493
Eq2		0.450	0.450	0.444	0.448
Eq3		0.450	0.437	0.431	0.438
Eq4		0.450	0.477	0.459	0.466
Eq5		0.450	0.473	0.469	0.484
Eq1	大震	0.930	0.930	0.917	0.929
Eq2		0.930	1.006	0.986	1.023
Eq3		0.930	0.921	0.920	0.939
Eq4		0.930	0.912	0.904	0.920
Eq5		0.930	0.986	0.949	0.967

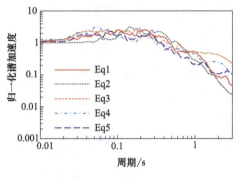

图 12-9　谱加速度

12.3.3　试验结果

动态测试表明，试验前 CF、SCF-A 和 SCF-B 结构的基本周期分别为 0.376s、0.177s 和 0.178s，等效阻尼比约为 3.1%、2.7% 和 2.7%；试验后结构的基本周期分别为 0.404s、0.194s 和 0.197s，等效阻尼比约为 4.3%、2.9% 和 3.3%。这表明结构试验过程中出现了非线性变形，可能发生在耗能元件或阻尼器上。在整个试验过程中，结构主体梁柱构件未发现显著的变形或破坏。

图 12-10 所示为试验（Test）和数值模拟（FEA）得到的各结构模型的位移角和加速度响应，本节仅讨论试验结果。可以看出，由于地震波的不确定性特征，不同地震水准和地震波的结构响应差异较大。

图 12-10a 和 12-10b 所示为 CF、SCF-A 和 SCF-B 结构各层间位移角和残余层间位移角。总体上，小震、中震和大震下各个结构的最大层间位移角平均值逐渐增大。CF 结构的最大层间位移角呈现明显的剪切型分布，即中间楼层大、上下部楼层小；而 SCF-A 和 SCF-B 呈现弯曲型分布，即从底部向上各楼最大层间位移角逐渐减小。这是由于 CF 结构为普通框架结构，具有典型的剪切型变形特点，而 SCF-A 和 SCF-B 结构底部铰接，上部采用支撑框架结构形式，最大层间位移角呈现出弯曲型变形的特点。具体地，CF 结构在小震、中震和大震下的最大层间位移角分别为 0.24%、0.63% 和 1.02%，SCF-A 结构在小震、中震和大震下的最大层间位移角分别为 0.17%、0.53% 和 0.99%，SCF-B 结构在小震、中震和大震下的最大层间位移角分别为 0.22%、0.60% 和 1.09%，可见预应力的大小显著影响结构的地震响应，SCF-B 由于没有预应力，结构响应大于前两者，而 SCF-A 由于预应力的施加，导致其结构响应小于 CF 结构。

对于残余层间位移角的分布，基本上与最大层间位移角的分布呈现出一致的规律，即各个结构的残余层间位移角平均值随震级增大而逐渐增大。具体地、CF、SCF-A 和 SCF-B 结构在大震下的残余层间位移角分别为 0.08%、0.01% 和 0.06%，可见自复位支撑可以有效地减小结构的残余变形，而预应力的大小显著影响结构的

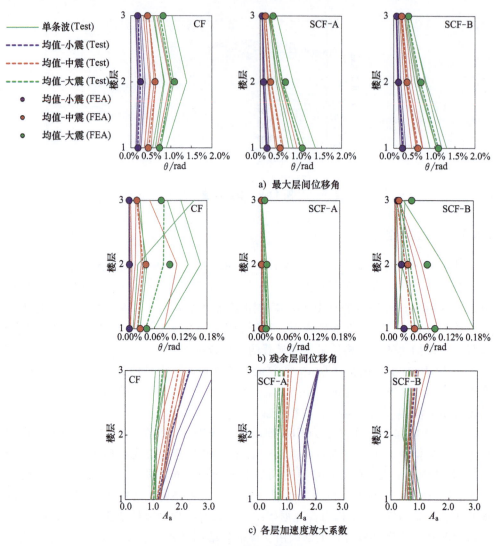

图 12-10 结构各层响应

残余位移响应，SCF-B 由于没有预应力，结构残余位移大于 SCF-A，而 SCF-A 由于预应力的施加，其结构残余位移最小，减小幅度达 87.5%。需要说明的是，虽然本试验的残余变形不超过规范限值 0.2%，但这是由于结构设计为了保证试验设备和人员安全，采用了 1% 的大震位移角限值，可以预计，如果采用 2% 的层间位移角限值，其残余位移角将大大增加。因此，若要结构在震后具有较好的地震韧性，需要在设计阶段进行合理设计，以使其具有足够的自复位能力。

图 12-10c 所示为 CF、SCF-A 和 SCF-B 结构各楼层的加速度放大系数，该值采用楼面加速度与台面加速度比值表示。从整体上看，随着地震水准增大，楼层加速度放大系数逐渐减小，而 CF 与 SCF-A 和 SCF-B 结构的响应规律不同，CF 楼层加

速度放大系数从下部向上逐渐增大，且基本上 CF 所有楼层的加速度放大系数都大于 1，即都存在放大效应，小震下最大系数为 2.25，大震下最大系数为 1.32。而 SCF-A 在小震下呈现的规律与 CF 相似，最大系数为 2.08，而在中震和大震下各楼层加速度放大系数基本相同，在中震下各楼层最大加速度放大系数基本为 1，大震下各楼层加速度放大系数约为 0.71；SCF-B 在小震下呈现的规律与 CF 相似，但放大系数最大仅为 0.88，在中震和大震下呈现中间楼层加速度放大系数最小而上下部楼层较大的规律，中震和大震下最大值为 0.85 和 0.71。这表明，自复位拉索支撑改变了结构的变形模式，可以有效地降低结构的加速度响应，且不同的预应力对其具有显著影响。

图 12-11 所示为 CF、SCF-A 和 SCF-B 结构试验（Test）和数值模拟（FEA）在 Eq3 地震波下的顶点位移角-基底弯矩滞回曲线和各地震波下的最大基底弯矩值，本节仅讨论试验结果。基底弯矩 M_b 为楼层质量 m_i、楼层加速度 a_i 和楼层距离基础的高度 H_i 三者的乘积累加，如式（12-10）所示。

$$M_b = \sum_{i=1}^{3} m_i a_i H_i \tag{12-10}$$

总体上随着地震水平增大，基底弯矩和顶点侧移都增大。三个结构的基底弯矩最大值依次为 CF 结构大于 SCF-A 结构、SCF-A 结构大于 SCF-B 结构，说明该新型自复位结构形式对减小地震作用具有显著效果。

但是三个结构的滞回曲线有显著不同，CF 结构的滞回曲线较为饱满，可以看到明显的弹塑性滞回规律，即具有明显的弹性和塑性区段，小震下滞回耗能不明显，基本上保持弹性，中震作用下出现了明显的滞回环，这表明结构进入了塑性。SCF-A 结构的位移峰值响应最大值小于 CF 结构，滞回曲线呈现明显的旗帜形规律，具有明显的复位效果，小震下表现出了一定的滞回耗能，中震下出现了明显的滞回环，表明结构进入了塑性变形阶段，在大震下这一现象更为显著。SCF-B 与 SCF-A 结构的位移响应最大值相近，滞回曲线呈现明显的滞回圈，但复位效果不如 SCF-A 结构，滞回环面积小于 CF 结构。SCF-B 结构在小震下基本保持弹性，中震下出现了滞回环，在大震下这一行为更为显著，这是由于无预应力的自复位拉索支撑提供了一定的自复位能力。而无预应力的自复位拉索支撑比施加预应力的自复位拉索支撑自复位效果差，因此 SCF-B 结构的旗帜形效果和自复位能力不如 SCF-A 结构。

进一步，以每层左下-右上方向布置的支撑为例，图 12-12 所示为 Eq3 地震波下的 SCF-A 结构和 SCF-B 结构各层支撑的轴力-层间位移角关系曲线。

从图 12-12 可以看出，随着地震水准增大，支撑的响应逐步增大。由于层间位移角仅包含了层间的水平相对位移，而支撑变形包含了层间水平和竖向变形，另外试验测量存在误差和一定的不确定性，因此所有关系曲线与理想旗帜形曲线存在一定的区别，但是总体上仍可以看到两种自复位拉索支撑出现了滞回耗能。由于 SCF-A 结构存在初始预应力，小震下旗帜形效果不明显，基本保持弹性，中震下各

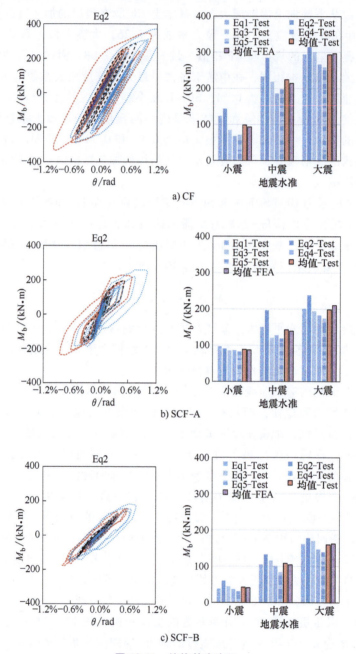

图 12-11　结构基底弯矩

个支撑出现了一定程度的非线性变形，在大震下这一现象更为显著。由于 SCF-B 结构没有初始预应力，旗帜形滞回曲线呈现出三角形，表明拉索支撑初始侧移时支撑即开始滑移，与理论分析结果一致，没有初始弹性阶段。由于该支撑的非线性刚度低于 SCF-A 结构，因此结构变形大于 SCF-A 结构。这表明初始预应力显著影响

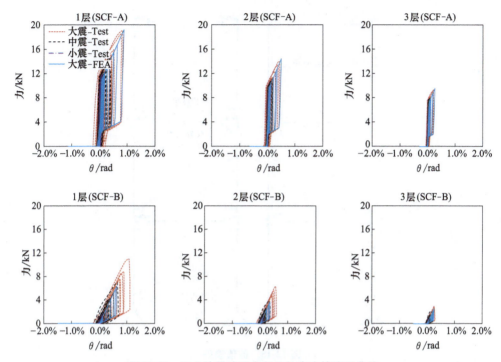

图 12-12　Eq3 地震波下自复位拉索支撑滞回曲线

了自复位拉索支撑的滞回行为，进而影响了结构的响应，因此结构设计时该参数是极为重要的。这也反映出初始预应力在结构运营维护过程中的重要性，需重点关注长期应力松弛或失效现象的发生。

12.4　数值模拟

12.4.1　模型建立

采用 OpenSees 软件建立试验结构的仿真模型，验证建模方法的有效性。数值模型如图 12-13 所示，梁、柱、削弱梁段均采用基于力的梁柱（Force-based beam-column）单元和 Steel01 材料模拟，在节点和基础附近的梁和柱加固部位采用刚臂模拟。CF 和 SCF 结构模型的基础分别采用固定支座和铰接支座。在 SCF 结构中，梁柱铰接点采用零长度单元，耗能元件为单向受力构件，采用双节点铰接（Two node link）单元模拟其滞回耗能行为。对于自复位拉索支撑，也采用双节点铰接单元模拟其只受拉不受压的滞回耗能行为。在该模型中，材料性能采用实测的材料参数。质量采用点质量，将试验结构每层总质量均匀施加于每层梁柱相交部位的节点处。根据试验结果和抗震设计规范，数值模型近似采用 3% 的瑞雷阻尼比。

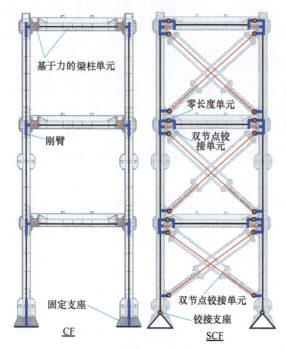

图 12-13　数值模型

12.4.2　模型验证

CF、SCF-A 和 SCF-B 结构模型试验前测得的自振周期分别为 0.376s、0.177s和 0.178s，数值模拟得到的 3 个结构的自振周期分别为 0.386s、0.181s 和 0.187s。可以看出，数值模型的周期误差不大。

进一步开展试验加载过程的模拟，部分模拟的结果如图 12-10 和图 12-11 所示，从两者对比可以看出，模拟结果较好地复现了试验过程中结构的内力和变形。为了量化误差，表 12-5 列出了大震下各结构响应的平均相对误差，可以看出，3 个结构的层间位移角和加速度放大系数最大误差分别为 22.30% 和 14.22%，处于可接受的范围；而残余层间位移角误差 CF、SCF-A 和 SCF-B 分别为 18.27%、629.03% 和199.67%，这是由于残余层间位移角试验结果数值较小，相对误差的计算方式导致结果比较大。总体来看，数值模型可以较好地复现出试验过程中结构的动力响应和性能指标变化趋势。

表 12-5　大震下结构的平均响应误差

结构	楼层	层间位移角			残余层间位移角			加速度放大系数		
		试验	模拟	误差	试验	模拟	误差	试验	模拟	误差
CF	3	0.73%	0.81%	11.17%	0.08%	0.08%	−7.43%	1.32	1.33	0.85%
	2	1.02%	1.09%	6.81%	0.08%	0.10%	18.27%	1.05	1.06	0.98%

（续）

结构	楼层	层间位移角			残余层间位移角			加速度放大系数		
		试验	模拟	误差	试验	模拟	误差	试验	模拟	误差
CF	1	0.70%	0.71%	1.61%	0.04%	0.04%	6.05%	1.00	0.92	-8.61%
SCF-A	3	0.26%	0.31%	22.30%	0.00%	0.01%	629.03%	0.77	0.81	6.20%
	2	0.53%	0.62%	15.85%	0.01%	0.01%	52.26%	0.71	0.69	-3.53%
	1	0.99%	1.03%	4.39%	0.01%	0.01%	-13.66%	0.71	0.81	14.22%
SCF-B	3	0.33%	0.36%	8.67%	0.01%	0.04%	199.67%	0.64	0.66	3.81%
	2	0.65%	0.66%	1.80%	0.04%	0.07%	109.49%	0.51	0.52	3.03%
	1	1.09%	1.09%	0.28%	0.06%	0.09%	53.68%	0.71	0.66	-7.24%

12.4.3 参数分析

进一步改变 SCF 结构试验设计参数，如自复位拉索支撑的初始预应力、节点耗能元件、柱底基础形式等，分析对结构的性能影响规律。由于不同地震波下的结构响应具有较大的离散性，以下结果均为五条地震波输入下的结构响应均值。

1. 初始预应力

以 SCF-A 和 SCF-B 结构为参照模型，研究自复位拉索支撑初始预应力的影响。为了清楚直观地对比，将两个模型分别记为 SCF-1P 和 SCF-0P，增加预应力至 SCF-A 结构的 2 倍，记为 SCF-2P。SCF-0P、SCF-1P 和 SCF-2P 模型数值模拟得到的基本周期分别为 0.187s、0.181s 和 0.177s，这是因为初始预应力的增大导致结构刚度增大。进一步分析和汇总各个模型的结构响应结果，如图 12-14 所示。

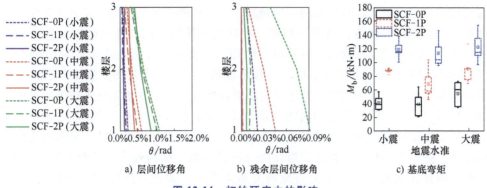

a) 层间位移角 b) 残余层间位移角 c) 基底弯矩

图 12-14 初始预应力的影响

可以看出，在相同地震强度下，随着初始预应力的增大，底层层间位移角减小，顶层层间位移角稍有增大，而残余层间位移角随着初始预应力的增大而迅速降低；但是，基底弯矩也随着初始预应力的增大而有较大幅度的增加。另外，在相同预应力下，中震和大震下的基底弯矩差别不大，这是由于结构出现非线性响应。因此，自复位拉索支撑的初始预压力显著改变了结构的弹性和非线性刚度，初始预应力越大，结构刚度越大，最大层间位移响应和残余层间位移响应越小，但是同时地震力显著增大。因此，进行 SCF 结构设计时，为了控制结构的位移响应和内力响应的均衡，需要考虑初始预应力的影响。

2. 耗能元件

以 SCF-A 结构为参照模型，研究耗能元件的影响。为了便于清楚直观地对比，将 SCF-A 模型重新记为 SCF-1E；在每个耗能元件的部位再增加一个相同的耗能元件，即将其刚度和承载力增加一倍，模型记为 SCF-2E；去掉所有耗能元件，模型记为 SCF-0E。SCF-0E、SCF-1E 和 SCF-2E 模型的基本周期分别为 0.510s、0.455s 和 0.407s，这表明增加耗能元件引起结构弹性刚度增大。进一步分析和汇总各个模型的结构响应结果，如图 12-15 所示。

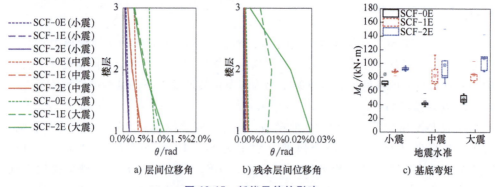

a) 层间位移角 b) 残余层间位移角 c) 基底弯矩

图 12-15　耗能元件的影响

对比 SCF-0E 和 SCF-1E 可以看出，在相同地震强度下，随着耗能元件的增加，底层层间位移增大，顶层层间位移角减小，结构的变形模式发生了显著变化，无耗能元件时各层层间位移角基本相同，有耗能元件时层间位移角随楼层升高而降低；在不同地震强度水准时，SCF-0E 和 SCF-1E 模型各层残余层间位移角都较小，SCF-1E 模型在小震下各层残余层间位移角也较小，而在中震和大震下各层残余层间位移角有较大幅度的增加；基底弯矩随着耗能元件的增加也出现了较为明显的增加。还可以看出，结构具有相同耗能元件时，中震和大震水准下的基底弯矩差别不大，这是由于结构出现非线性响应而导致的。因此，增加耗能元件可显著改变结构的刚度，并改变结构变形模式，当耗能元件较多时，结构残余位移响应显著增加，另外，增加耗能元件导致结构的地震力显著增大。因此，进行 SCF 结构设计时，为了控制结构的位移响应和内力响应的均衡，需要考虑耗能元件的影响。

3. 柱底支座形式

以 SCF-A 结构为参照模型，研究柱底支座形式的影响。为了便于清楚直观地对比，将 SCF-A 模型重新记为 SCF-0.0C，即采用铰接形式；另一模型的柱底采用固定支座形式，模型记为 SCF-1.0C；另一模型的柱底采用半刚接形式，即抗弯承载力为 SCF-1.0C 模型柱截面的一半，模型记为 SCF-0.5C。分析模型 SCF-0.0C、SCF-0.5C 和 SCF-1.0C 的基本周期分别为 0.456s、0.289s 和 0.278s，这表明柱底约束的增强导致结构刚度增大。进一步分析和汇总各个模型的结构响应结果，如图 12-16 所示，可以看出，在相同地震强度下，柱底铰接和其他两种形式结构的变形模式完全不同，前者是底层最大、顶层最小，而其他两种结构形式的层间位移角中间最大、顶层和底层较小；柱底连接形式对残余位移角有一定的影响，但规律不显著；基底弯矩随着柱底约束的增强而增加，但是 SCF-1.0C 比 SCF-0.5C 增幅不明显。另外还可以看出，相同柱底支座形式时，中震和大震水准下的基底弯矩差别不大。分析原因可能是由于 SCF-0.5C 和 SCF-1.0C 模型的柱底具有初始转角刚度，且地震强度较大时出现塑性铰，显著改变了结构的内力分布、变形模式和耗能能力。因此，进行 SCF 结构设计时，柱底支座形式对结构的最大位移、残余位移和地震作用等具有显著的影响，不可忽视。

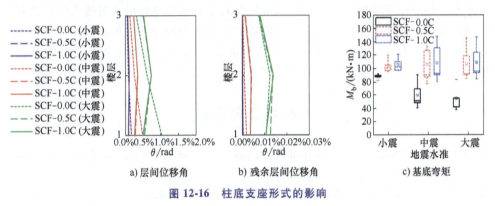

a) 层间位移角　　　b) 残余层间位移角　　　c) 基底弯矩

图 12-16　柱底支座形式的影响

12.5　本章小结

本章提出了新型自复位拉索支撑，研究了其工作机理和力学性能，并设计了 3 层钢框架结构，依次对普通钢框架（CF）结构、有预应力自复位拉索支撑钢框架（SCF-A）结构和无预应力自复位拉索支撑钢框架（SCF-B）结构开展了振动台试验研究，另外，建立了数值模型，对试验过程进行了较好的复现，并进一步开展了参数分析研究。主要得到如下结论：

（1）在振动台试验中，三个结构模型分别连续承受了小、中和大震水准下的 5 条地震波输入。试验结果表明，SCF-A 结构在震后几乎没有残余变形累积，相对于 CF 结构，SCF-B 结构的震后残余变形也有较为显著的降低。初始预应力的大小显著影响结构的最大位移和残余位移响应，SCF-B 结构的位移响应大于其他结构，而 SCF-A 结构在的结构位移响应小于 CF 结构。

（2）随着地震水平增大，CF、SCF-A 和 SCF-B 结构的最大基底弯矩都增大，但是相比于 CF 结构，SCF-A 和 SCF-B 结构的基底弯矩峰值分别降低 32.5% 和 45.6%。随着地震水准增大，楼层最大加速度放大系数逐渐减小。CF 结构所有楼层的加速度放大系数基本都大于 1，即存在放大效应，大震下加速度放大系数最大值为 1.32。而 SCF-A 和 SCF-B 结构在大震下加速度放大系数最大值约为 0.71。因此，自复位拉索支撑显著改变了结构的变形模式和弹塑性刚度，通过合理设计自复位拉索支撑的滞回行为，可以有效地控制结构加速度峰值和基底弯矩。

（3）自复位拉索支撑的初始预应力显著改变了自复位拉索支撑钢框架（SCF）结构的弹性和非线性刚度，初始预应力越大，结构刚度越大，最大层间位移响应和残余层间位移响应越小，但是同时地震力显著增大。增加耗能元件可显著改变结构的刚度，并改变结构变形模式，当耗能元件较多时，结构残余位移响应显著增加。另外，增加耗能元件导致结构的地震力显著增大。在相同地震强度下，柱底铰接和其他两种形式结构的变形模式完全不同，前者是底层最大、顶层最小，其他两种结构形式的层间位移角中间最大、顶层和底层较小；柱底连接形式对残余位移角有一定的影响，但规律不显著；基底弯矩随着柱底约束的增强而增加。因此，初始预应力、耗能元件和柱底支座形式对 SCF 结构的位移响应、加速度和基底弯矩等具有显著的影响，设计时需要考虑协同作用。

本章参考文献

［1］ LI A Q. Vibration control for building structures：Theory and application ［M］. Heidelberg：Springer international Publishing，2020.

［2］ 周颖，吴浩，顾安琪. 地震工程：从抗震、减隔震到可恢复性 ［J］. 工程力学，2019，36（6）：1-12.

［3］ ZHOU Y，SHAO H T，CAO Y S，et al. Application of buckling-restrained braces to earthquake-resistant design of buildings：A review ［J］. Engineering Structures，2021，246：112991.

［4］ 娄宇，温凌燕，李伟，等. 钢框架-K 形支撑结构体系抗震性能试验研究 ［J］. 建筑结构学报，2022，43（11）：32-40.

［5］ MCCORMICK J，ABURANO H，IKENAGA M，et al. Permissible residual deformation levels for building structures considering both safety and human elements ［C］//Proceedings of the 14th World Conference on Earthquake Engineering，2008.

［6］ 周颖，申杰豪，肖意. 自复位耗能支撑研究综述与展望 ［J］. 建筑结构学报，2021，42（10）：1-13.

［7］ CHRISTOPOULOS C，TREMBLAY R，KIM H J，et al. Self-centering energy dissipative bracing system for the seismic resistance of structures：Development and validation ［J］. Journal of Structural Engineering，2008，134（1）：96-107.

［8］ EROCHKO J，CHRISTOPOULOS C，TREMBLAY R，et al. Shake table testing and numerical simulation of a self-centering energy dissipative braced frame ［J］. Earthquake Engineering & Structural Dynamics，2013，42（11）：1617-1635.

［9］　邱灿星，杨勇波，刘家旺. 形状记忆合金滑动摩擦阻尼器自复位支撑受力性能研究［J］. 建筑结构学报，2024，45（1）：139-150.

［10］　鲁亮，颜浩天，夏婉秋，等. 设置耗能自复位铰节点的 RC 框架结构振动台试验研究［J］. 建筑结构学报，2022，43（S1）：53-60.

［11］　徐刚，张瑞君，李爱群. 装配式夹心剪力墙结构抗震性能研究［J］. 建筑结构学报，2020，41（9）：56-67.

［12］　钱辉，祝运运，张羊羊，等. 功能自恢复预制装配式梁柱节点抗震性能试验研究［J］. 土木工程学报，2023，56（1）：57-65.

［13］　吕西林，周颖，陈聪. 可恢复功能抗震结构新体系研究进展［J］. 地震工程与工程振动，2014，34（4）：130-139.

［14］　XU G, GUO T, LI A Q. Self-centering rotational joints for seismic resilient steel moment resisting frame［J］. Journal of Structural Engineering, 2023, 149（2）：04022245.

［15］　PRIESTLEY M J N. Direct displacement-based design of precast/prestressed concrete buildings［J］. PCI Journal, 2002, 47（6）：66-79.

第13章　结　语

本书系统地从理论分析、设计方法、数值模拟和试验研究等方面，全面阐述了抗震韧性提升的相关理论与前沿技术，涵盖了新型抗震韧性结构的核心机制和技术的开发与应用验证，为未来研究和工程实践提供了丰富的启发和实用指导。虽然相关研究和实践已经取得了显著进展，但仍然存在一些亟待解决的问题，并且未来的研究方向仍然广阔。

13.1　当前的问题

（1）技术规范滞后。现行的抗震设计规范主要服务于传统抗震体系，难以充分反映自复位技术和抗震韧性设计的需求。例如，对震后残余变形的控制、结构功能的快速恢复及多灾害情境下的性能目标，现行规范均未明确指导。这种滞后性导致技术应用缺乏统一标准，使得工程实践中的设计与施工因经验和技术能力差异而产生不一致性，限制了抗震韧性技术的推广与应用。

（2）试验验证不足。当前试验研究主要集中在小尺寸构件或单一抗震体系上，缺乏系统性和全面性。针对复杂结构系统或高层建筑的全尺寸试验极少，使得研究成果在实际工程中的适用性存疑。此外，由于试验规模和条件的局限性，许多新型抗震韧性技术的极端情境性能和长期性能尚未得到充分验证，这严重制约了技术在工程中的应用信心。

（3）震后恢复研究薄弱。现有研究多关注地震作用下结构的抗力表现，而对震后功能恢复的系统研究较为薄弱。关键构件的可替换性研究尚未成熟，快速修复技术缺乏标准化体系，震后功能恢复的时间和经济成本难以量化。震后恢复能力的不足直接影响建筑的经济性和社会效益，尤其在城市高密度区域，对快速恢复需求更为迫切。

（4）多灾害情境研究缺失。当前的抗震韧性研究以单一地震灾害为主，对火灾、风灾、爆炸等多灾害情境的综合影响研究较少。建筑在复杂灾害条件下的耦合效应尚未明确，无法全面评估结构的综合韧性表现。这一问题限制了结构在多灾害情境下的设计优化与技术推广。

13.2　未来的研究方向

（1）规范与标准的更新完善。随着抗震韧性技术的不断发展，现行抗震设计规范的修订势在必行。未来研究需着力将自复位与韧性设计理念纳入现行标准，明确震后功能恢复目标、残余变形控制要求，以及多灾害情境下的设计准则。同时，应加强国际规范的对标研究，吸收先进经验，制定适配性强、覆盖广泛的技术标准。这些规范的更新不仅能够弥补技术标准在实际应用中的不足，还能有效缩小区域性技术应用的差异，确保新技术在全球范围内推广的效率与一致性。此外，规范的修订应注重与实际工程需求的衔接，形成从试验验证、理论分析到工程实践的完整技术链条，以保障新型抗震韧性技术的应用可靠性。

（2）全尺寸试验与实际工程验证。全尺寸试验是验证新技术在复杂结构系统或高层建筑中实际表现的关键环节。未来研究应加强振动台试验和现场实测的投入，通过开展真实建筑环境中的大型模拟实验，全面评估抗震韧性技术的适用性和极端条件下的可靠性。此外，试验数据应与实际工程反馈相结合，形成以试验数据为基础、理论分析为支撑、实际工程为验证的闭环技术路径。通过构建数字化实验室和工程实践场景，进一步缩小实验室研究与实际工程之间的鸿沟，为规范的修订和技术的推广提供精准支持。

（3）经济高效材料的开发。高性能材料的高成本是其推广应用的主要障碍。未来需要在以下几个方面开展深入研究：一是优化 ECC、SMA 等材料的生产工艺，探索低成本替代材料，降低其制造成本；二是完善材料的全生命周期经济性分析，综合考虑从制造到退役的全阶段成本，确保经济性与性能的平衡；三是研究材料的再生与回收技术，提高资源利用效率。通过这些措施，不仅能降低材料的初始成本，还能显著提升其长期使用中的经济效益，从而推动高性能材料在大规模工程中的应用。

（4）多灾害韧性结构设计。随着自然灾害的频发与复合化，单一抗震设计已无法满足实际需求。未来研究应重点探索多灾害情境下的韧性结构设计方法，包括火灾后结构的耐久性、风灾作用下的抗震性能退化，以及多灾害耦合效应对结构体系的影响。在设计中应考虑不同灾害之间的相互作用，开发能够适应复杂灾害条件的新型结构体系。同时，加强对灾害预警和响应机制的研究，结合韧性结构设计，确保建筑物在极端条件下的安全性与可靠性。

（5）全生命周期性能设计方法。全生命周期设计方法强调结构在建造、运营、维护和退役全过程中的性能优化。未来研究应加强以下几个方面的探索：一是系统评估材料老化、预应力损失、环境因素侵蚀对结构长期性能的影响；二是结合智能传感技术和大数据分析，建立实时状态监测与动态优化的数字化模型；三是开发基于全生命周期的设计工具，为工程师提供可操作的设计方案。这一方法不仅能提升结构的安全性与韧性，还能降低全生命周期的综合成本，推动建筑行业向绿色、低碳和可持续发展方向迈进。

（6）震后恢复与评价体系的构建。震后功能恢复是衡量抗震韧性的重要指标。未来研究需建立系统化的震后恢复与评价体系，重点研究关键构件的可替换技术和快速修复方案。针对不同类型建筑，设计适配的震后恢复流程，并制定标准化的功能恢复评估指标。同时，结合定量指标（如恢复时间、经济成本）和定性分析（如用户满意度、社会影响），构建以全生命周期为核心的综合评价体系。通过将恢复与评价相结合，不仅能推动高韧性结构体系的标准化应用，还能为政府和工程行业提供科学决策依据。

未来的研究需在理论、技术和实践层面实现全面突破。从规范更新、全尺寸试验、材料开发，到结构设计和震后恢复，每一环节都需要持续创新与优化。通过整合多学科资源和技术手段，抗震韧性技术将能更广泛地应用于实际工程中，为建筑结构的安全性、经济性和可持续性提供更加可靠的解决方案。

附　　录

附录 A　选取的地震动记录

编号	场地类别	地震动名称	站名	分量	PGA /g
1	I	San Fernando	Pacoima Dam（upper left abut）	PUL254	1.24
2		Gazli USSR	Karakyr	GAZ090	0.86
3		Friuli Italy-02	San Rocco	SRO270	0.13
4		Tabas Iran	Tabas	TAB-T1	0.86
5		Coyote Lake	Gilroy Array #6	G06230	0.42
6		Norcia Italy	Cascia	F-CSC-EW	0.21
7		Imperial Valley-06	Cerro Prieto	H-CPE147	0.17
8		Livermore-02	Livermore-Morgan Terr Park	B-LMO355	0.26
9		Victoria Mexico	Cerro Prieto	CPE045	0.65
10		Irpinia Italy-01	Sturno（STN）	STU270	0.32
11		Coalinga-01	Slack Canyon	H-SCN045	0.17
12		Morgan Hill	Coyote Lake Dam-Southwest Abutment	CYC285	1.3
13		Nahanni Canada	Site 1	S1280	1.2
14		Hollister-04	SAGO South-Surface	SG3295	0.09
15		Loma Prieta	SF-Presidio	PRS090	0.2
16		Loma Prieta	UCSC Lick Observatory	LOB000	0.46
17		Landers	Lucerne	LCN345	0.79
18		Northridge-01	Pacoima Dam（upper left）	PUL104	1.58
19		Kobe Japan	Nishi-Akashi	NIS000	0.48
20		Kocaeli Turkey	Izmit	IZT090	0.23
21	II	Parkfield	Cholame-Shandon Array #5	C05085	0.44
22		San Fernando	Castaic-Old Ridge Route	ORR021	0.32
23		Coyote Lake	Gilroy Array #2	G02140	0.26
24		Livermore-01	Del Valle Dam（Toe）	A-DVD246	0.26
25		Mammoth Lakes-01	Convict Creek	I-CVK180	0.44
26		Victoria Mexico	Chihuahua	CHI102	0.15
27		Irpinia Italy-01	Brienza	A-BRZ000	0.22

（续）

编号	场地类别	地震动名称	站名	分量	PGA /g
28		Coalinga-01	Cantua Creek School	H-CAK360	0.29
29		Morgan Hill	Anderson Dam（Downstream）	AND250	0.42
30		N. Palm Springs	Whitewater Trout Farm	WWT270	0.63
31		Chalfant Valley-01	Zack Brothers Ranch	B-ZAK270	0.27
32		San Salvador	Geotech Investig Center	GIC090	0.7
33		Superstition Hills-02	Superstition Mtn Camera	B-SUP135	0.84
34	II	Loma Prieta	LGPC	LGP090	0.61
35		Cape Mendocino	Cape Mendocino	CPM000	1.49
36		Landers	Joshua Tree	JOS090	0.28
37		Big Bear-01	Big Bear Lake-Civic Center	BLC360	0.54
38		Kobe Japan	KJMA	KJM000	0.83
39		Kocaeli Turkey	Duzce	DZC270	0.36
40		Denali Alaska	TAPS Pump Station #10	PS10-047	0.33
41		El Alamo	El Centro Array #9	ELC270	0.05
42		Parkfield	Cholame-Shandon Array #8	C08320	0.27
43		Imperial Valley-06	Calexico Fire Station	H-CXO225	0.28
44		Imperial Valley-06	El Centro Array #1	H-E01140	0.14
45		Westmorland	Salton Sea Wildlife Refuge	WLF225	0.19
46		Coalinga-01	Parkfield - Cholame 8W	H-C08270	0.1
47		Morgan Hill	Gilroy Array #4	G04360	0.35
48		Superstition Hills-01	Imperial Valley Wildlife Liquefaction Array	A-IVW360	0.13
49		Superstition Hills-02	Brawley Airport	B-BRA225	0.14
50	III	Loma Prieta	Agnews State Hospital	AGW000	0.17
51		Loma Prieta	Richmond City Hall	RCH190	0.13
52		Landers	Palm Springs Airport	PSA090	0.09
53		Northridge-01	Camarillo	CMR180	0.12
54		Northridge-01	Lakewood-Del Amo Blvd	DEL000	0.13
55		Kobe Japan	OSAJ	OSA000	0.08
56		Kobe Japan	Shin-Osaka	SHI000	0.23
57		Kocaeli Turkey	Ambarli	ATS000	0.25
58		Chi-Chi Chinese Taiwan	HWA045	HWA045N	0.19
59		CA/Baja Border Area	El Centro Array #10	E10320	0.06
60		Chi-Chi Chinese Taiwan-06	CHY076	CHY076E	0.18
61		Imperial Valley-06	El Centro Array #3	H-E03140	0.27
62		Imperial Valley-07	El Centro Array #3	A-E03140	0.14
63	IV	Morgan Hill	Foster City-APEEL 1	A01310	0.06
64		Whittier Narrows-01	Carson - Water St	A-WAT180	0.11
65		Loma Prieta	APEEL 2-Redwood City	A02043	0.27

（续）

编号	场地类别	地震动名称	站名	分量	PGA /g
66		Loma Prieta	Foster City-APEEL 1	A01090	0.28
67		Loma Prieta	Foster City-Menhaden Court	MEN360	0.12
68		Loma Prieta	Treasure Island	TRI090	0.16
69		Northridge-01	Carson-Water St	WAT180	0.09
70		Chi-Chi Chinese Taiwan	CHY078	CHY078E	0.09
71		Chi-Chi Chinese Taiwan	KAU011	KAU011E	0.06
72		Yountville	APEEL 2-Redwood City	A02360	0.01
73	IV	Chi-Chi Chinese Taiwan-02	CHY078	CHY078E	0.01
74		Chi-Chi Chinese Taiwan-02	ILA004	ILA004N	0.02
75		Chi-Chi Chinese Taiwan-02	ILA044	ILA044N	0.03
76		Chi-Chi Chinese Taiwan-03	ILA044	ILA044N	0.01
77		Chi-Chi Chinese Taiwan-04	CHY078	CHY078E	0.03
78		Chi-Chi Chinese Taiwan-05	CHY078	CHY078N	0.04
79		Chi-Chi Chinese Taiwan-05	ILA004	ILA004N	0.02
80		Chi-Chi Chinese Taiwan-05	ILA044	ILA044W	0.03

附录 B 单自由度模型响应箱形图

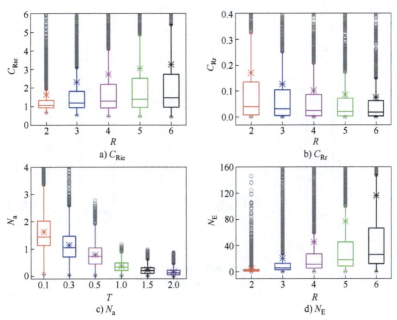

a) C_{Rie}

b) C_{Rr}

c) N_{a}

d) N_{E}

附录 B-1 I 类场地

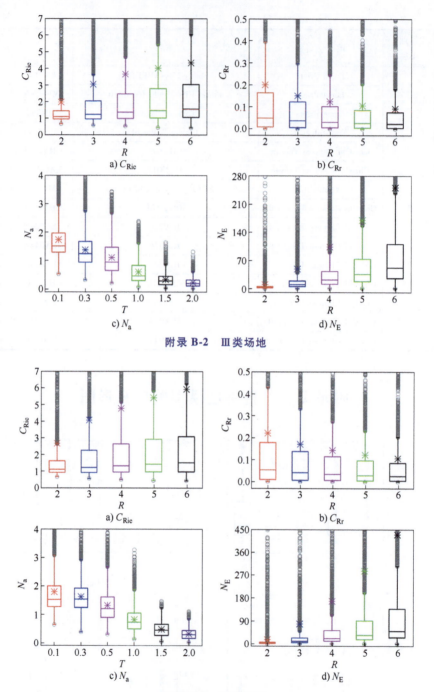

a) C_{Rie}

b) C_{Rr}

c) N_a

d) N_E

附录 B-2　Ⅲ类场地

a) C_{Rie}

b) C_{Rr}

c) N_a

d) N_E

附录 B-3　Ⅳ类场地

附录 C 单自由度模型非线性位移比

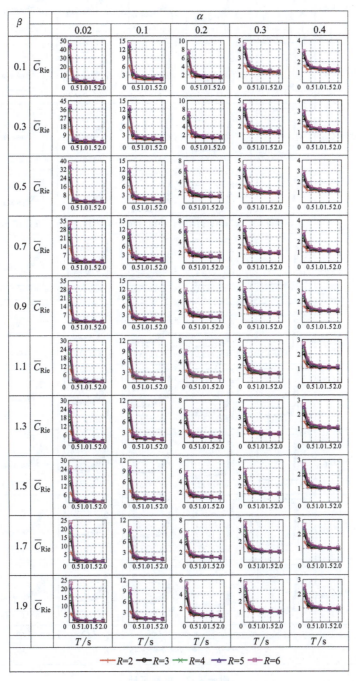

附录 C-1 I 类场地

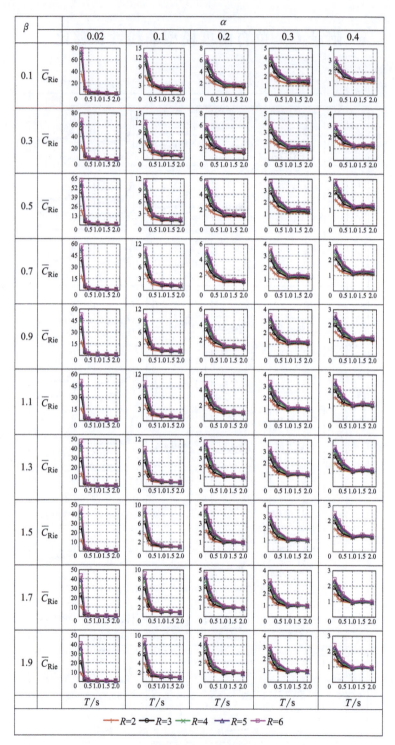

附录 C-2　Ⅲ类场地

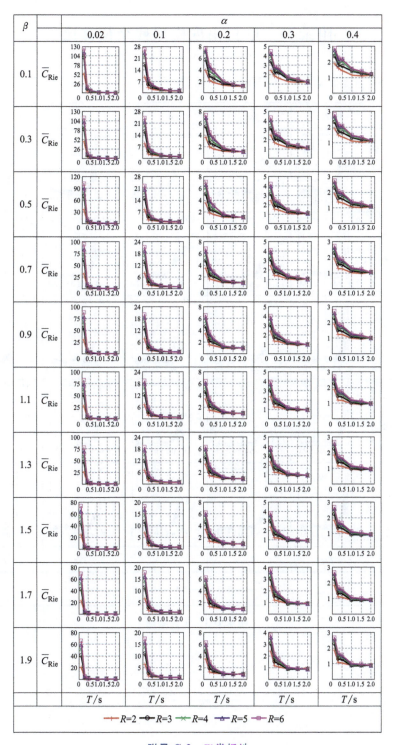

附录 C-3　Ⅳ类场地

附录 D 单自由度模型残余位移比

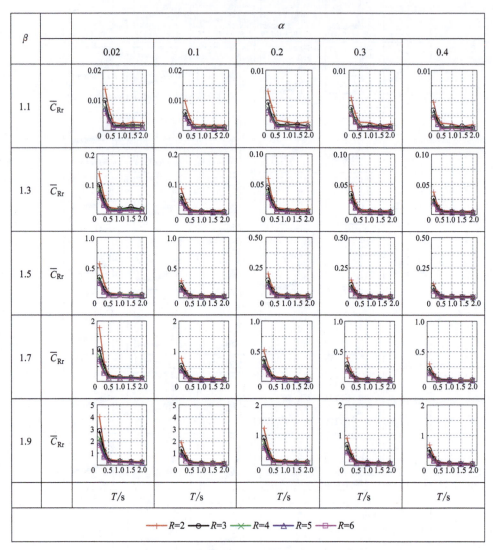

附录 D-1 Ⅰ类场地

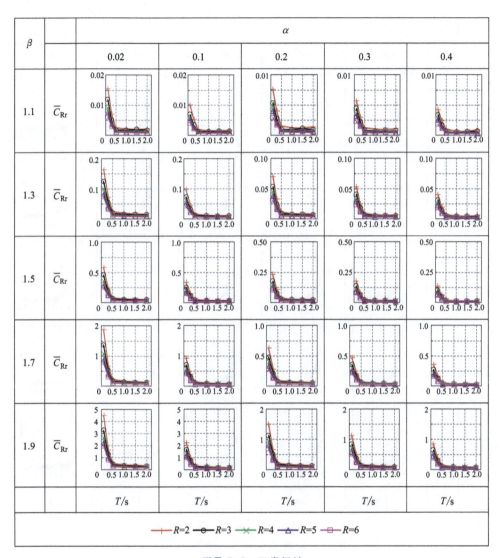

附录 D-2　Ⅲ类场地

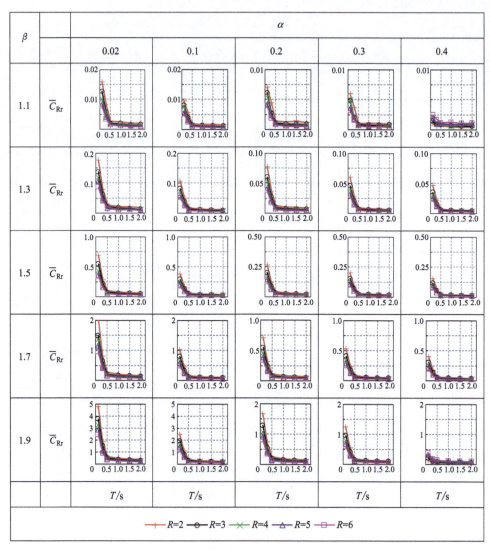

附录 D-3 Ⅳ类场地

附录 E　单自由度模型最大绝对加速度

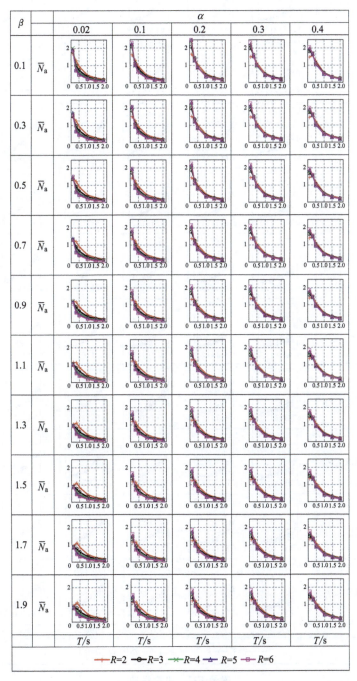

附录 E-1　I 类场地

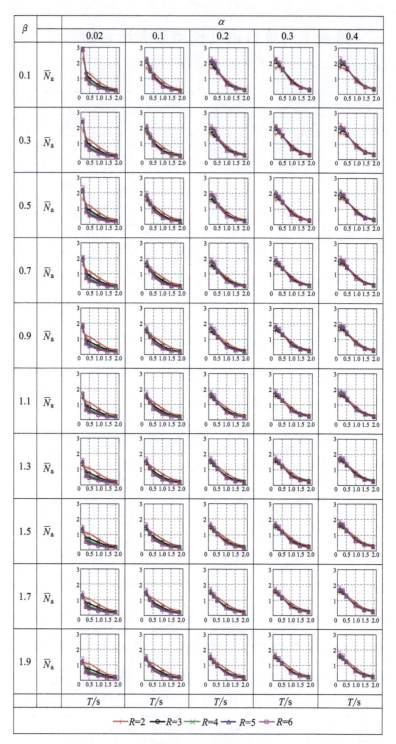

附录 E-2　Ⅲ类场地

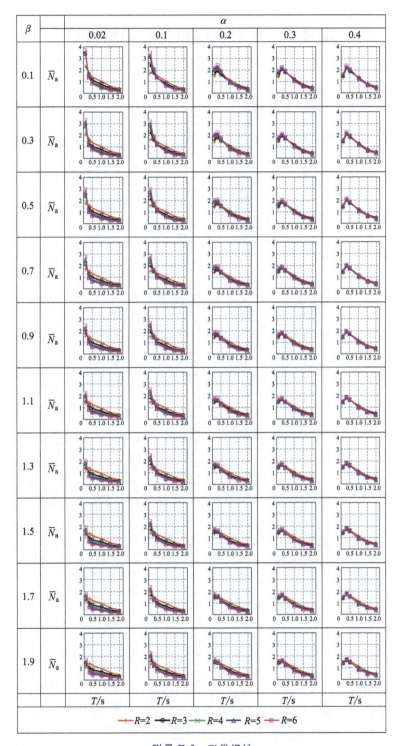

附录 E-3　Ⅳ类场地

附录 F　单自由度模型总滞回耗能

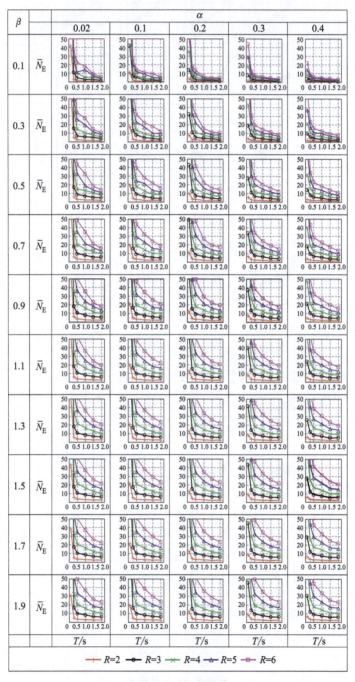

附录 F-1　Ⅰ类场地

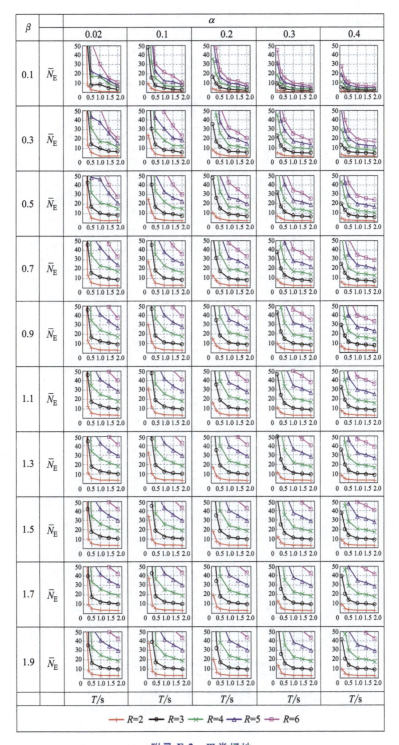

附录 F-2　Ⅲ类场地

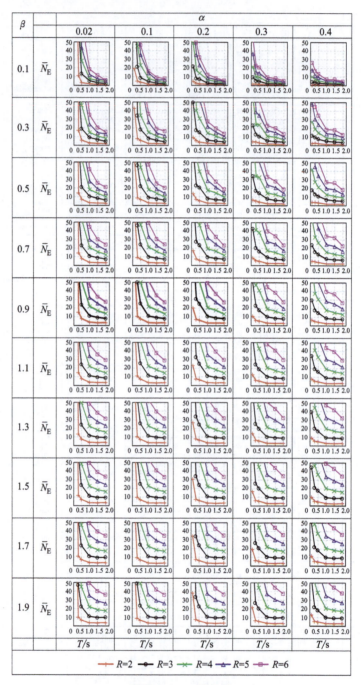

附录 F-3　Ⅳ类场地